現代穀物産業の構造分析

アメリカのアグリフードビジネス

The U.S. Grain Industry and Agri-Food Businesses

磯田 宏

日本経済評論社

目　次

序章　研究の対象と課題の設定 …………………………………………1

　第1節　研究の対象と背景　　　　　　　　　　　　　　　　　　　1
　第2節　対象にかかわる先行研究の成果と残された諸問題　　　　　4
　　1．伝統的産業組織論による食品産業分析　4
　　2．農村社会学系譜からの農業・食料セクター分析　7
　　3．穀物流通論における市場構造変化の認識　11
　　4．わが国におけるアメリカ穀物産業と市場構造に関する研究　14
　第3節　本書の課題設定と構成　　　　　　　　　　　　　　　　　16

第1章　アメリカ穀物流通・加工セクターの再編 ……………………23
　　　　―1980年代以降―

　はじめに　　　　　　　　　　　　　　　　　　　　　　　　　　　23
　第1節　農業・食品産業における大型M&Aと穀物関連産業　　　24
　　1．農業・食品産業における大型M&Aの特徴と諸結果　24
　　2．穀物関連産業の構成と変化の概要　29
　第2節　穀物流通・加工セクターにおけるM&Aと構造再編　　　36
　　1．穀物需要構成の変化：流通・加工セクターの構造再編の基礎要因　36
　　2．主要部門での買収・合併・売却をつうじた再編　40
　第3節　穀物関連多角的・寡占的垂直統合体の特質と意義　　　　58
　　1．穀物関連アグリフードビジネスの展開類型　58
　　2．穀物関連の多角的・寡占的垂直統合体＝穀物複合体の意義　67

第2章　市場構造の再編と流通の垂直的統合・組織化　………75

はじめに　75

第1節　穀物流通および第1次加工部門の構造再編と集積形態　76
1. 穀物輸出部門の再編と後方垂直統合　76
2. 穀物流通諸段階の再編と集中の現段階　81
3. 穀物第1次加工諸部門の集積形態と集中の現段階　83
4. 多角的・寡占的垂直統合体形成の市場構造論的意義　93

第2節　穀物流通の垂直的統合・組織化の構造と方式　96
1. 穀物輸出段階と内陸流通段階との統合・組織化　96
2. 企業内（および企業グループ内）における穀物取引の垂直的整合化　105
3. 穀物流通の企業内・企業グループ内取引への移行の意義　112

第3章　アメリカにおける穀物の集散市場型流通体系　………117
―最盛期（1910年代）における構造と変化の方向―

第1節　課題の設定　117
1. 課題の一般的背景　117
2. 先行研究の到達点と残された問題　118
3. 本章の課題の具体化　123

第2節　穀物流通の全体構成と集散市場　125
1. 穀物流通の「第1次市場」「第2次市場」と集散市場　125
2. 穀物流通における集散市場の位置　130
3. 各集散市場の一般的特徴と市場圏　133

第3節　集散市場型流通の構造と類型　144
1. 産地出荷業者の組織・販売構造と地域性　144
2. 集散市場の構造と取引機構　157
3. 2つの類型の編成プロセス　166

目　次　　　　　　　　　　　　　　　v

　　第4節　集散市場型流通体系の衰退への展望　　　　　　　　173
　　　1. 穀物流通における集散市場の地位低下　173
　　　2. 集散市場型流通体系衰退の基本要因をめぐって　179

第4章　流通体系の歴史的推転と穀物農協の展開 …………193

　　はじめに　　　　　　　　　　　　　　　　　　　　　　193
　　第1節　集散市場型穀物流通体系と穀物農協　　　　　　194
　　　1. 産地集荷段階における穀物農協の展開　194
　　　2. 集散市場への進出　197
　　第2節　穀物流通体系の変容と穀物農協システムの再編　　202
　　　1. 流通体系の変容と農協の穀物輸出事業　202
　　　2. 穀物農協システムの縮小再編　208
　　第3節　大規模地域穀物農協による多角的垂直統合体化アプローチ　217
　　　1. 流通・加工部門にまたがる多角化と市場プレゼンス形成　217
　　　2. 穀物流通における垂直的組織化　224
　　第4節　新世代農協：加工進出と垂直的組織化のもうひとつのアプローチ　　　　　　　　　　　　　　　　　　　　232
　　　1. 新世代農協の特質と検討視角　232
　　　2. 穀物関連新世代農協の事例分析　236
　　第5節　要約と展望　　　　　　　　　　　　　　　　　250

終章　穀物セクターの構造再編と20世紀末農政転換 …………259
　　　―穀物複合体の台頭と1996年米国農業法―

文　献　一　覧 …………………………………………………266
あ　と　が　き …………………………………………………275
Summary　　　…………………………………………………277

序章　研究の対象と課題の設定

第1節　研究の対象と背景

　本書の研究対象は，1980年代以来今日まで続いているアメリカ穀物流通・加工セクターにおける大規模な構造再編である．まずこのような対象設定の一般的背景について説明すると，以下のようである．
　1986-93年のガット・ウルグアイラウンド農業交渉を1つの大きな契機として，世界大恐慌後の1930年代に骨格が形成され第2次大戦後から高度経済成長過程で確立された先進諸国の現代農業保護政策体系と，それを前提としてきた国際的農業・食料貿易ルールは，各国の農業保護的政策の縮小・解体と自由貿易原理の農業部面への貫徹を基本方向とする大きな転換過程に入った．
　このいわゆる20世紀末農政転換の一環として，アメリカは国際農産物市場での対抗者であるEUや輸入国である日本などの国境措置を関税化等によって原則自由化し，また各国農業保護政策をも削減するという対外的目標の基本的部分を達成した．同時に自国農政についても1996年農業法によって穀物等の目標価格・不足払い方式の生産費基準所得支持政策と生産調整政策を破棄し，輸出補助金についてはEUとの対抗上残しつつもそれを削減する方向へ転換した．もちろん1996年農業法による転換も，農産物最低価格支持システムとしての返還義務のない融資制度（いわゆるローンレート制度）を残している点や，1997年アジア経済危機以降の穀物輸出不振等による農

産物価格低落に直面して農場所得支持のための追加的補塡支払いを2カ年度連続で実施せざるを得なくなっている点も注視しなければならない．しかし「生産調整およびそれと結びついた価格・所得支持政策の廃棄」「輸出補助金の削減」という原則的な方向規定がなされたことについては，その背景，要因や意義について十分な検討を要する，歴史的な転換ととらえるべきであろう．

そうした農政転換の背景として，資本主義の世界的な再生産構造と体制における変化，各国社会経済における農業の位置および農業構造自体の変化とならんで，農業・食料関連産業およびそこで活動する諸資本（すなわちアグリフードビジネス）の蓄積形態とそこから発せられる政治経済的利害の検討が必要であろう．アメリカ農政の対外的な側面に関連させれば，同国農産物・食料輸出の主力は依然として穀物・油糧種子でありEUとの抗争の中心もまたそうであったし，そうした輸出構造を高付加価値分野へシフトさせようとする戦略の上で重視される畜産関連品も穀物・油糧種子の加工品と位置づけられる．また国内農政の側面に関連させて見ても，価格・所得支持政策，輸出補助金のいずれについてもその中心は穀物・油糧種子プログラムであった．これらの点に注目すると，上の3つめのファクター，すなわちアグリフードビジネスの今日的存在形態をアメリカ農政転換の背景のひとつとして検討しようとする場合，穀物流通・加工セクターが重要な焦点になるはずである．

ところでこのように問題設定をした場合にわれわれの表象に浮かぶのは，1973年に発生した国際穀物需給の急激な逼迫と価格暴騰を契機として，巨大輸出国アメリカで，次いでその大規模な輸入国日本で，政治的，社会的および研究的に注目を集めることになったいわゆる「穀物メジャー」である．すなわち最大輸出国アメリカを重要拠点とし世界穀物貿易において支配的シェアを有する国際的穀物商社群であり，具体的にはカーギル，コンチネンタル・グレイン，ルイ・ドレファス，バンギ，アンドレ・ガーナック，クック・インダストリーズがそれであった．しかし少なくともアメリカからの自

社による直接の穀物輸出ビジネスという点から見れば，これらのうちカーギルとバンギ以外の各社は今日までに脱落ないし撤退してしまっている．そのいっぽうで現段階の同ビジネスで最大級のプレゼンスを有するのは，それら2社のほかはADM，コナグラという「新顔」である．

したがってこのようなアメリカ穀物輸出部門における主要プレイヤーの大幅な入れ替わりの背後にいかなる事態が進行したのか，が問われることになる．本論での分析をやや先取りすることになるが，そこへアプローチする場合に穀物輸出部門とそれに従事する企業を，当該輸出部門に限定して検討するだけでは問題の全体構図が把握できなくなっているところに，すぐれて現段階的な特徴が見られるのである．

こうした問題背景から，本書は輸出部門を含む流通と加工の双方にわたるアメリカ穀物セクターとそこで活動する諸資本の蓄積形態を研究対象に設定する．対象とする事象について，いま少し敷衍すれば以下のようである．

まず穀物流通セクターにおいては，流通の各段階，とりわけ輸出段階や内陸流通のうち中間的な段階において，水平的な集積，すなわち企業数の減少と少数企業による集中度の上昇が進展している．そしてこれら流通各段階をつうじて上位の寡占的シェアを占めるのは少数同一の大企業群であり，したがって流通における垂直的な集積がいっそう顕著な現象として広がってきているのである．こうした過程で，伝統的に穀物流通の重要な担い手の一環であった穀物農協は，倒産や解散，農協同士の合併・吸収，投資家指向型一般企業による買収などによる著しい組織再編をとげており，それをつうじて全体としては産地集荷段階を担当する単位農協以外ではその地位が大きく低下した．

いっぽう穀物を原料とする加工セクターにおいても，まず穀物の第1次加工の主要各部門において，水平的な集積がこれまでの歴史と比較して著しく進展している．そしてその場合に複数の部門にまたがって上位の寡占的シェアを占める少数の同一企業が登場していること，それら企業がさらに畜産部門を含めた穀物の第2次加工部門をも兼営しそこでも寡占的地位を形成する

場合が多くなってきたことが特徴である.

かくして流通と加工のセクターを総体として見ると,それぞれにおいて水平的(つまり異なる穀物商品ないし加工種類における),かつ垂直的(つまり異なる流通諸段階ないし加工諸段階にまたがる)な集積を形成した大規模企業群の主要部分は,ますます同一になってきている.すなわち穀物流通・加工セクターにまたがった多角的で垂直的な集積体が形成され,その地位が強化されているのである.そしてさらに,それらの主要部分は同時に多国籍巨大アグリフードビジネスでもある.

こうした産業セクターとしての構造的変化を穀物の市場構造という視点から見れば,各段階市場における売手と買手がそれぞれ少数化,大規模化し,同時にまた両者が同一の企業に統合,包含されていく過程が進行してきたということになるだろう.であるなら,穀物の流通体系も,各段階における売手と買手が多数・小規模であり,両者が自立的であった構造の上に成立していた体系とは,異なる歴史的段階に移行していると推論される.市場構造論的視角からすると,そのような移行の内容と性格が本書の研究対象ということになる.

第2節 対象にかかわる先行研究の成果と残された諸問題

以上が本書における研究対象の設定とその一般的背景なのであるが,次に課題をより具体的に措定するための準備作業として,対象の持つ上述のような特質の分析にかかわって重要と考えられる先行研究について,その成果,そこから継承すべき示唆,あるいは残された問題を摘出しよう.

1. 伝統的産業組織論による食品産業分析

アグリフードビジネスの持つ重要な現代的特徴の1つとして,その多角性に比較的早い時期から重大な関心を寄せてきたのは,伝統的な産業組織論に

よる食品産業（特に食品工業）分析である．ここで伝統的と表現したのは，産業組織論のもっともオーソドックスな構造（structure）・行動（conduct）・成果（performance）というパラダイムを援用し，原則的ないし厳格な反トラスト的政策インプリケーションを導いてきた研究潮流，という意味である．今日それを代表するのは，コナー（John Connor），ミューラー（Willard Mueller），マリオン（Bruce Marion）らであろう．彼らの中心的な分析対象は穀物関連に限定されない食品工業であり，ついで食品流通業である．このうち食品工業について，本書の対象に関連が深いと考えられる主な成果を摘要すると以下のようになる．

まず第2次大戦後の食品工業は，長期的にその集中度をほぼ一貫して上昇させ，また集中度の高い部門が食品工業全体の中での比重を増大させてきたことを明らかにした[1]．この傾向的な集中度の上昇については，企業合併・買収（Mergers and Acquisitions；M&A）が大きな役割を果たしてきた．とりわけ1970年代終わりから始まったアメリカ経済におけるいわゆる第4次M&Aブームは従前のブームを上回る食品工業における大規模買収の時期であり[2]，したがって巨大企業の生成や集中度の上昇へのインパクトも強かった．

いっぽう食品工業においては製品差別化が重要な参入障壁となっており，上のような集中化の主な動因も，一般的な「工場の規模の経済」「必要資本量の上昇」「希少資源の存在」などというよりも，広告の持つ規模の経済とそれによる製品差別化の利益であったとさえ言われる[3]．そして実際にも製品差別化の程度が高い部門ほど集中度も高く，かつその集中度が安定的に上昇する傾向が確認された[4]．そしてこれらの集中度と製品差別化程度という構造指標と，利潤率，価格コストマージン，価格上昇速度といった成果指標との間には有意な相関関係が検出されており[5]，これら参入障壁を基礎とする独占的製品販売価格からもたらされる超過利潤の食品工業全体についての総額は，1987年推計値で260〜290億ドルに達するとされた[6]．また牛肉パッキングといった特定の部門について，農業生産者からの独占的低集買価格

の存在も実証されている[7]．

　以上のような個別部門毎に進行した集中化と参入障壁の構築，および独占的超過利潤獲得の実態検出に加えて，食品工業企業の多角化，コングロマリット化が大きな現代的特徴として注目された．すなわち複数の食品工業に多角化した少数の大規模食品企業が，いくつもの，しかも集中度の高い諸部門でこそ上位シェアを占有するに至り，その結果食品工業全体の総体的集中度（aggregate concentration）も顕著に上昇しているのである[8]．

　こうした構造的特徴を有するコングロマリット型寡占食品企業は，企業内事業部門間支援，企業内異部門間互恵取引，コングロマリット企業間協調といった，単一部門寡占企業にない固有の反競争的（ないし不公正競争的）な行動をとる能力を有し，実際にそのように行動する実態も確認されているという．例えば企業内事業部門間支援によって新たな参入部門でダンピング的低価格競争や非採算的な高コストをかけたブランド確立広告競争を行ない，それによって当該部門単一型企業を駆逐して少数寡占的な構造に再編することで，新たな高利潤源に作り替えるというものである[9]．

　以上のような食品工業についての構造分析をつうじた集中度上昇と参入障壁形成という傾向の検出，それらを基礎とする製品の独占的高販売価格ないし原料農産物の独占的低集買価格の実証が，アグリフードビジネスの個別部門における水平的集積の意義を理解する上で重要な成果であることは言うまでもない．さらに食品工業異部門にまたがる多角化（コングロマリット化）が持つ固有の意義を明らかにした点は，本書が対象とする穀物関連アグリフードビジネスの多角化を検討する際にも非常に示唆に富むものである．

　いっぽうこれらの研究は，食品工業のうち集中度の高さとその上昇度合い，および製品差別化の進展が比較的早い時期から検出されたことから，その関心が最終消費用食品製造部門，とりわけブランド食品製造部門に集中してきた．ところが1980年代に入ってからは，食品工業のうちでも生産財的な部門や差別化程度の低い消費財部門（穀物の第1次加工諸部門はその典型に含まれる）における大型買収・合併が続出し，またそれら部門における集中度

の上昇が顕著に現れている．したがってこうした傾向を実態的に詳細に把握し，その背景や意義を分析することが今日的課題として提起される．

また食品流通セクターについての分析はその卸売，小売部門に限定されており，原料農産物（したがってまた穀物流通部門）については本格的分析の対象には置かれてこなかった．したがって本書の研究関心に引きつけて言えば，食品工業の多角的（コングロマリット的）巨大企業が，同時に原料農産物，とくに穀物流通セクターの再編にいかに関わり，その構造をどのように編制しているかを解明する課題は残されていることになる[10]．

2. 農村社会学系譜からの農業・食料セクター分析

アメリカ農村社会学の中からも，農村社会の構造を規定する要因として農業生産の場面だけでなく，川下の農産物流通や加工の諸段階，あるいはまた川上の農業投入財（生産資材および技術）へと分析範囲を拡延して，当該農業分野の垂直的なシステム総体としての性格を分析し，それら全体が農業生産者と農村社会生活に与えるインパクトを分析しようとする傾向が発展してきている．

フリードランド（William Friedland）らは，カリフォルニア園芸農業の社会学的分析を進めていく中で，その生産過程の技術的・労働様式論的分析に加えて，集荷業者からさらに小売業者，加工業者による契約生産的諸形態をつうじた垂直的組織化や逆に生産者自身が協同組合的に垂直的統合化を図るなどの広い意味での生産様式を総体的にとらえるための方法として，マルクス経済学的な労働様式・生産様式論を応用しつつ商品システム分析（commodity systems analysis）というアプローチを発展させた．その基本的構成要素は，生産過程の技術的性格の分析，生産者の組織構造的性格の分析，労働力とその把握様式の分析，生産のための科学技術の展開と応用のあり方の分析，および販売・流通の構造やそこでの資本循環の分析であった[11]．

ヘファナン（William Heffernan）らも，第2次大戦後アメリカ農業の中で

ももっとも早い時期から生産技術の工業的定型化を基礎とする大規模化と垂直的統合化が進められたブロイラー部門を主な対象に，商品システム分析による研究を展開した．しかし農業・食料セクターを統合的に把握し再編する資本の性格や統合の形態が発展していくにつれ，分析方法も展開していく必要があるとした．

すなわちある時期までのブロイラーインテグレーションのように，飼料メーカーあるいは鶏肉加工メーカー等の単一事業部門企業がブロイラー生産・処理加工という特定の商品セクターを包摂していく段階では，商品システム分析が有効である．しかし少数の同一企業が一国の多くの農産物セクターにまたがって生産，加工，販売，輸出（さらにまた生産投入財供給）を統合的に掌握していくような事態（cross commodity integration）に対しては，「単品主義的」な商品システム分析だけでは不十分であり，これをコングロマリット統合ととらえてそうした部門横断的統合の全体を分析対象に据えなければならなくなった（cross commodity conglomerate analysis）とする[12]．

さらに現段階ではそれらコングロマリット企業は同時に超国籍企業化しており，それまでのような国民国家を単位とする分析ではそれら超国籍企業が編制するグローバルな農業・食料システムは把握できなくなっている，ここに至っては超国籍企業そのものを分析単位とするほかはないだろう，としている[13]．

このように農業・食料システムが資本主義に包摂され再編されていく過程を把握するための分析は，当該システムとその編制主体の段階的進化に即して方法論的にも発展させられてきているし，そうしなければならないという理論的主張は説得的である．またヘファナンらは実態面でも「コングロマリット統合企業」を具体的に特定し，それらが穀物流通や加工諸部門でも寡占的上位シェアを掌握していることを明らかにした．そしてその下でのアメリカ農業生産者は，畜産ではインテグレーターのための部分労働者化し，穀物でも生産投入財産業と生産物流通・加工産業の双方寡占によってコスト・価格収奪（cost/price squeeze）を受けている，と結論している[14]．

序章　研究の対象と課題の設定

ところで独占体の一形態としてのコングロマリットという概念自体には，少なくともその一部として「経済技術的な関連性を有しない異部門に多角化している」という意味が含まれる．しかし本書第1章，第2章で具体的に検出するように，穀物関連産業にかかわって多角的な寡占的垂直統合体となっている巨大企業群の多くは，基本的には穀物・油糧種子の流通・加工を軸とした経済技術的に関連をもつ諸部門を活動分野としている．そして同じアグリフードビジネスでも，ブランド化された小売用加工食品分野を主軸とする巨大企業群との間には一種の「棲み分け」的状況すら見られる．したがって，アグリフードビジネスやそれが能動的に編制する農業・食料セクターの構造把握を行なうにあたって，経済技術的連関の視点，言いかえると再生産過程の視点から類型化ないし仕分けをすることが要請されていると考えられる．

その点で参考になるのが，フリードマン（Harriet Friedmann）とマクマイケル（Philip McMichael）が提起した「農業・食料複合体」（agro-food complexes）という概念である．すなわちまず彼らは資本主義世界システムの歴史過程において，農業・食料の生産と消費の体系を構成する国際分業の量的・質的性格が段階的に変化してきていると考え，それらを「食料の生産・消費の国際的諸関係を，資本主義的発展の時代を画する蓄積諸様式（レギュラシオン）に結びつけた概念」である「食料レジーム（food regime）」として把握する[15]．第2次大戦後は先進資本主義諸国で加工度の高い工業生産的食品の生産と流通自体が資本蓄積の重要な場面となり，そこで活動するアグリフードビジネスの多国籍的な活動をつうじて，食料レジームは各セクター内部での国境を越えた分業とそれらの超国民経済的な統合を特徴とする国際分業が中心になってきている[16]．

こうした現代の食料レジームを構成する主な軸が，3つの農業・食料の商品連鎖（commodity chains）ないし複合体（complexes）であるという．すなわち小麦複合体（wheat complex），耐久食品複合体（durable food complex）および集約的畜産・飼料複合体（intensive livestock-feed complex）がそれである．このうちまず小麦複合体とは，第2次大戦後農政下で作り出されたア

メリカ過剰小麦が戦後独立の旧植民地途上国や日本などへ，いわば主食の移植として「援助」・輸出されたのを起点とし，当該諸国での小麦の加工と消費にいたるシステムとして成立した小麦－製粉－製パンという国際的商品連鎖である．

耐久食品複合体とは，加工食品が増大し多様化する中で，その重要原料である旧植民地諸国産の砂糖や植物油などが先進国温帯産品（甜菜糖，トウモロコシ異性化糖，大豆油など，いずれも先進国保護農政下で増産）によって代替されて行くことで再編された，原料と加工食品との新たな国際的商品連鎖を指す．そして集約的畜産・飼料複合体とは，現代アメリカ的な飼料原料生産（高収量品種によるトウモロコシ・大豆生産）と集約的・加工型畜産とが分離した上で資本によって統合されるシステムが，国際的に拡延された商品連鎖である[17]．さらに近年は野菜・果実複合体も形成されつつあると言ってよい[18]．

概念の提起者自身の強調点は，農業・食料システムを構成する各セクターの垂直的諸段階が国境を越えて配置された上で多国籍企業によって地球規模で統合あるいは組織化されていることの，再生産過程視点からの把握にあると言える．同時にこの概念は，上述の商品システム・アプローチを生産・流通上での共通特性や現段階の食料消費様式上での共通の意義を有する商品グループに拡延し，さらにそれが一国的には完結しないことから国際的な広がりを持たせる方向で発展させられた分析装置と位置づけることもできよう．

つまり個別商品の垂直的な連鎖を再生産過程上の共通性によってくくった「束」として複合体概念を理解するならば，上述のように必ずしも文字通りのコングロマリット的多角化ではない現代アメリカのアグリフードビジネス，また特に穀物関連アグリフードビジネスの集積形態を，類型的に把握する際の手がかりとなるはずである．

3. 穀物流通論における市場構造変化の認識

アメリカ農業経済学の中の穀物流通 (grain marketing) 論において，本研究が対象としている穀物流通・加工セクターの構造変化，およびそれを穀物市場構造視点から見た場合の性格について，典型的にどのように認識されているかを検討しておこう．

1980年代の構造的な変化を総括的に叙述したものとして，ダール (Reynold Dahl) の一連の論稿がある．すなわち同氏は穀物流通産業は1980年代農業不況のもとで深刻な資本過剰におちいり，ドラスチックな再編を遂げていると指摘し，その主要局面を次のように抽出・整理している[19]．

まず構造変化の要因についてだが，1970年代の穀物輸出ブームに刺激されて流通産業で大幅な拡張投資がなされたが，1980年代に入ると輸出急減によってこれらが過剰設備と化し，流通マージンも急減したことが第1の要因とされる．第2の要因としては，列車単位割引運賃（ユニット・トレイン運賃）の普及とそれにともなう産地大型集出荷エレベーター（サブターミナルエレベーター）の増加によって産地と需要地との直結大量一括流通が一般化したことが強調される．

構造変化の主なポイントとしては，(1)買収・合併をてことして多段階・多数エレベーターを経営する大規模穀物企業が成長したこと，(2)しかし穀物輸出部門では多くの参入・撤退や従前の「穀物メジャー」のシェア低下など非常に競争的な構造変化が進行している，(3)穀物流通企業は穀物加工事業を重視し拡大するようになっている，(4)中西部中核都市に立地する集散市場（ターミナルマーケット）の地位は低下し，その結果穀物現物取引は分散化した，(5)穀物農協は単協の大型化，地域農協と広域農協連合のドラスチックな組織再編を遂げたこと，が指摘されている．

本研究は以上のような総括的な問題状況の提示から多大の示唆を得ており，特に構造変化の事象そのものについてはダールの示したポイントをより具体

的に把握し検証する方向で進めることになる．しかしその場合，いくつかの点で独自の考察を加える必要がある．

　第1に，構造変化に含まれる個々の局面としては，内陸流通，輸出，および加工の各分野での変化が取り上げられているが，これら垂直的・継起的諸段階における変化の相互関連については必ずしも明確に分析されていない．したがって穀物流通・加工セクター総体としての変化の方向を把握するという問題意識を加え，それをベースに現象全体を整理する必要があろう．

　第2に，そうした視角から構造変化全体の性格がとらえられれば，そのいくつかの重要な局面についての意義や性格についても異なった分析と評価が生まれるであろう．例えば輸出部門を孤立的に検討するのではなく，それを担う主体が内陸流通や加工段階を含む穀物セクター全体においていかなる存在形態を取っているのかが把握されれば，当該輸出部門の競争構造の性格についても異なる規定があり得よう．集散市場の衰退とそれに替わる流通システムの性格規定についても同様に穀物セクターの全体構造の現段階的特質をふまえる必要があるし，また集散市場を中心とする穀物流通体系そのものが歴史的にどのような構造と存立基盤を有していたかも確認されるべきだろう．

　ところでそのように穀物セクターの垂直的な全体構造をとらえようとするアプローチとして，前述の産業組織論アプローチ系譜に属するマリオンらが中心になってサブセクター分析という方法を提唱し，その集成として『アメリカ食料システムの組織と成果』という研究書を発表した．それによるとサブセクター分析の方法論的特徴は次のような点にある．すなわち(1)基本的には構造・行動・成果パラダイムからなる産業組織論をベースとしつつ，(2)市場はミクロ経済学の価格理論が想定するような抽象的存在ではなく具体的制度的機構であるとの認識に立脚する，(3)生産および流通の垂直的な諸段階間を結合ないし調和させて資源配分を方向づけるメカニズムの諸形態を総称して垂直的整合（vertical coordination）と呼ぶが，その垂直的整合の制度には一方の極である価格のみによって制御される市場から他方の極である完全な企業内組織までの多様な形態が存在しそれが能動的に展開するもの

だという視点から，個別商品の生産から消費までの連鎖を継起的な付加価値過程諸段階から構成される垂直的な複合体として把握し分析しようとするものである[20]．理論的道具の主なものはミクロ経済学，産業組織論，新制度学派経済理論（取引費用論や所有権論），システム論であるが[21]，分析対象設定の仕方は前述の農村社会学系譜による「商品システム分析」と類似していることがわかる．

さて同書の各分野比較実証研究において，穀物・油糧種子サブセクターについては次のように性格づけされている．すなわち第1に生産農場，集荷および中継流通，輸出，第1次加工という諸段階のそれぞれにおいて，水平的集中が進行している．第2に，加工企業や輸出商社が部分的に集荷や中継段階を統合してはいる．しかしそれらも含めて諸段階間の垂直的整合様式は，完全なスポット取引あるいは先物市場取引に連動させた各種の先渡し契約（forward sale contract）である．したがってほとんどの場合決定権の段階間移転を含まない段階間独立的な取引であり，人為的制御の余地のない市場価格を整合メカニズムにしている，とする．ただし差別化商品の品質特定や品質管理を目的として，一部で契約生産，契約取引または垂直的統合が存在してはいる，という[22]．

穀物流通・加工セクターにおいても所有権による垂直的統合が進展しているという事実認識はしつつ，それでも段階間の整合メカニズムは一般的に純粋の価格機構であると性格づけている．しかし段階間での取引ないし移転価格が基本的には競争的に決定されているということと，その取引や移転が開放的な市場機構であることとは必ずしも一致しない．つまりこのセクター分析にあたっては，統合による完全内部組織化と完全な開放的市場機構という両極二者択一的な尺度で判断が下されているように考えられる．垂直的統合体の内部段階間での意思決定様式，さらに所有権による完全統合でこそないが相対的に緊密な組織化の場合の段階間意思決定様式についても，より具体的に分析する必要があろう．

この点でクック（Michael Cook）は，穀物セクターでもより密接な垂直的

整合へ向かう趨勢が存在し，その推進主体は穀物加工メーカー，種子企業，および世界的穀物商社であろうとしている[23]．すなわち穀物加工食品メーカーは，より細分化していく製品差別化のために特定化された原料穀物の調達が必要になってきている．そのような原料の属性保持と量的確保のために，契約生産，契約調達，ないし原料生産・集荷過程そのものの後方垂直的統合の必要性が高まっている．次に膨大な研究開発投資によって差別的属性を有する種子を開発し生産する種子企業は，その投資に照応する十分な利潤回収のためには製品特性を保持したまま流通・加工しうるチャネルを必要とするのである．

そして世界的穀物商社の場合も，一方では世界的な流通・情報・金融資産が競争基盤であるがゆえに高度の規模の経済性があり，したがってより大量の取引を行なう必要がある．他方では流通関連固定資本は過剰状態にあることからも，より多くの取引量確保が至上命題となる．したがって穀物集荷競争のために後方垂直的な統合，契約，ないし戦略的提携の必要性が高まっているのである．穀物取扱量の確保をめぐる上述の加工メーカーや種子企業との競争も，それを促進する．

かくしてこれらの主導的穀物関連企業は，開放的な価格機構よりも，相対的に閉鎖的な垂直的整合と交渉的価格形成を指向することになる，というのがその主張である．当該分野で水平的集中度を高めた穀物輸出企業と穀物加工企業が，それぞれに後方垂直的に流通諸段階を統合ないし組織化する傾向が実際に見られる．クックの主張はそうした現実と整合的であり，また製品差別化目的以外にもそうした傾向を促進する契機がありうることを指摘している点でも，現局面の動向を分析する上で示唆的であると考えられる．

4. わが国におけるアメリカ穀物産業と市場構造に関する研究

アメリカ穀物産業ないしそこで活動するアグリフードビジネスに関して，いわゆる「穀物メジャー」の輸出ビジネス以上に踏み込んで取り上げた研究

序章　研究の対象と課題の設定

は，実はわが国では多くない．そうしたもののひとつとして堀口は，それまでの研究と異なって輸出部門だけでなく内陸での流通プロセスとの関連を視野に入れ，1980年代初めの時点での動向について次のように指摘した．すなわちいわゆる穀物メジャーは1970年代から集荷，中継，輸送などの内陸部流通諸分野に展開し，垂直的な自前のチャネル構築に着手していた．その動機ないし目的として，(1)元来産地集荷で強みを持つ農協が輸出部門に進出してきたので，それとの間で輸出向け穀物の集荷競争力を高めること，(2)穀物逼迫時でも確実に集荷すること，(3)産地段階では各種等級から構成される集荷穀物を輸出用等級にブレンドすることから生まれるブレンド利潤を獲得すること，(4)長い流通チャネルをコントロール下におくことで，輸出以外の販路を含めた最適選択肢を確保できること，をあげた[24]．

こうした指摘は，穀物大企業が流通諸段階にまたがる垂直的な集積を進める動因やその市場構造上の意義について示唆を与え，そうした視点からの立ち入った検討が必要であることを教えたものである．

次に服部は，「穀物メジャー」による穀物加工分野への展開に着目し，1970年代までにそれら企業の加工分野への買収等による進出が開始されていたこと[25]，それをつうじて多角的な収益基盤を構築しえた企業は「穀価の下落を，加工事業における原料安として受け止める機構」を備えたことが1980年代不況期を乗り切る上で重要になったと論じた[26]．これは加工諸部門への垂直的多角化が企業収益性の面で有する意義を検討する上で，基本的に重要な指摘である．

なお服部は，穀物メジャーは流通においても加工（穀物加工や畜産物処理加工）においても高い集中度を持ってはいるが農産物価格に対する支配力などはないとして，独占的弊害の存在を積極的に否定しているように思われる[27]．しかしこれについては，次のような諸事実に照らして疑問が残らざるを得ない．すなわちまず食肉パッキング部門については，前述のようにアメリカ伝統的産業組織論サイドから独占的低集買価格が存在するとする実証的研究結果が提出されていること，服部も関説している農務省の集中問題調査

結果についての諮問委員会報告でメイン答申は確かに「反競争的・独占的な行動の証拠はない」とする調査結果を踏襲しているが，答申には「僅差で過半数にはならなかった」が「反競争的・差別的行動は存在する」と論じる少数意見も合わせて記載されている[28]．さらに穀物加工部門についてもトウモロコシ化工産業等では，巨大穀物企業のほか日欧企業も含めて製品の販売価格と販売量をカルテルによってコントロールしていたことが決定的な証拠を持って断罪されるなど，独占的弊害の存在がむしろ公にさらされるに至っている[29]．

いっぽう中野は上述の「農業・食料複合体」論にも注目しつつ，アメリカ系多国籍アグリビジネスがM&Aをてこにして食品産業部門横断的に多角化している実態を明らかにしている[30]．そしてアメリカ系多国籍アグリビジネスが，単なる穀物商社ではなく「畜産複合体」という集積形態を取るようになっていることを先駆的に明らかにしたのは関下であった．すなわち穀物－飼料－畜産という生産連関を巨大穀物商社や巨大食肉パッカーが一体化・統合化し，さらにそうしたアメリカ的食糧生産システムを世界大のインテグレーションへと拡延しているとしたのである[31]．本研究でもこの業績に学びつつ，さらに飼料－畜産系列だけでなく穀物関連産業全体を視野に入れてアグリフードビジネスの今日的存在形態を明らかにしたい．

第3節　本書の課題設定と構成

前節で見た対象にかかわる先行研究による成果，示唆および残された問題をふまえて，以下で本書の課題とその分析視角を具体的に設定し，併せて叙述の構成も示したい．

課題を一言で表現すれば「1980年代以来のアメリカ穀物流通・加工セクターの再編過程を，穀物市場構造の変化とその現段階的性格という視角から検討する」ということになるが，まず市場構造という分析視角について確認しておきたい．すなわち市場構造とは，【流通過程の基本的構成要素である

生産，商業，消費（生産的消費を含む）のそれぞれにおける水平的構造】と，【流通過程の段階構成（すなわち垂直的な分業構成）とそれら段階間の関係（社会的分業なのか企業内分業か，および分業された段階間の結合様式）をあらわす垂直的構造】とによって成立している．

　こうした意味での市場構造の変化や推転の第1次的な原動力は，水平的構造における変化であり，そこでの競争形態の変化であると考えられる．これらはそれぞれの段階における資本の集積・集中運動をつうじてもたらされる．垂直的構造とその変化の方向は，こうした水平的な競争構造に強く規定されるであろう．例えば，流通過程のいずれかの段階で集中が進行して独占体，または寡占的競争構造が形成されると，流通経路を個別的な管理・制御の対象にする運動が発生する．それには商業に即して理論的に言えば，(1)ある商業段階が依然として売買の集中をつうじた流通費用の節減という社会的自立的存在根拠を有するにもかかわらず，価格競争を制限しながら自己商品の販売（ないし購買）を個別的に維持拡大しようとする独占資本によって行なわれる排除ないし系列化という範疇と，(2)当該商品の売手と買手の片方ないし両方における少数大規模化が進展し，販売や購買の小規模分散性が希薄化したり消滅したりすることによって，ある商業段階の社会的自立的存在根拠そのものが消滅していくことにもとづく収縮・死滅という範疇がありうる．いずれの場合にしても，流通の垂直的構造もまた個別諸資本の集積・集中運動そのものによって形成されるようになる．

　このように形作られてくる市場の水平的および垂直的構造と諸段階間の関係をもって，特定の市場構造の総体（または流通体系）が構成され，性格づけられるのである．

　市場構造と流通体系についてのこのような基礎的理解を前提に，研究対象を次のような個別課題を設定した上で分析する．

　第1に，穀物市場を構成する穀物流通・加工セクターの主要な個別部門・段階の構造が，どのような方法でどのような方向へ再編されたかを明らかにする．その場合各部門毎の構造変化が重視されるのはいうまでもないが，穀

物関連企業の水平的・垂直的な多角化の形態と程度を把握するためには，個別・具体的な企業に即した展開形態の把握やその類型化が欠かせない．その上で，主導的な穀物関連企業が多角化・寡占化・垂直的統合という方向性を持って事業再編を進めている経営的意義についても検討する必要があろう．この課題については，主として第1章で取り扱う．

第2に，そのような穀物セクターの再編が市場構造論的に有する意味を確定するために，まず同セクターの水平的および垂直的構造を穀物流通に関わる範囲でできるだけ総合的に性格づける必要がある．次いで穀物の段階間取引ないし移転についての垂直的整合様式を，個別化・企業内化の程度，意思決定権の所在や移行，価格決定方式の諸点から検討する．これらの課題は第2章で扱う．

第3に，このようにして析出された穀物市場構造総体，したがってまた穀物流通体系の再編方向の現段階的性格を確定するために，最小限の歴史的比較分析が必要である．具体的には1970年代までに終焉したと思われる集散市場型流通体系の構造と存立根拠，およびその存立根拠が喪失される過程の考察をつうじて，第3章で課題に接近する．

第4に，穀物関連農協の動向について分析するが，それは2つの意味からである．ひとつは農協が歴史的および今日的に，穀物流通・加工セクターにおいて重要な構成要素の一環をなしているからである．もうひとつは同セクターの構造的再編が穀物生産者と穀物産地に与えるインパクトとそれへの対応について，穀物関連農協の分析をつうじて間接的にではあるが一定の見通しと展望を得るためである．この課題には主として第4章をあてる．

なお穀物セクターに限定するにせよ，そこでの諸資本の蓄積形態およびその意味を総合的に明らかにするためには，穀物生産者・産地への作用・反作用を直接的に把握することが必要であるだけでなく，アグリフードビジネスのいまひとつの重大な今日的趨勢である多国籍化の分析も欠かせない．しかしこれらの領域については本書でカバーすることはできなかった．その意味で本書は，グローバル化している現代農業・食料システムの重要な構成要素

たる穀物複合体について，主導的資本の最重要事業拠点（いわば本陣）であるアメリカに対象を限定した部分分析にとどまるが，同時に本陣の分析は陣容の総体を理解するための前提的基礎を与えるだろうと考える．

以上に設定した個別課題の検討をつうじて穀物流通・加工セクターの再編について市場構造論的性格規定を与えることが最終目標であるが，加えて終章においては，本章冒頭に触れた問題の一般的背景，すなわちアメリカにおける20世紀末農政転換との関わりをどう把握しうるのかについても，簡単にせよ展望を与えたい．

注
1) Connor (1986), pp. 211-212.
2) Connor and Geithman (1988).
3) Mueller (1983), p. 856.
4) Connor (1986), p. 215.
5) Connor and Wills (1988), pp. 144-146.
6) Mueller (1988), p. 41.
7) Marion (1988).
8) Connor (1986), pp. 227-231, Connor (1988), pp. 36-39.
9) Connor, Rogers, Marion, and Mueller (1985), pp. 244-272, Connor (1986), pp. 251-254, Mueller (1983), p. 859.
10) 以上にサーベイした伝統的産業組織論は「主流派」「ハーバード派」とも称されている．周知のように「独占的・寡占的市場構造が反競争的・非競争的行動をつうじた超過利潤や価格支配と結びついている」という点をめぐって，これとはほぼ全面的に対立する産業組織論の潮流としてシカゴ学派やコンテスタビリティ理論が存在し，1980年代共和党政権下の非常に緩和的な反トラスト政策運用において重用された．しかしここでは食品産業の中長期的構造変化の具体的な趨勢や形態をどのようなものとして把握するかという本研究の問題関心にもっとも即しており，また当該分野の実証研究も豊富な伝統的産業組織論を取り上げた．ただしシカゴ学派やコンテスタビリティ理論に対する当事者やわが国での反批判や論評も参照した（Mueller (1986), Connor (1990), 小西編 (1994))．
11) Friedland (1986), pp. 221-226.
12) Heffernan and Constance (1994), pp. 30-40. さらに遺伝子組み換え作物が急速に商品化されてきた1990年代半ば以降の現局面では，巨大なバイオテクノロジー化学複合企業が農業・食料コングロマリット統合企業と資本所有関係ではな

いが戦略的提携をつうじた組織化を進めている事態に着目し，これを食料クラスターないし食料企業クラスター (food cluster, cluster of firms) として概念化しようと試みている (Heffernan (1999))．
13) Heffernan and Constance (1994), pp. 40-42. なお彼らは「超国籍企業」(transnational corporation) を，多国籍企業 (multinational corporation) がさらに発展してあらゆる国家との紐帯をなくした段階の資本の存在形態として概念化しているが，筆者は理解を異にしている．しかし本書の主題とは直接かかわらないので，ここでは触れない．
14) Heffernan and Constance (1994), p. 40.
15) Friedmann and McMichael (1989), p. 95.
16) Friedmann (1991), pp. 68-70.
17) Friedmann (1991), pp. 67-71, McMichael (1991), p. 75, および Friedmann (1994), pp. 258-272.
18) Friedmann (1994), p. 272, および Friedland (1994).
19) 以下，ダールの分析の要約部分は Dahl (1989; 1991a; 1991b; 1992) からの摘要である．
20) Marion (1986), pp. 51-58.
21) "Introduction and Overview," Bruce Marion and NC 117 Committee eds., *The Organization and Performance of the U.S. Food System*, Lexington Books, 1986, pp. xxxv-xxxvi.
22) Leath, Hill, and Marion (1986), pp. 147-159.
23) Cook (1994).
24) 堀口 (1984), 419-425 頁．
25) 服部 (1988), 10-30, 85-93 頁．
26) 服部 (1988), 100-105 頁．
27) 服部 (1997), 127-129 頁．
28) USDA (1996), pp. 42-52.
29) ①コーンスターチを発酵させて製造され広範囲に食品添加物として使用されるクエン酸について，アメリカ巨大多国籍穀物企業である ADM および欧州メーカー3社が，少なくとも1991年第4四半期から1995年第1四半期まで違法カルテルを実施していたことについて有罪を認め，罰金総額1億500万ドルを支払った．なおコナーによれば，カーギルもカルテル行為そのものには加わっていなかったもののカルテル価格へは明らかにフリーライドしていた．②同じくトウモロコシ化工の高次製品でありアミノ酸の一種として飼料添加物等に用いられるリジンについて，ADM のほか味の素，協和発酵，セウォン（韓国系）が同じくカルテル行為で有罪を認めて総額9,250万ドルの罰金を支払った．③司法省はより決定的な証拠を収集したクエン酸，リジンについて有罪を認めることと引き替えに，ADM，カーギル，CPC インターナショナル，A.E. スタレイを対象に行なって

いたトウモロコシ化工の最大主力製品である異性化糖（High Fructose Corn Syrup）についての捜査・立件は見送るという司法取引を行なった．異性化糖ユーザー企業からの告訴については和解が図られた．以上について，Connor (1998), *Milling and Baking News* (September 5, 1995, and October 22, 1997), および *Feedstuffs* (June 24, 1996, and September 2, 1996), を参照．

30) 中野 (1998a), 4-6 頁, および中野 (1998b), 40-44 頁.
31) 関下 (1987), とくに 265-286 頁.

第1章　アメリカ穀物流通・加工セクターの再編
―1980年代以降―

はじめに

　現段階のアメリカ穀物市場構造を直接に形成したのは，1970年代輸出ブームの後をおそった1980年代農業不況の下で本格化し，そして現在に至る，関連諸資本による買収・合併・事業再編を主要なてことした穀物流通・加工セクターの激しい構造再編過程である．本章の課題を一般的に表現すれば，この再編過程の方向と形態，およびその意義を明らかにすることである．

　この場合の主な視点は，アグリフードビジネスがアメリカの穀物関連産業において推し進める資本の集積・集中の態様を明らかにするということである（資本の「集積」には，蓄積による資本規模の拡大という狭義の意味と，それに諸資本間の統合による「集中」を合わせた広義の意味とがあるが，以下の叙述においては特に断らない限り広義の意味で用いることにする）．

　現代アグリフードビジネスにおける資本蓄積運動の態様は，多国籍化とともに，農業・食料諸部門への多角化とそれら諸分野・諸段階の統合化を一般的な傾向にしているとの指摘がしばしばなされている．例えばヘファナンらの指摘する「部門横断的コングロマリット統合」（cross-commodity conglomerate integration）であるとか[1]，マクマイケルとフリードマンが検出した「小麦複合体」「耐久食品複合体」「畜産・飼料複合体」という，主要品目の原材料調達から最終製品生産・販売までの諸段階を地球規模で統合する「商品連鎖体」（commodity chains）ないし「農業食料複合体」（agro-food complexes）とは[2]，いずれもそうした一般的傾向を体現するものとして位置づけられている．

こうした議論と関連づけて本章の課題を表現しなおせば，それら農業・食料関連資本による部門横断的かつ商品連鎖縦断的な複合体（ないし集積体）形成の具体的あり方を，穀物関連産業においてそのプロセス，方向，および到達点にわたって検証するということになる．あわせてここでは，そうした集積体形成に向けた運動の持つ意義について企業レベルでの収益性の点から若干の検討を行ないたい．

本章での具体的な分析と叙述は以下のような方法と構成で進める．

まず1980年代以来の構造再編は，個々の資本による企業内的な蓄積もさることながら，それ以上に集中すなわち買収や合併が重要な役割を果たしている．そこで，最初に農業・食品産業全体における買収・合併の趨勢と特徴を整理し，あわせて農業・食品産業の中での穀物関連産業の位置や構成について検討する（第1節）．

次にそれらをふまえて，資本の集中を主な原動力とする穀物流通・加工セクターの再編過程を，主要な個別部門ごとに検討する．この場合，上述のような「複合体」的な資本の集積のプロセス，形態および到達点を理解するためには，個別・具体的な企業に即した把握が欠かせない．そこで部門別の再編過程を主要分野別と主要企業別の2つの方向から整理する（第2節）．

その上で，穀物流通・加工セクターにおけるこの間の再編運動とその結果として形成された集積体（複合体）について諸類型を析出し，それらの収益性比較の側面からそうした再編運動の意義を検討する（第3節）．

第1節　農業・食品産業における大型M&Aと穀物関連産業

1.　農業・食品産業における大型M&Aの特徴と諸結果

1980年代の農業・食品産業は，1970年代末に始まったアメリカ経済にお

ける第4次合併ブームの渦中にあって，合併・買収（mergers and acquisitions; M&A）が盛行した．そこではおよそ4つの特徴が見られた．

まず食品工業の大規模買収（被買収資産1,000万ドル以上）について，第2次大戦後の合併・買収の推移の中で比較すると（表1-1），第1の特徴として，諸産業の中での比率が戦後最高に高まっている．すなわち製造業・鉱業・石油業における大規模買収のうち食品工業の件数比率は70年代後半，80年代前半ともにおよそ15％にのぼった．これはアメリカ経済の第3次合併ブーム期（1950年代後半から1960年代）の9％前後を大きく上回っている[3]．

第2の特徴は，食品工業内部での大規模買収対象資産の全資産に対する比率が，やはり戦後最高を記録したことである．60年代後半に同比率はかつ

表1-1 食品・タバコ製造業における大規模買収の推移

（単位：百万ドル，％）

年次期間	被買収企業数		被買収企業資産価額		部門資産総額に対する比率[4]
	実数[1]	製造業における比率[2]	簿価又は買収対価[3]	同左1982年価格	
1948-50	1	6.7	16	180	0.04
1951-55	15	10.0	343	2,849	0.42
1956-60	21	8.7	718	5,017	0.73
1961-65	30	9.9	835	4,518	0.66
1966-70	54	8.8	4,834	17,746	2.62
1971-75	43	14.1	1,458	3,398	0.50
1976-80	79	14.6	5,482	7,838	1.03
1981-85	192	14.9	29,105	26,205	3.35

注：1) 被買収企業の資産が1,000万ドル以上のものについての集計である．1979年まではFederal Trade Commission（FTC）が，Statistical Report on Mergers and Acquisitionsとして集計・公表していたので，それにもとづくが，1980年からはFTCは中止したので，ConnorとGeithmanの両氏が各種情報にもとづいて集計したもの．
2) 製造業・鉱業・石油業における大規模買収数に占めるシェア．
3) 1979年までは簿価，その後は簿価又は買収対価．
4) 食品・タバコ製造業の全資産価額（工業センサス）に対する比率．

資料：John Connor and Frederick Geithman, "Mergers in the Food Industries: Trends, Motives, and Policies," *Agribusiness : An International Journal*, Vol. 4, No. 4, July 1988, から一部加工のうえ引用．

てない 2.6% に達したが，80 年代前半にはさらにそれを上回る 3.4% にのぼっている．

以上を要するに，食品工業が今次 M&A ブームの重要な舞台となり，したがってまたそれ自体の M&A による再編もかつてないひろがりを持ったことを示している．

そしてその頂点では巨大合併・買収が頻発している．対象を農業・食品産業に広げて買収価額 100 万ドル以上の M&A を 1980-92 年について集計した結果，総件数 973 件のうち，被買収企業の買収時点での売上規模が判明しているもの 516 件の平均額は 2 億 6,300 万ドルに達し，さらに同 10 億ドル以上のものが 19 件にのぼっていた[4]．とりわけ大規模な買収として，次のようなものをあげることができる．1981 年のナビスコ（Nabisco，買収時の年間売上高 26 億ドル．以下同様）によるスタンダード・ブランズ（Standard Brands Inc., 33 億ドル）の買収，1985 年の R.J. レイノルズ（R.J. Reynolds Industries, Inc., 130 億ドル）によるナビスコ（63 億ドル）の買収，1984 年のフィリップ・モリス（Philip Morris, Inc., 138 億ドル）によるジェネラル・フーズ（General Foods Corp., 90 億ドル）の買収，1985 年のフィリップ・モリス（277 億ドル）によるクラフト（Kraft Inc., 99 億ドル）の買収，1987 年のコナグラ（ConAgra, Inc., 59 億ドル）によるスウィフト・インディペンデント（Swift Independent Co., 40 億ドル）の買収，1990 年のコナグラによるベアトリス（Beatrice Co., 42 億ドル）の買収などがそれである．

つまり第 3 の特徴として，大型・巨大買収の続出という点を指摘できるのである．

次に同資料によって買収の事業分野関係を見ると，被買収分野で多かったのはソフトドリンク・ボトリング（146 件），製菓・スナック製造（78 件），ベイカリーおよびベイキング半製品製造（74 件），乳製品製造（70 件），特産調整品（加工味付け食品等）製造（57 件），畜肉加工（44 件），果実加工（41 件），調味料・香辛料等食品原料製造（38 件），水産物加工（38 件），野

第1章 アメリカ穀物流通・加工セクターの再編

菜加工(36件),種子生産・育種(30件),などである[5]．

いっぽう買収企業の主要事業分野を見ると，判明分635件中，買収対象企業と同一分野が37.9％，多角的食品加工企業が17.6％，加工以外にも展開する多角的アグリフードビジネスが37.0％となっている．つまり同一部門内の単純な水平的買収よりも，後二者のような大規模・多角的食品企業による買収(計54.6％)が主導的であるという点を，第4の特徴として指摘できる．

以上のような特徴をもって展開された合併・買収活動の結果として，食品産業における生産の集積が進行した．食品工業について，その点を各部門毎の上位4社出荷額集中度(CR4)で見ると表1-2のようである．それによると，食品工業の部門別集中度の全体単純平均は1982-92年に44.6％から50.9％へと6.3ポイント上昇した．これは前回の買収ブーム時に相当する

表1-2 食品工業の性格別集中度(上位4社出荷額シェア)の変化
(M&Aの「第3次ブーム」と「第4次ブーム」の比較)

(単位:％)

食品工業性格別部門グループ	「第3次ブーム」			「第4次ブーム」		
	1963年	1972年	増減ポイント	1982年	1992年	増減ポイント
生産財	40.0	40.4	0.4	40.7	52.6	11.9
低位差別化消費財	34.8	35.7	0.9	35.9	42.9	7.0
中位差別化消費財	38.7	41.4	2.7	42.7	43.8	1.1
高位差別化消費財	54.1	56.4	2.3	63.1	70.5	7.4
全体平均	40.8	42.8	2.0	44.6	50.9	6.3

注:1) 産業(SIC4桁)の分類は，主要メディアを通じた広告費の対出荷額比率(ADS)によって行なってある．その基準は以下のとおり(カッコ内は1992年の部門数)．
　　ADS=0:生産財(9)
　　0＜ADS≦1:低位差別化消費財(10)
　　1＜ADS≦3:中位差別化消費財(13)
　　3≦ADS:高位差別化消費財(8)
　　ADSの大小は製品差別化の程度を間接的に示す指標として使われる．
2) 産業分類毎のADSは下記B. Marion編著書における製品分類別のものをもとに4つに分類した．
3) 集中度の数値は，いずれも算術平均である．
資料:USDC Bureau of the Census, *Census of Manufacturers*: *Concentration Ratios in Manufacturing*, 1987 and 1992, Bruce Marion and NC 117 Committee ed., *The Organization and Performance of the U.S. Food System*, Lexington Books, 1985, pp. 472-475.

1963-72年の上昇度2.0ポイントよりもかなり高い．つまり第1に，今次M&Aブームの方が寡占状態深化への影響が大きいことがわかる．

第2に，出荷額に対する広告費の比率で製品差別化の程度を指標させ，その製品差別化程度別に食品工業を分類して各グループ別の集中度の変化を見よう．すると前回ブーム時には差別化程度の高い諸部門，すなわち高位差別化消費財部門および中位差別化消費財部門における集中度上昇がより大きく，反対に広告費で測る限り差別化のなされていない生産財部門で集中度上昇が最小，低位差別化消費財部門がそれについで小さかった．

ところが今回は，逆に生産財部門での集中度上昇が大幅かつ最大であり，低位差別化消費財部門も高位差別化消費財部門に匹敵するほどの上昇度となっている．つまり依然として集中度の絶対水準は高位差別化消費財部門でもっとも高くはなっているものの，今次M&Aブーム期の再編を通じた寡占支配の深化は，原料的・中間製品的あるいはバルク的農産物加工分野においてより顕著に進展したのである．これは従来の食品工業についての産業組織論的分析における理論的・実証的通説とは若干異なる新しい事態，つまり製品差別化がほとんど意味を持たない生産財部門あるいは非ブランド消費財部門で寡占的シェアの掌握がもっとも強く追求されたことを示している[6]．次にみる穀物関連加工諸部門には，そうした分野の典型的なものが含まれる．

第3に，大規模・多角的食品企業主導のM&Aという性格を反映して，食品工業全体を一括して見た総体的集中度（aggregate concentration）もいっそうの高まりを見せている．食品工業全15,692社中，上位50社による出荷額シェアは1977年から87年の10年間に7ポイント上昇して47%に，また所有資産シェアは78年から87年の9年間に11.1ポイント上昇して74.8%に達している[7]．

2. 穀物関連産業の構成と変化の概要

(1) 穀物関連産業の構成

はじめにここで言う穀物関連産業の主な構成を，産業連関表の投入および販路構成によって画定しておこう．穀物を食料穀物，飼料穀物，油糧作物の3つに分け（産業連関表でもこの3分類），それぞれの穀物種類を起点とする投入・販路の連鎖と構成を整理すると図1-1(1)(2)のようになる．図の矢印が投入・販路関係を示し，数字は矢印の根元の品目産出額のうち矢先の産業（または販路）への投入額（または販売額）の比率を示している．

まず図1-1(1)に示した食料穀物は主として小麦と米からなる．このうち米―精米と連なる産業系列は，多くの場合その他の穀物系列とは組織・経営的に離れて存在する．そこで小麦について見ると，以下のような投入・販路の垂直的連鎖＝産業系列が確認できる．すなわち，小麦―製粉―ベイカリーまたは小麦粉ミックス・パン生地へと連なる「小麦―製粉・ベイキング系列」，デュラム小麦―製粉―パスタ・製麺へと連なる「デュラム小麦―製粉・パスタ系列」，そして「小麦―朝食シリアル系列」がそれである．

次に図1-1(2)で飼料穀物，油糧作物について見ると，飼料穀物のうち非飼料用途のものとして大麦―モルト製造―ビール・蒸留酒と連なる「大麦―モルト系列」，およびトウモロコシ―トウモロコシ化工（wet corn milling）と連なる「トウモロコシ―化工系列」がある．なおトウモロコシ化工とは，トウモロコシから化学的製法（亜硫酸溶液浸漬分離法）によってコーンスターチを製造し，そこから各種工業用スターチ類，酵素利用の加水分解によってぶどう糖と果糖の混合液糖（High Fructose Corn Syrup；HFCS）をはじめとする異性化糖，エタノール，各種有機酸（クエン酸，リジン，乳酸）等を生産する，それ自体が連続的・複合的な部門である．

飼料用には言うまでもなく「飼料―畜産系列」がある．これは飼料穀物から直接または配合飼料産業をへて，酪農―牛乳・乳製品，養鶏―家禽肉また

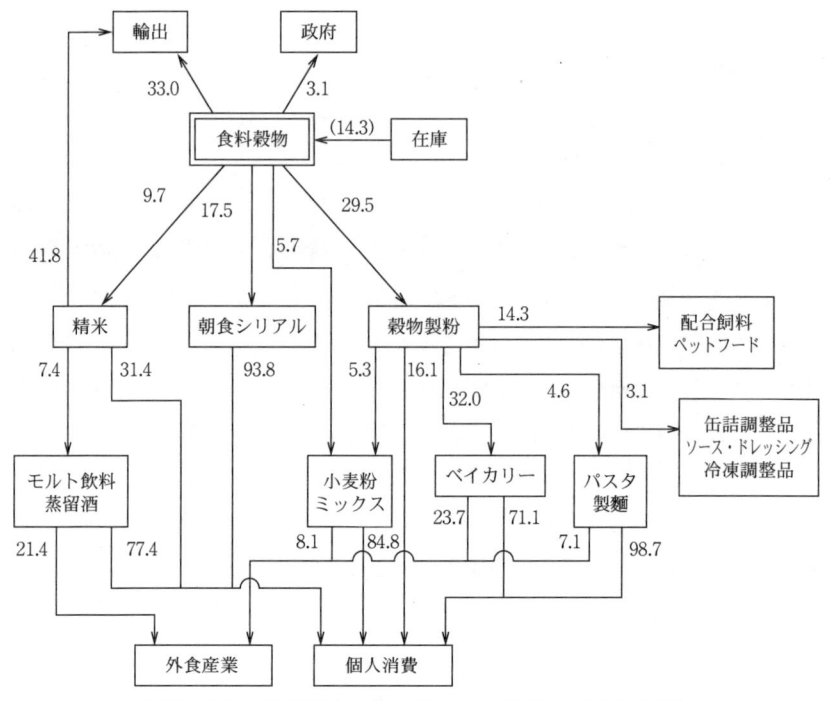

図1-1(1) 穀物関連産業の投入・販路構成（食料穀物）

注：1) 矢印は産業連関表における主な投入・販路関係を示す．数字は，矢印の根本の品目産出額のうち，矢先の産業（または販路）への投入額（または販売額）の比率を示す．ただし「在庫」からの矢印は，在庫減少による供給量増加の，当該作物の産出額に対する比率である．
なお図示していない投入関係があり，また在庫の増減や輸出入もあるので，ここに示した比率の合計は100にならない．
2) 「配合飼料・ペットフード」と「缶詰調整品・ソース/ドレッシング・冷凍調整品」の投入・販路については，次図「飼料穀物・油糧作物」を参照．
3) 品目および産業は「1987年産業連関表ベンチマークにおける産業分類」によるもので，それを適宜グルーピングして集計した．その分類番号を記すと，以下のとおり．
食料穀物（2.0201），精米（14.1600），朝食シリアル（14.1402），穀物製粉（14.1401），モルト飲料・蒸留酒（14.2101, 14.2102, 14.2104），ベイカリー（14.1801, 14.1802, 14.1803），パスタ・製麺（14.3100），配合飼料・ペットフード（14.1501, 14.1502），缶詰調整品・ソース/ドレッシング・冷凍調整品（14.0800, 14.1100, 14.1302），飼料穀物（2.0201），油糧作物（2.0600），トウモロコシ化工（14.1700），製紙（24.0800），ソフトドリンク・香料/シロップ（14.2200, 14.2300），酪農（1.0100），家禽・鶏卵（1.0200），肉畜・その他（1.0301, 1.0302），牛乳・乳製品（14.0200, 14.0300, 14.0400, 14.0500, 14.0600），家禽鶏卵処理・加工（14.0105），肉畜処理・加工（14.0102），植物搾油（14.2400, 14.2500, 14.2600），食用油脂（14.2900），外食産業（74.0000），政府（78, 79, 96, 97, 98, 99）

資料：USDC, Economic and Statistics Administration, Bureau of Economic Analysis, *Benchmark Input-Output Accounts of the United States, 1987*, US GPO, 1994.

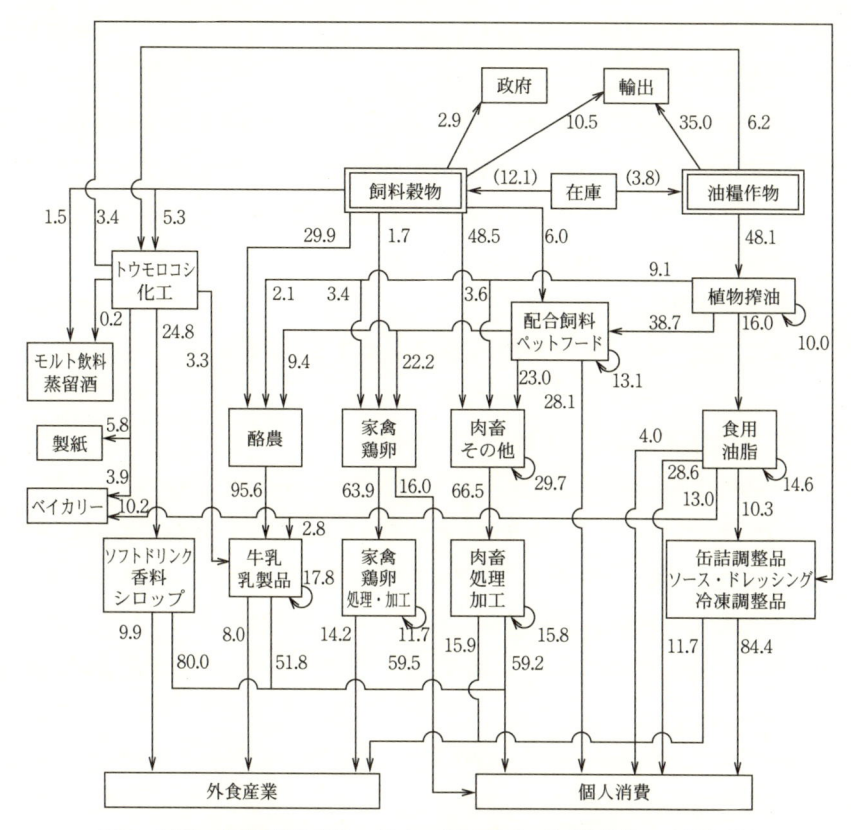

第1章 アメリカ穀物流通・加工セクターの再編

図 1-1(2) 穀物関連産業の投入・販路構成（飼料穀物・油糧作物）

注：1) 前図「食料穀物」に同じ．
　　2)「モルト飲料：蒸留酒」と「ベイカリー」の投入・販路については，前図「食料穀物」を参照．
　　3) 前図「食料穀物」に同じ．
資料：USDC, Economic and Statistics Administration, Bureau of Economic Analysis, *Benchmark Input-Output Accounts of the United States, 1987*, US GPO, 1994.

は鶏卵処理・加工，肉牛・肉豚飼育－肉畜処理・加工という畜産諸部門へ連なる畜種別の個別系列が含まれる．

　いっぽう植物搾油（主として大豆破砕）の副産物である大豆ミールは最重要のタンパク質飼料原料であり，したがって油糧作物（大豆）－大豆破砕－配合飼料－畜産－畜産処理・加工へ連なる「大豆－畜産系列」が存在する．

上の「飼料－畜産系列」と合わせて「飼料・大豆－畜産系列」と表現することができよう．

　植物油の方は食用油脂精製産業をへて食用油を主原料とした各種加工品・調整品製造へ連なっており，「油糧作物－食用油系列」を構成している．

　そして食料穀物，飼料穀物，油糧作物に共通して，それらの国内流通をへて輸出産業へ連なる「穀物輸出系列」が存在する．

　穀物関連産業は，投入・産出上の垂直的な連関にそくして分類すると，以上のような諸系列から構成されていると見ることができる．

(2) 穀物関連食品工業の構造変化の概要

　穀物関連産業のうち食品工業に属する部門について，工業センサスによってその構造と変化の概要をあらかじめ検討しておく．上の穀物産業系列で取り上げた食品工業は，工業センサスの標準産業分類4桁ベースでは28部門になる．それらを前述と同様の製品差別化程度で分類し，上位4社集中度，企業数，出荷額の変化によって構造変化の概要を整理したのが表1-3である[8]．

　28部門のうちわけは生産財部門が4，低位差別化消費財部門が9，中位差別化消費財が8，高位差別化消費財が7である．まず指摘できるのは，1982-92年の上位4社集中度の増減幅が，生産財グループでもっとも大きく，次いで低位差別化消費財グループであり，高位差別化消費財グループがもっとも小さいことである．原料・中間製品的分野，バルク製品あるいは非ブランド製品分野での集中度上昇が顕著であったという食品工業全体の動向が，この穀物関連諸部門ではより明瞭に現れているのである．

　各部門グループごとに見ると，まず生産財グループでは4部門のうちすべてにおいて上位4社集中度が上昇しており，上昇幅は5～21ポイント，単純平均で10.5ポイントだった．具体的には，従前は集中度が低い分散型であったが大幅に集中度を上昇させたのが畜肉パッキングと配合飼料の2部門であり，いっぽうすでに集中化していたものがさらに集中度を上昇させたのが

表1-3 穀物関連食品工業の構造変化概要（1982-92年）

分類	SIC	業種名	上位4社集中度(%) 1982年	1992年	増減	企業数 1982年	1992年	増減率	出荷額成長年率
生産財	2011	畜肉パッキング	29	50	21	1,658	1,296	−21.8	1.8
	2048	配合飼料	**20**	23	6	**1,182**	1,161	−3.6	4.6
	2075	大豆搾油	61	71	10	52	42	−19.2	2.2
	2083	モルト製造	60	65	5	24	16	−33.3	−1.4
		（単純平均）			10.5				1.8
低位差別化消費財	2013	食肉加工	19	25	6	1,193	1,128	−5.4	6.6
	2016	家禽・鶏卵処理加工	**28**	34	12	284	373	31.3	7.6
	2021	バター	41	49	8	61	31	−49.2	−4.8
	2022	チーズ	34	42	8	575	418	−27.3	5.5
	2024	アイスクリーム	22	24	2	482	411	−14.7	10.2
	2026	牛乳	16	22	6	853	525	38.5	1.6
	2041	穀物製粉	40	56	16	251	230	−8.4	2.5
	2046	トウモロコシ化工	74	73	−1	25	28	12.0	8.0
	2051	製パン・ケーキ	34	34	0	1,869	2,180	16.6	3.3
		（単純平均）			6.3				4.5
中位差別化消費財	2023	練乳・粉乳	35	43	8	132	153	15.9	4.8
	2032	缶詰調整品	62	69	7	171	200	17.0	4.9
	2038	冷凍調整品	**43**	40	−6	**244**	308	59.3	7.0
	2044	精米	48	50	2	47	44	−6.4	3.2
	2052	クッキー・クラッカー	59	56	−3	296	374	26.4	6.4
	2079	食用油脂	43	35	−8	79	72	−8.9	−0.2
	2086	ソフトドリンク	14	37	23	1,236	637	−48.5	4.2
	2087	香料・シロップ	65	69	4	297	264	−11.1	5.0
		（単純平均）			3.4				4.4
高位差別化消費財	2035	ソース・ドレッシング	56	41	−15	325	332	2.2	4.1
	2043	朝食シリアル	86	85	−1	32	42	31.3	9.0
	2045	小麦粉ミックス	**43**	39	−8	**120**	156	69.0	8.1
	2047	ペットフード	**61**	58	−6	**130**	102	−38.4	6.8
	2082	モルト飲料	77	90	13	67	160	138.8	4.5
	2085	蒸留酒	46	62	16	24	16	−33.3	−1.4
	2098	パスタ	**73**	78	10	**196**	182	−13.8	5.8
		（単純平均）			1.3				5.3

注：上位4社集中度，企業数の1982年欄のうち太字は産業分類変更のため1987年値で代用。
当該業種の10年間の変化率について，集中度は増減ポイントを単純に2倍に，その他（出荷額成長率を含む）は5年率を10年率に換算した。

資料：USDC Bureau of the Census, *Census of Manufacturers : Industry Series*, and, *Census of Manufacturers : Concentration Ratios in Manufacturing*, various issues.

大豆搾油（＝大豆破砕）とモルト製造である．

次に低位差別化消費財グループでは9部門のうち，すでに高度集中化していたトウモロコシ化工で上位4社集中度がわずかに低下し，また低位集中・分散型の製パン・ケーキ部門で横ばいだった．これら2部門では企業数が増加しており，市場規模成長の下で参入がなされたことを示唆している．その他の7部門ではいっせいに集中度を上昇させている．それらを産業系列で見ると，穀物系列の川上部門である穀物製粉（小麦製粉等），飼料－畜産系列の川中・川下部門である家禽・鶏卵処理加工，食肉加工，および乳製品諸部門である．

中位差別化消費財グループは8部門のうち上位4社集中度を上昇させたのが5部門，下降させたのが3部門，それらの単純平均が3.4ポイント上昇となっている．ただし地域別ボトラー同士の合併などによって大幅に上昇したソフトドリンク部門を除くと，平均上昇ポイントは0.6となる．これで見ると，市場規模の拡大と企業数の増加（参入）とが比較的パラレルに進行し，上位4社集中度の変化は小さかったことを示唆している．

産業系列で見ると，各系列の川中・川下部門がこのグループを構成している．すなわち食用油脂，缶詰調整品，冷凍調整品は油糧作物－食用油系列の川中・川下，香料・シロップ，ソフトドリンクはトウモロコシ－化工系列の川下，練乳・粉乳は飼料－畜産系列のうち酪農・乳製品系の川下，クッキー・クラッカーは小麦－製粉・ベイキング系列の川下に位置している．

最後に高位差別化消費財グループには7部門あり，これらは従前より集中度の高かった寡占部門（朝食シリアル，モルト飲料，パスタ，ペットフード），および集中度が中位の部門（ソース・マヨネーズ・ドレッシング，蒸留酒，小麦粉ミックス）からなっている．したがって他のグループと比較した場合，「高位差別化部門が高い集中度を有する」という傾向は現れている．しかし1980年代の変化を見ると，上位4社集中度が上昇した部門が3に対して下降した部門が4と上回っており，7部門単純平均でも1.3ポイント増であり，諸グループの中でもっとも小さい．他方で出荷額成長率は総じて高

く，企業数も増加している．つまり相対的に市場成長度が高くて新規参入や既存企業の事業拡張が活発で，その結果集中度の上昇が相対的に緩慢になったことが示唆される．

なお産業系列の面から見ると，このグループの各部門は小麦－製粉・ベイキング系列，小麦－シリアル系列，大麦－モルト系列，油糧作物－食用油系列それぞれの川下部門に位置している．

以上，標準産業分類4桁ベースの工業センサスという限られたデータの範囲からではあるが，穀物関連食品工業の構造上の動向について次のような特徴を要約できる．

第1に，食品工業全体で観察されたのと同様に，これら穀物関連食品工業においても，生産財および低位差別化消費財において集中度を高めている部門が多い．

第2に，それらの大半は企業数の相当程度の減少の下で集中度が上昇しており，したがって合併・買収（その半面での被買収，撤退）をつうじた構造変化であったことを示唆している．

第3に，これらの動向を産業系列の観点から概括すると，穀物関連の主要産業系列において，川上部門では相対的に市場成長がゆるやかで，しかし企業数はより大きく減少し，集中度上昇が顕著であったのに対し，川下部門では逆に市場成長率は高く，企業数は増加あるいはより緩慢に減少し，集中度の上昇幅は小さかった（あるいは一部の高度寡占部門では若干低下した）ということができる．

同じことは穀物の第1次加工部門と第2次加工部門にしぼって見ても，看取できる．すなわち各部門の出荷額成長率，企業数増減率，上位4社集中度の増減ポイントを見ると，第1次加工部門に属する配合飼料で4.6％成長，3.6％減少，6ポイント上昇，大豆搾油で2.2％成長，19.2％減少，10ポイント上昇，モルト製造で1.4％のマイナス成長，33.3％減少，5ポイント上昇，穀物製粉で2.5％成長，8.4％減少，16ポイント上昇となっている．これに対して第2次加工部門では製パン・ケーキが同じく3.3％成長，16.6％

増加, 集中度変化なし, クッキー・クラッカーが 6.4% 成長, 26.4% 増加, 3 ポイント低下, 食用油脂が 0.2% マイナス成長, 8.9% 減少, 8 ポイント低下, 朝食シリアルが 9% 成長, 31.3% 増加, 1 ポイント低下, 小麦粉ミックスが 8.1% 成長, 69% 増加, 8 ポイント低下となっているのである.

こうした傾向は, 川上部門 (あるいは第 1 次加工的, 原料・中間製品的部門) では合併・買収の半面で被買収や撤退が頻発し, それら撤退企業等が川下部門 (あるいはより高次加工的, 最終製品的部門) への参入あるいは増強によって事業シフトを行なった可能性を示唆している点で, 注目される.

第 2 節 　穀物流通・加工セクターにおける M&A と構造再編

1. 穀物需要構成の変化：流通・加工セクターの構造再編の基礎要因

本節では穀物の流通部門と加工諸部門における 1980 年代以来の構造再編を, 個別企業レベルまでおりて具体的に検討するが, それに先だってそうした再編がきわめてドラスチックな過程をへることになった一般的な背景を指摘しておきたい. すなわち構造変化を起動し, またその方向と形態を規定する基礎的条件として次の要因をあげることができる.

第 1 に,「食糧危機」を契機とする 1970 年代アメリカの穀物輸出ブームは, 輸出だけでなく内陸部の集荷や中継を含む流通諸段階の全面にわたってビジネス拡張の機会をもたらし, したがってそれら流通関連の投資が大幅に拡張された. ところが 1980 年代に入って輸出が急激に不振におちいるや, これら拡張された流通関連資本は一転して過剰資本化した. したがって 80 年代からの構造再編は, この過剰資本をいかに処理し新たな蓄積体制を再構築するかをめぐって展開されたのである.

第 2 に, 輸出の縮小とは対照的に国内穀物加工諸部門が著しく伸長し, 穀物の需要構成において, したがってまた穀物セクター全体の中で, 重要性を増大させた.

こうした輸出から加工へのシフトという需要構成の大きな変化を，三大穀物である小麦，トウモロコシ，大豆について確認しておこう．表1-4(1)によると，小麦の輸出量は1980年代前半の15億ブッシェルをピークに大きく減少して90年代前半には12億ブッシェルにまでなっており，これを需要全体に対する比率で見ると61％から50％へ低下している．逆に各種食品加工向けを意味する食料用需要は同じ期間に6.3億ブッシェルから8.3億ブッシェルへ3割以上増加し，比率も4分の1から3分の1へ上昇した．

トウモロコシについても（表1-4(2)），輸出量が1980年代前半の20億ブッシェルから90年代前半の17億ブッシェルまで減少するいっぽう，国内の

表1-4(1)　小麦と大豆の用途別需要構成の推移

(単位：百万ブッシェル，％)

販売年度(期間平均)		小麦					大豆				
		合計	国内				輸出	合計	国内			輸出
			小計	食料用	種子	飼料用			小計	搾油	種子飼料用その他	
実数	1960-64	1,320	602	501	62	39	717	665	492	445	47	173
	1965-69	1,415	708	517	65	126	707	958	658	603	55	300
	1970-74	1,713	769	532	74	163	944	1,276	818	745	73	458
	1975-79	1,955	792	590	92	110	1,163	1,713	1,026	945	82	687
	1980-84	2,490	962	625	104	233	1,528	1,903	1,123	1,034	89	780
	1985-89	2,292	1,063	716	93	254	1,228	1,907	1,218	1,122	96	690
	1990-94	2,455	1,231	826	93	313	1,224	2,083	1,394	1,280	114	689
	1995-96	2,346	1,224	887	104	233	1,121	2,388	1,522	1,403	119	867
構成比	1960-64	100.0	45.6	38.0	4.7	2.9	54.4	100.0	74.0	67.0	7.1	26.0
	1965-69	100.0	50.0	36.5	4.6	8.9	50.0	100.0	68.7	62.9	5.7	31.3
	1970-74	100.0	44.9	31.1	4.3	9.5	55.1	100.0	64.1	58.4	5.7	35.0
	1975-79	100.0	40.5	30.2	4.7	5.6	59.5	100.0	59.9	55.1	4.8	40.1
	1980-84	100.0	38.6	25.1	4.2	9.4	61.4	100.0	59.0	54.3	4.7	41.0
	1985-89	100.0	46.4	31.3	4.1	11.1	53.6	100.0	63.8	58.8	5.0	36.2
	1990-94	100.0	50.2	33.6	3.8	12.8	49.9	100.0	66.9	61.5	5.5	33.1
	1995-96	100.0	52.2	37.8	4.4	10.0	47.8	100.0	63.7	58.8	5.0	36.3

注：販売年度は，小麦については6月1日から翌年5月31日，大豆は9月1日から翌年8月31日．
資料：USDA ERS, *Wheat: Situation and Outlook*, and, *Oilcrops: Situation and Outlook*, various issues.

表1-4(2) トウモロコシの用途別需要構成の

販売年度 (期間平均)		総計 A	農場内 消費量 B=A−C	農場外 消費量 合計 C	飼料用 D	国				
						小計	食料 および 産			
							ウェット・ミリング			
							小計	HFCS	ブドウ 糖澱粉	燃料用 アル コール
実 数	1960-64	3,852	2,043	1,809	1,042	333	180			
	1965-69	4,483	2,128	2,355	1,401	367	209			
	1970-74	5,281	2,121	3,160	1,725	440	278			
	1975-79	6,519	2,560	3,959	1,385	584	408			
	1980-84	7,047	2,173	4,875	1,976	830	677	228	319	131
	1985-89	7,402	1,875	5,527	2,503	1,235	1,034	350	394	290
	1990-94	8,227	1,614	6,613	3,391	1,504	1,298	418	446	434
	1995-96	8,686	1,294	7,391	3,728	1,632	1,371	493	465	412
構 成 比	1960-64	100.0	53.0	47.0	57.6	18.4	9.9			
	1965-69	100.0	47.5	52.5	59.5	15.6	8.9			
	1970-74	100.0	40.2	59.8	54.6	13.9	8.8			
	1975-79	100.0	39.3	60.7	35.0	14.8	10.3			
	1980-84	100.0	30.8	69.2	40.5	17.0	13.9	4.7	6.5	2.7
	1985-89	100.0	25.3	74.7	45.3	22.3	18.7	6.3	7.1	5.2
	1990-94	100.0	19.6	80.4	51.3	22.8	19.6	6.3	6.7	6.6
	1995-96	100.0	14.9	85.1	50.4	22.1	18.5	6.7	6.3	5.6

注:1) 販売年度は,1979年までは10月1日から翌年9月30日,それ以降は9月1日から翌年8月
  2) 1980年度からアルコールとドライ・ミリング製品の表示方法が変更されたので,それ以
  3) 1980年度から農場外販売量が集計されなくなった。そこで便宜的な方法として,1960-79年
     いて1次回帰式を求め(相関係数 0.9201),それによって1980年度以降の農場内消費率を
  4) 構成比のうち,B,C,E欄は「総計」に対する比率,その他は「農場外消費量合計」に
資料:USDA ERS, *Feed: Situation and Outlook*, various issues.

飼料用が20億ブッシェルから34億ブッシェルへ7割以上の増加,また食料・産業向けの加工が8億ブッシェルから15億ブッシェルへ8割以上も増加した。この結果構成比も輸出が70年代後半の50%,80年代前半の41%から90年代前半には26%にまで低下したのに対し,飼料用が70年代後半35%,80年代前半41%から90年代前半の51%,加工用が70年代後半15%,80年代前半17%から90年代前半の23%へ,それぞれ上昇した。

大豆もまた同様である。輸出量は80年代前半の7.8億ブッシェルが90年

第1章 アメリカ穀物流通・加工セクターの再編

推移

(単位:百万ブッシェル, %)

国内業務用			輸出	飼料用合計
ドライ・ミリング				
小計	飲料用アルコール	シリアルその他		E=B+D
153	30	123	443	3,085
158	32	125	591	3,528
161	25	136	993	3,846
177	21	156	1,982	3,945
152	89	64	2,004	4,149
201	92	109	1,769	4,379
207	90	117	1,698	5,006
261	128	134	2,012	5,022
8.5	1.7	6.8	24.5	80.1
6.7	1.4	5.3	25.1	78.7
5.1	0.8	4.3	31.4	72.8
4.5	0.5	3.9	50.1	60.5
3.1	1.8	1.3	41.1	58.9
3.6	1.7	2.0	32.0	59.1
3.1	1.4	1.8	25.7	60.8
3.5	1.7	1.8	27.2	57.8

31日.
前とは接続しない.
度の農場内消費量率(対生産量)の経年変化につ推定した.
対する比率である.

代前半の6.9億ブッシェルへ減少し, 比率も41%から33%へ低下した. これに対し国内搾油量は10億ブッシェルから12.8億ブッシェルへ増加し, 比率は54%から62%へ上昇した.

こうして穀物企業にとって80年代の再編とは, まず穀物流通部門において縮小する輸出穀物をめぐって激化する競争に勝ち抜いて, 自らの流通関連施設の稼働率とマージンを確保するか, あるいは過剰資本を処理して縮小・撤退するかが問われることとなった. その際, 直接的な輸出部門だけでなく, 内陸流通段階との垂直的な一体的チャネルの優劣によって, 穀物輸出にコミットする企業間の競争力格差が顕在化し, そのことが構造再編の方向にも影響を与えた.

また穀物の需要=販路が加工諸部門へ大きくシフトしたことは, 強力な集・出荷力や輸出力を有する穀物流通企業にとっても, 単に流通部面にとどまるのではなく加工段階にも蓄積基盤を構築しうるかどうかが穀物セクターにおける存続と競争のための不可欠ともいえる条件になっていくことを意味したのである.

第3の要因として, この時期のアメリカ経済全体を席巻したM&Aブームがあげられる. 上述のように穀物流通部門では穀物エレベーターをはじめとする大量の固定資本が過剰化し, したがって不採算施設・分野の処分と戦略的施設・分野の獲得をつうじてより合理的・競争的な配置に再編するか,

あるいは撤退するかを迫られた．また加工諸部門への新規参入や増強などの展開にしても，需要の変化に照応した急速な対応を迫られていた．そこでこのM&Aブームを利用して，速効性のリストラクチャリング手法としての企業あるいは事業部門・資産の買収，合併，売却が，再編の主要な形態となったのである．

2. 主要部門での買収・合併・売却をつうじた再編

穀物関連産業の中でも，とくに川上分野において集中の深化に代表される構造変化が著しかったのは，寡占的なシェアによる主導権の掌握を目指して部門間，川上・川下間での戦略的な事業再配置が行なわれたためではないかということが，前節の検討で示唆された．そこで本項では，穀物市場構造に直接かかわる穀物流通および第1次加工部門だけでなく，より川下の加工部門についても，そうした事業再編の全体像を把握するのに必要な範囲で検討する．具体的には，穀物流通，小麦製粉，大豆破砕，トウモロコシ化工，配合飼料製造，食鳥インテグレーション，畜肉パッキングをめぐる，大規模企業が関わった1980年以降の買収，合併および売却の動きを部門別にまとめていこう[9]．

(1) 穀物流通

穀物流通部門の買収・合併・売却等をつうじた構造再編において，顕著な意義を示した動向を代表的企業に即して見ると，4つのタイプに分けることができる．

第1に，1970年代までのアメリカ穀物輸出および輸出向け流通を支配していた，いわゆる「五大穀物メジャー」体制（カーギル，コンチネンタル・グレイン，ルイ・ドレフュス，バンギ，アンドレ・ガーナック）には含まれていなかった新興の穀物大企業ADMとコナグラが台頭し，同分野の勢力地図が大きく塗りかえられた．第2がこれを迎え撃つ既存「穀物メジャー」

カーギル等の動向，第3がドラスチックな構造再編の過程を生き残り，地位を強化してきた数少ない大型地域農協の動向である．そして第4に，1980年代以来の過程で穀物流通部門からは撤退，あるいは大幅に事業縮小した穀物関連大企業群がある．

以下，これらのタイプ順に具体的な動きを要約しよう．

まず第1のタイプの中でももっとも活発に大規模M&Aを展開したのが，ADM（Archer Daniels Midland Co.）であった．とくに同社は地域穀物農協（regional grain cooperative．おおむね州ないし隣接諸州を事業範囲とし，単位穀物農協を出資者とする）や旧「穀物メジャー」の事業買収をつうじて急速に拡張した．具体的には地域穀物農協の事業買収として，1985年にイリノイ州のグロウマーク（Growmark, Inc.）の穀物流通事業を事実上買収，全国の地域穀物農協が出資して設立した穀物輸出のための広域農協連合会社FECが倒産したのを受けてやはり1985年にその施設を買収した．さらに最近では1996年にコーンベルト東部（インディアナ州，オハイオ州およびミシガン州）の地域農協カントリーマーク（Countrymark Cooperative, Inc.）の穀物流通事業を自社のそれと合併している．またかつての「穀物メジャー」の事業買収としては，1992年にガーナック（Garnac Grain Co.）の国内施設を買収し，また1993年にはルイ・ドレフュス（Louis Dreyfus Corp.）のほとんどの国内施設をリース取得した．

いっぽう穀物主産地に展開する一連の中堅穀物流通企業（産地集荷企業としては大きい）の買収によって，産地集荷段階でも著しくプレゼンスを拡大した．すなわち1975年にイリノイ州のテイバー社（Tabor Grain），1978年にカンザス州のスムート社（Smoot Grain），1989年にカンザス・オクラホマ・テキサス州のカリングウッド社（Collingwood Grain），そして1997年にイリノイ州のディミーター社（Demeter Grain）の買収などである．

こうしてADMは1980年代以来急激に穀物流通事業を拡張し，産地集荷，内陸中間，輸出の各段階を有するシステムの一貫性でも，エレベーター総容量規模でも，カーギルに匹敵するアメリカ最大級の穀物流通企業へと台頭し

た（1997年終わりにはエレベーター総容量規模でカーギルを抜いてアメリカ第1位になっている）．

また1980年時点では穀物流通で19位，小麦製粉で4位の企業だったコナグラ（ConAgra, Inc.）は，ピービー（Peavey Co., 80年時点で穀物流通21位，小麦製粉3位）を1982年に吸収合併して子会社化した．そして1980年時点の国内最大製粉企業であったピルスベリー（The Pillsbury Co.）の穀物流通事業を1989年に買収して，穀物エレベーター100基以上，その総容量1.5億ブッシェルに達し，総容量ベースで穀物流通部門の第5位企業に躍進した．さらに1993年にもイタリアに本拠を置くヨーロッパ最大級のアグリフードビジネスである当時のフェラッツィ（Ferruzzi）から，倒産した子会社ミシシッピリバー・グレインの残存施設を買収して，ミシシッピ河口地区からの輸出拠点も確保した．

以上のADMとコナグラは，非常に大規模なM&Aをてこに，既存の「穀物メジャー」体制の一角に完全にとってかわって台頭し，1980年代後半以降の新・穀物五強体制の一員となったのである．

これに対して迎え撃つかたちの既存大穀物流通企業群のうち，撤退したアンドレ・ガーナック，ルイ・ドレファスを除くカーギル，コンチネンタル・グレイン（1998年末まで），バンギが，第2のタイプをなす．これらは上記2社ほどに顕著な大規模M&Aはないものの，大小多数の買収等によって能力増強を進めてきている．

カーギル（Cargill, Inc.）について，目立った大型買収としては1986年にアイオワ州を中心とする地域穀物農協アグリ・インダストリーズ（AGRI Industries, Inc.）の穀物流通事業を多数支配子会社の下に吸収した．そのほか中小，多数の買収を積み重ねて大幅に能力を増強してきた．すなわち輸出用港湾エレベーター保有はほとんど変わらないものの，1980年にはゼロだったリバーエレベーターを急速に取得して行ったのをはじめ，ターミナルエレベーターや産地集荷用のサブターミナルエレベーターやカントリーエレベーター群も大量に取得してきた．

ところが1990年代後半になっても大型の買収およびジョイントベンチャーをつうじてハイピッチの膨張を続けるADMに，1997年終わりについにエレベーター総容量規模で首位を奪われるに至った．かくしてカーギルは，1998年末ついにコンチネンタル・グレインの世界的穀物流通事業の買収に踏み切ることになる．

そのコンチネンタル・グレイン（Continental Grain Co.）であるが，1992年頃まではやはり穀物エレベーター群の増強を行なってきていた．この拡張期において目立った買収としては，1980年に大豆加工と穀物流通を主軸とする大規模穀物関連企業セントラル・ソイヤ（Central Soya Co.）から7基のリバーエレベーターを買収，1984年にはアグリ・インダストリーズから5基のターミナルエレベーターを買収，1990年にはオーストラリア最大のアグリビジネス企業であるエルダーズ・グループのアメリカ子会社エルダーズ・グレイン（Elders Grain）のほとんどの施設（14エレベーター）を買収，などがある．

しかし1992年前後をピークに若干とはいえエレベーターの数・容量の縮小に転じ，容量ベース順位も1997年終わりの時点ではコナグラ，バンギにも抜かれて第5位になっていた．そしてここへきて穀物流通事業のカーギルへの全面売却に至るのである．

この結果かつての「穀物メジャー」のうちアメリカ穀物流通事業に残るのは，カーギルとバンギの2社だけになるのだが，そのバンギ（Bunge Corp.）の場合も，1980年代は相当急激に穀物流通事業を拡張したが，1990年代には施設数量でみた事業規模はやや停滞状況にある．

以上，穀物流通最上位企業群（いわば新旧の「穀物メジャー」）の盛衰を要約すると，まず1980年代はADMとコナグラが台風の目となって，旧「穀物メジャー」企業や地域穀物農協の併呑，巨大合併を主なてこに台頭し，カーギル，コンチネンタル・グレイン，バンギもそれぞれこれを迎え撃つ動きをとっていた．この結果1990年代はじめまでに，新五強体制（カーギル，ADM，コナグラ，コンチネンタル・グレイン，バンギ）が作り上げられた

のである．

　ただしその後1990年代の半ばから後半にかけては，引き続きばく進するADMとこれに対抗するカーギルという二強，流通施設保有でみた事業規模が微増ないし横ばいで推移し，二強に対する相対的地位がやや低下しているコナグラとバンギ，そして縮小傾向に転じた上で最終的にカーギルに売却して穀物流通部門から撤退するコンチネンタル・グレインという，さらなる分化が進行しているのである．

　第3のタイプが，穀物流通部門で生き残った大規模地域農協である．地域穀物農協およびそれらが出資して創設した連合組織である広域穀物農協（interregional grain cooperative）の，1980年代以来の大がかりな再編過程の全体像については第4章で検討しているのでここでは詳述しない[10]．南部の米・大豆地帯の独特の集権的組織構造を有する地域農協（ライスランド・フーズやゴールド・キスト）を除けば，独立した穀物流通事業を今日まで保持・展開し得たのはほとんど4地域農協だけであり，そのうち大規模穀物企業に比肩しうる規模を有するのはハーベスト・ステイツとファームランド・インダストリーズのみとなった（他の2地域農協はミズーリ州のMFAと，後述するネブラスカ州等のアグ・プロセシング）．

　このうちハーベスト・ステイツ（Harvest States Cooperatives）は，ミネソタ，ウィスコンシン，南北ダコタ，ネブラスカ，アイオワ，モンタナ，ワイオミング，ユタ，アイダホの諸州を事業領域とするファーマーズ・ユニオン・グレイン・ターミナル・アソシエイション（Farmers Union Grain Terminal Association，略称GTA．1981年のメンバー単協数425，エレベーター容量ベースの穀物企業ランク13位）が，ワシントン，オレゴン両州を主な事業領域とするノース・パシフィック・グレイン・グロワーズ（North Pacific Grain Growers，略称NPGG．1981年のメンバー単協数47，穀物企業ランク28位）と1983年に合併して形成された．

　この合併によって容量ベース第8位，コーンベルト北西部のトウモロコシ・大豆主産地，大平原北部の春小麦主産地，および北西太平洋岸地域のホ

ワイト小麦主産地を背後に有する全米最大級の穀物地域農協となった．その後1980年代後半は若干のエレベーター処分を行なうなどの不況対応がなされたが，90年代になって再度増強に転じている．すなわち1994年に旧フェラッツィグループのアメリカ穀物流通子会社ミシシッピリバー・グレインから輸出エレベーター1基，リバーエレベーター1基を買収して，ミシシッピ河口地区からの輸出チャネルを構築した．これによってハーベストはメキシコ湾岸，太平洋岸，五大湖の3つの地区に輸出拠点を有する唯一の農協となった．同時に92年以降は，メンバー単協を実質的にハーベストの事業部として本体と結合する「地域経営統合化」（Regionalization）プログラムを進めて，元来多数の直営カントリーエレベーター（ラインエレベーターと呼ぶ）を有する産地集荷段階の再強化をも図っている．

　ファームランド・インダストリーズ（Farmland Industries, Inc.）の場合は，元来農業機械・自動車向け燃料等の石油精製品，肥料，農薬，飼料といった生産資材供給を主要事業とする大型地域農協であり，その穀物流通事業へのコミットは曲折をへている．

　すなわちネブラスカ，ミズーリ，カンザス，コロラドの諸州に展開する当時最大の穀物地域農協であったファーマーコ（Far-Mar-Co）を1977年に買収・子会社化して，穀物流通事業に本格的に参入し，その後も積極的な事業拡張を行なった（1981年にはファーマーコの穀物企業ランク2位へ）．しかし穀物不況下で，輸出用エレベーター購入による負債膨張や取扱量の減少で連年大幅損失を計上して事業縮小に転じ，1985年にはファーマーコの営業を停止し，主要エレベーターはユニオン・イクイティ（Union Equity Cooperative Exchange）に売却するなどして一旦撤退した．

　単一の事業体としてはこのユニオン・イクイティ時代の1989年に輸出用エレベーターは2基となり，エレベーター総容量もピークに達するのだが，1990年に大幅損失を計上するなど経営不振におちいり，92年に再度ファームランドが買収したのである（買収時点のユニオン・イクイティはメンバー単協数480，穀物企業ランク6位であった）．これ以後は，輸出エレベータ

－1基と大型ターミナルエレベーターを処分するいっぽうカントリーエレベーターを取得するなどして，総容量は減らしつつエレベーター数は増やす形で再編を進めている．

　最後に第4のグループが，穀物流通事業について売却し，撤退あるいは大幅に縮小した大規模穀物関連企業である．その中にはさらに穀物加工事業を主体とする大手企業，旧「穀物メジャー」，そして地域穀物農協という3つの類型がある．旧「穀物メジャー」にはガーナック・グレイン（1992年撤退），ルイ・ドレファス（1993年基本的に撤退），そしてコンチネンタル・グレイン（1998年末撤退決定）があり，地域穀物農協にはグロウマーク（1985年事実上撤退），アグリ・インダストリーズ（1986年事実上撤退），カントリーマーク（1996年に穀物事業をADMに合体）が含まれるが，いずれもすでに触れた．

　加工事業を主体とする大手企業としては，セントラル・ソイヤ，ピルスベリー，インターナショナル・マルチフーズを典型例としてあげることができる．

　セントラル・ソイヤは大豆破砕を中軸に，川上には穀物流通，川下には飼料製造と養鶏インテグレーションを配して「飼料・大豆－畜産系列」に展開していた．しかし1980年からの農業不況に直面して穀物流通部門（合計26のエレベーターと206のバージ船隊），養鶏事業，そして配合飼料製造を順次売却して撤退していった．このうちリバーエレベーター群については既述のように1980年コンチネンタルに売却，バージ群は同年バンギに売却したのである．なお同社は1987年にフェラッツィグループに買収されたが，そのフェラッツィ財閥自体が93年には破産し，再編された新金融資本グループ・コンパート（Compart）傘下のアグリフードビジネス持株会社エリダニア（Eridania Beghin-Say，本社パリ）のアメリカ子会社として位置づけられている．

　ピルスベリーの場合も，1980年代不況で穀物流通部門が不振におちいり，1次産品取引事業（commodity business）からのコミット削減に着手した．

第1章　アメリカ穀物流通・加工セクターの再編　　47

すなわち1986年に南部の米部門を売却した後，89年に48基・容量1億ブッシェルのエレベーター群，動力トウボート5隻・バージ53艘の内陸水運部隊，および888両のリース穀物貨車を擁する穀物流通部門を，コナグラに全面売却して撤退したのである．なお同社は1988年にイギリス籍の大規模多国籍アグリフードビジネスであるグランド・メトロポリタン（Grand Metropolitan PLC）に買収されたのち，後述のように小麦製粉事業も売却・撤退している．

　インターナショナル・マルチフーズ（International Multifoods Corp.）の場合も，ヨーロッパ多国籍アグリフードビジネスに買収されていないことを除けば，上記2社と類似の経過をたどっている．すなわち1980年代半ばから「市場で主導権をとれる分野に事業を絞る」という基準で，基礎的食品分野（小麦製粉，製パン用ミックス，配合飼料など）と外食向け食材供給分野に集約する方針を掲げ，実際には80年代終わりからは基礎的食品分野もまた売却対象となった．かくして1988年の国内小麦製粉事業の売却・撤退に続いて，91年に北米（アメリカとカナダ）の穀物流通事業を飼料製造事業とともに売却して撤退したのである（飼料製造事業はADMとアグ・プロセシングの合弁企業が買収．穀物流通事業はアグ・プロセシングが買収した後，97年カーギルに売却された）．

(2) 小麦製粉

　1970年代に始まったアメリカにおける食生活見直しは穀物食品の消費増加をもたらしたが，それを反映して小麦粉市場は20年以上にわたって拡張し続けている．そのもとで製粉部門では，比較的少数の大手企業による大規模な合併・買収をつうじて上位企業の勢力地図と構造は大きく変貌している．それを代表するのがコナグラ，ADM，カーギルによるM&Aラッシュであった．

　コナグラは前述1982年のピービーの吸収合併によって，ピルスベリー，ADMを抜いて一挙にトップ企業におどりでた．さらに1985年にアメリカ

ン・ブランズの製粉部門を買収，1988年にインターナショナル・マルチフーズのアメリカ製粉部門（8製粉所，日産能力合計80,300cwt．1985年には能力ベースで第5位．なお1cwt－hundred weight－は100ポンド）を買収した．これらをつうじてコナグラの製粉事業は，1980年の16製粉所・日産能力合計95,000cwtから94年には30製粉所・308,000cwtへと，3倍以上に拡張された．なお1995-96年に全社的リストラクチャリングの一環として旧式製粉所の閉鎖および能力削減を行なってADMに首位を譲ったが，97年からは再び増強計画に着手している．

そのADMの場合，1980年にすでに第2位企業であったが，1981年にセンテニアル・ミルズを買収して一時トップに立ち，さらに1984年にナビスコから4製粉所・15,000cwtを買収，1989-90年に全米最大の食鳥企業タイソンが買収したホーリー・ファームズの製粉部門（1985年には第7位企業だった旧デキシー・ポートランド社．4製粉所・43,000cwt）を買収，1991年にベイステイト・ミリングから1製粉所買収，そして1992-93年にかつての業界トップ企業ピルスベリーの製粉事業の半分にあたる4製粉所を買収した．これらをつうじてADMは1980年の13製粉所・10,800cwtから1994年までに29製粉所・291,100cwtへとやはり約3倍に拡張し，さらに96-97年に既存製粉所の能力増強を行なって97年にはコナグラを抜いて最大製粉企業となった．

1972年に小麦製粉に参入したカーギルは，まさに小麦粉市場の再拡張期とともに歩むわけだが，1980年には8位企業であった．1981年に当時5位企業のシーボード・アライド・ミリングの製粉事業10製粉所・99,000cwtを一挙に買収し，一時トップに立った（これはその時点では製粉史上最大の買収とされた）．1984年にハバード・ミリングの1製粉所を買収したあと，1988-91年に2つの製粉所を初めて自社で建設した．そして1991年にはピルスベリーの製粉事業の残り半分・4製粉所を買収している．かくしてカーギルは1980年の4製粉所・54,000cwtから1990年までに約3倍化し，さらに1997年には18製粉所・225,000cwtと4倍以上に拡張したのである．

以上の三強に次ぐ現在の第4位企業がシリアルフード・プロセサーズ (Cereal Food Processors, Inc.) であるが，同社は1972年に1製粉所を取得して設立されて以来，全工場を買収によって取得している．すなわち1984年にコナグラから4製粉所を買収したが，これはコナグラのピービー吸収合併に際して連邦取引委員会から売却命令を受けていたものである．また1987年にはピルスベリーから1製粉所を買収し，これで9製粉所・68,350cwtで5位企業に躍進した．1990年代からは既存工場の能力拡張を進めて97年時点で9製粉所・85,300cwtとなっている．

これら諸企業が大型で連続的な買収をつうじて業界構造を能動的に再編してきたわけだが，その半面は従前の上位製粉企業の撤退あるいは被買収であった．それらはすでに触れたところであるが，大手製粉企業そのものの被買収と多角的大規模アグリフードビジネスによる製粉部門売却という2つの類型があった．

前者の典型がシーボードのカーギルによる買収，ピービーのコナグラによる吸収合併，旧デキシー・ポートランドのADMによる最終的な買収であった．

後者については，まずナビスコが1984年に主として自社向け小麦粉供給用の1製粉所を残して4製粉所をADMに売却し，商業的製粉からは撤退した．また1980年代はじめまでは全米最大の小麦製粉企業であったピルスベリーが，1987-93年の期間にシリアルフード，カーギル，ADMに製粉所を売却して完全に撤退した．さらに1985年には5位企業であったインターナショナル・マルチフーズも，1988年に製粉事業をコナグラに売却して撤退している．これらの企業はいずれもより高次の食品加工部門へ事業をシフトしており，またピルスベリーとマルチフーズについては，製粉部門と前後して穀物流通部門，配合飼料部門からも撤退するという共通性を持っている．

なおこれらの動きとは別に，1942年以来パスタ用デュラム小麦製粉1工場体制で推移してきたハーベスト・ステイツが，1989年に2つ目の製粉所を買収したあと，1994年から新製粉所の連続的な建設による大増強計画に

乗りだしている．すなわち1995年に21,000cwtの新製粉所を操業してパン用製粉に本格参入し，1997年には14,000cwtの製粉所を操業開始したことによって，97年末時点で小麦製粉総合で第7位企業に躍進した．さらに1999年にも18,000cwtの新製粉所の操業を予定し，第6番目の製粉所 (14,000cwt) の建設計画も決定している．これらが完成するとハーベスト全体では6製粉所・92,000cwtとなり，97年時点の能力ランクに単純に当てはめれば第4位に相当する．

(3) 大豆破砕

この分野では，1980年代からのM&Aをつうじた業界再編には，主として2つのタイプがある．第1が，ADM，カーギル，バンギによる他企業ないし他企業工場の買収ラッシュである．この場合の買収相手には，従前の大豆加工専業的（あるいは大豆加工を主体とする）中堅企業と，大規模多角的アグリフードビジネスの大豆加工部門とがある．第2は，地域農協による大豆加工事業の生き残りをかけた糾合である．

第1のADM，カーギル，バンギによる買収ラッシュを整理すると以下のようである．

大豆加工の専業的中堅企業アンダーソン・クレイトンは，大豆破砕3工場のうち1981年に2工場をバンギが買収し，残り1工場を1983年にカーギルが買収した．同じくバッキー・セルロースは，1982年に全3工場をADMが買収した．食鳥インテグレーションを行なう地域農協ゴールド・キスト (Gold Kist, Inc.) の大豆破砕事業については，2工場を1981年にバンギが，1工場を1987年にADMが買収した．大豆破砕とトウモロコシ化工の2分野を複合経営する中堅企業スタレイ (A.E. Staley Manufacturing Co.) は，1985年に全5工場をADMに売却して大豆破砕からは撤退した．また大豆破砕，飼料製造，食用豆加工という形で「大豆－飼料系列」に展開する中堅企業であったムーアマン (Moorman Manufacturing Co.) は1997年にADMが買収し，その大豆加工子会社クインシィ・ソイビーンの2工場はADM

第1章　アメリカ穀物流通・加工セクターの再編

に組み込まれた．

　大規模多角的アグリフードビジネスの大豆加工部門をめぐる買収では，コンチネンタル・グレインの大豆破砕事業のうち3工場を1984年にADMが買収，さらに1工場（および海外の2工場）を1992年にカーギルが買収し，コンチネンタルは同部門から撤退した．また後述の全米最大の商業的飼料メーカーでありその他食品部門にも多角化したラルストン・ピュリーナ（Ralston Purina Co.）は，1984年に大豆破砕全7工場のうち6工場をカーギルに売却し，残り1工場も閉鎖して撤退している．

　第2の地域農協の大豆破砕事業糾合とは，1983年の大豆加工地域農協アグ・プロセシング（Ag Processing, Inc.）の創設である．1980年代のドル高によってアメリカ大豆破砕産業は南米との国際競争力を弱め，小規模・小市場シェアにとどまっていた地域農協の大豆破砕事業はとくに苦境におちいった．そこで大豆破砕専業地域農協ブーンバレー（Boone Valley，破砕工場数1），ファームランド・インダストリーズ（同3），および大型酪農地域農協ランド・オ・レイクス（Land O'Lakes，同2）が大豆加工事業を合同するために設立したのがアグ・プロセシングである．一挙に9%の市場シェアを形成したアグ・プロセシングは，さらに1985年にアグリ・インダストリーズから2工場を買収してシェア11%強に達した．その後旧式の工場2つを閉鎖したが1997年には新しい7番目の工場を操業開始すると同時に8番目の工場建設計画も決定している．

　なお1990年代後半には，アグ・プロセシングを含めた既存の寡占的上位企業による新工場建設ラッシュと新規参入の動きがある．すなわちバンギ，セントラル・ソイヤ，ハーベスト・ステイツがそれぞれ新工場を建設している．いっぽうコナグラが1996年についに大豆加工部門への参入を決定して1998年に大規模一貫工場の操業を開始し，また全農グレイン＝CGBも1996年に大豆破砕工場建設による参入を決定した．

(4) トウモロコシ化工

この部門では，20世紀初頭にトラストとして成立したCPCインターナショナル (CPC International, Inc.) が，その後シェアを下げつつも1970年代後半までトップを占めていた．1970年代に入ってHFCSの商業化が進展すると，トウモロコシ化工市場は急激な拡大過程に入った．前掲表1-4(2)のトウモロコシ消費量のうち化工用を意味する「ウェット・ミリング」消費量は70年代の後半から急速に拡大し，自動車燃料用エタノールという新規需要の登場もあいまって，80年代後半までに2.5倍化，90年代には3倍以上に達している．

この急成長産業に1970年前後に相次いで参入したカーギルとADMは，主として新工場建設によって急速に事業を拡張していった．その結果1980年代初めまでにADMがトップに立ち（2位がスタレイ，3位CPC，4位カーギル），さらに90年代初めには1位ADMと2位カーギルで同部門の推定トウモロコシ処理能力の半分以上を占めるまでになった．

これらの半面でトウモロコシ化工主軸型の企業であるCPCとスタレイは主導権を失い，事業の再編を進めることになる．まずCPCは，1986年からトウモロコシ化工部門の縮小と食品部門の拡張に向かう．同年に大手製パンメーカーを買収してベイキング部門に参入，97年の大型買収で全米2位の製パン・ケーキ企業となっている．そのいっぽう87年にヨーロッパのトウモロコシ化工部門を前述のヨーロッパ多国籍企業エリダニアに売却，95年にジョイントベンチャーのエタノールメーカーであるペキン・エナジーを売却，そして97年末にはついに全トウモロコシ化工事業をスピンオフし (Corn Products International, Inc. という独立企業へ)，本体はベイキングを主要事業とする食品企業ベストフーズ (Bestfoods, Inc.) に改組してしまった．

またスタレイは，既述のように大豆破砕部門でもADMやカーギル等の台頭の中で撤退していたが，その後1988年にイギリスの多国籍甘味料企業テイト・アンド・ライル (Tate & Lyle) に買収され，その世界的総合甘味

料ビジネスの一環として事業の再強化に向かったのである．

当部門は1990年代に入っていっそうの能力拡張と新規参入がなされたが，その直後（1995-96年）のトウモロコシ価格急騰を契機に能力過剰と業界不況におちいり，再編が深化している．CPCのスピンオフ＝撤退もその一環である．またトウモロコシ生産農業者が直接出資する新しい型の加工事業体であるミネソタ・コーンプロセサーズ（Minnesota Corn Processors, Inc., 1983年操業開始）とプロゴールド（ProGold LLC, 96年操業開始）という2農協は，原料価格高騰と不況に直撃されて経営不振におちいってしまった．そして1997年に，前者はADMから所有権の30％に相当する出資をあおぎ，後者は所有権は当面不変のままに経営をカーギルに移管するという形で，いずれも巨大アグリフードビジネスの資本系列に包摂されることになった．

さらに中堅企業のアメリカン・メイズプロダクツ（American Maize Products Co.）が1996年にエリダニアに売却され，97年にはユニリーバ（Unilever PLC）もアメリカ子会社でやはり中堅化工企業のナショナル・スターチを売却している．

(5) 商業的配合飼料製造

飼料穀物の大宗をなすトウモロコシの飼料用消費量の推移からも推察できるように，動物飼料の生産・消費量は増加している．しかし飼料製造を内部化し，したがって配合された飼料が商品化されることなく消費される畜産インテグレーションや大規模畜産経営の展開にともなって，商業的配合飼料市場は縮小傾向にある．

このような市場規模全体の動向に加えて，畜産経営がますます企業化・大規模化するにつれて配合飼料需要は量的ロットが大型化し，かつ質的に高度化することが，当産業に対する再編の圧力として継続的に作用している[11]．工業センサスにおける「配合飼料製造業」の動向を見てもわかるように（前掲表1-3），非常に多数の中小企業から構成されるという部門構造を依然として保持してはいるものの，1980年代以来のM&A等をつうじて上位企業

においてはある程度の生産の集積が進んできた．例えば推定年産能力規模で見た上位10社の内訳は1990年には500万トン1社，250万トン1社，100万トン台6社，70万トン台2社であったが，1998年には700万トン台2社，300~400万トン3社，200万トン1社，100万トン台4社へ変化している[12]．主な企業に即してM&A等の動きを見ると，以下のようである．

まず第2次大戦後一貫して全米最大の飼料メーカーであったラルストン・ピュリーナは，飼料・大豆系列の川上分野から高次食品加工・消費財分野へのシフト＝リストラクチャリングの一環として，1986年に国内飼料部門ピュリーナ・ミルズを石油メジャーのブリティッシュ・ペトロリアムの子会社BPニュートリションに売却した．しかしBPは1993年にピュリーナ・ミルズを投資会社に売却している．その後ピュリーナ・ミルズは95年に中堅メーカーであるゴールデン・サン（6飼料工場，年産能力37万トン，1992年ランク17位）を買収したが，97年に今度はアメリカ有数のコングロマリット企業コッチ・インダストリーズのアグリビジネス子会社コッチ・アグリカルチャー（Koch Agriculture Co. 配合飼料製造，肉牛肥育などに従事）に買収された．同年のピュリーナ・ミルズは配合飼料59工場，年産能力750万トンとなっていた．

次にカーギルは多数の中小飼料メーカーをほとんど恒常的に買収し続けているが，業界誌で報道された主だったものを拾うと，1981年にストックトン（年産30万トン）を買収，85年にビーコン・ミリング（7飼料工場）を買収，朝食シリアル・ペットフード等の大企業クェーカー・オーツ（The Quaker Oats Co.）が前述のアンダーソン・クレイトンを買収した際に取得した飼料子会社ACCOを87年に買収（5工場，年産50万トン），91年にW. R. グレース社から2つの飼料子会社（計15工場）を買収，同年ピルスベリーの唯一の飼料工場を買収，などとなる．これらの結果カーギルの飼料部門は1979年の33工場・年産能力100万トンから，1990年の50工場・250万トン，1998年には73工場・700万トンへと急激に拡大したのである．

いっぽうADMの飼料部門は，1979年では子会社が全米27位に位置する

中堅規模であったが,前述の大豆破砕農協アグ・プロセシングとのジョイントベンチャーによって1991年にインターナショナル・マルチフーズのアメリカとカナダの飼料部門を買収し,自社飼料部門と併せて新会社AGP・LPを設立した(この時点ではADMは20％所有の少数支配).この段階で同社は,一挙に全米9位の配合飼料企業になったのである.その後94年にはセントラル・ソイヤの飼料部門を買収して,これをAGP・LPと結合して新ジョイントベンチャー企業コンソリデイティッド・ニュートリション(Consolidated Nutrition, L.C.)に再編した.これによってADMはその時点ではピュリーナ・ミルズ,カーギルに次ぐ全米3位メーカー(年産290万トン)の50％支配親会社になった.さらに97年に買収したムーアマン社の飼料部門についてもコンソリデイティッドに結合するものと考えられ,その場合コンソリデイティッドは46工場・360万トン規模に達して第3位企業になると考えられる.

　残り2つの300～400万トン規模メーカーは,PMアグプロダクツとランド・オ・レイクスである.このうちPMアグプロダクツは前出のテイト・アンド・ライルの子会社であり,80年代半ばのビガトーン社買収以来拡張を続けている.またこのように集約が進む配合飼料産業における地域農協の対応としてもっとも注目されるのが,ランド・オ・レイクスの動きである.すなわち前出のカントリーマークはグロウマークとの間で飼料供給事業を統一し,前者の工場(7工場・120万トン)で生産した飼料を両農協に一括して供給していた.そこへ1998年にランド・オ・レイクスがカントリーマークの農業生産資材および石油製品流通の事業を買収し,飼料生産についてもカントリーマークのそれがランド・オ・レイクスに統合されることになった.これによってランド・オ・レイクスの飼料総生産能力は37工場・327万トン規模に達するのである.なおランド・オ・レイクスはさらに,セネックス・ハーベスト・ステイツ(Cenex Harvest States Cooperatives. 98年にハーベスト・ステイツが生産資材供給地域農協セネックスと合併)との間での部分的な飼料事業ジョイントベンチャー計画も進めている.

(6) 食肉処理

前掲表1-3で見たように，食品工業でいう畜肉パッキング，家禽処理部門は，生産財あるいは低位差別化消費財でありながら80年代の集中度の上昇が顕著であった．またこれら畜産・畜産物処理部門という川中・川下段階への展開あるいは撤退は，穀物関連産業における特定諸企業の垂直的な事業再配置の一環をなしている．そうした観点から注目される主要な企業買収，合併および撤退による再編を摘要すると以下のようになる．

まずブロイラー処理・インテグレーションにおいては，トップ企業タイソンおよび若干の穀物関連大規模多角的企業による集積と他方での撤退が見られた．すなわち全米最大の食鳥企業タイソン・フーズ (Tyson Foods, Inc.) は，1989年に当時の5位ブロイラー企業ホーリー・ファームズを，2位企業コナグラとの激しい抗争の末に買収して2位以下企業の引き離しにかかった．そして1995年にカーギルのブロイラー事業（当時21位）の買収，マッカーシー社の買収，さらに1997年には5位にランクされるハドソン・フーズを買収した結果，98年のブロイラー処理肉重量ベースのシェアが26%と頭抜けた首位を確立している（2位のゴールド・キストのシェアは9.2%）．

また1975-80年にブロイラー生産を75%も増大させて10大メーカー入りしたコナグラも，1982-84年にインペリアル・フーズ社のブロイラー部門を買収，88年にモッツ社を買収するなどして対抗し，ブロイラー処理で第5位につけている．また七面鳥でも前出の食品大企業ベアトリスの買収を通じて全米トップに立っている．

他方，セントラル・ソイヤは1982-85年に漸次ブロイラー，採卵鶏，七面鳥の事業を売却して徹底し，またカーギルも上述のタイソンへの売却でアメリカ国内のブロイラー事業からは撤退している．

次に牛肉および豚肉パッキング部門について見よう．

牛肉パッキングでは，IBP（旧名 Iowa Beef Packers, Inc.）が1960年代後半の新技術ボックスビーフ導入を基礎として既存の構造を完全に塗り替えて以来，業界トップを維持している．そして同社が豚肉パッキングにも参入し

て急拡大し，両部門で首位を占めるに至っている．これに対して80年前後の参入以来，M&Aを通じて急迫するのがカーギルとコナグラである．

カーギルは1979年に当時3位のMBPXLを買収して参入し（その後エクセルに社名変更），84年にランド・オ・レイクスの牛肉パッキング部門スペンサー・ビーフ（当時4位）を，87年にも当時4位であったステアリング・ビーフをそれぞれ買収し，牛肉パッキング第2位企業に台頭した．さらに1989年のジオホーメル社の豚肉処理部門買収で豚肉パッキングでも5位に浮上，95年のタイソンへのブロイラー事業売却に際しては交換にタイソンの豚肉パッキング事業を買収しており，これでさらに4位企業になっている．

またコナグラも，1983年に長距離バスで知られるコングロマリット企業グレイハウンドから食肉処理加工子会社アーマー・フーズを買収して参入した．その後中小パッカー2社（84年のノーザン・ステイツ・ビーフと87年のE.J.ミラー）を買収，さらに1987-89年には3位クラスの大型パッカー2社（モンフォート・コロラドとスウィフト・インディペンデント）の買収によって，牛肉・豚肉パッキング両部門で2位にのし上がった．

なお地域農協として唯一この分野で展開するファームランド・インダストリーズも，1990年代に入ってM&Aによってプレゼンスを拡大している．すなわち同農協は1970年代から豚肉・牛肉処理加工を行なっていたが，1980年に牛肉プラントは閉鎖して一旦撤退していた．しかし92年に外部投資家とのジョイントベンチャーで中規模パッカーのハイプレインズ・ビーフを買収して再参入し，93年には業界5位のナショナル・ビーフ・パッキングをフィードロット部門ともども買収し，両方を結合したナショナル・ビーフは全米4位となった．また継続的に展開していた豚肉パッキングについても，1996年にFDLフーズを買収したことで全米6位相当の規模に達している．

第3節 穀物関連多角的・寡占的垂直統合体の特質と意義

1. 穀物関連アグリフードビジネスの展開類型

以上に見てきた穀物関連主要部門でのM&A等による事業再編を，主要産業系列への水平的および垂直的展開状況に着目して分類すると，大きくは以下の(1)〜(4)のような4つの類型が見られる（表1-5参照）.

(1) 穀物の流通・貿易および主要産業系列に全面展開する巨人企業

第1の類型にあたる企業は，まず穀物の流通および輸出における最上位企業である．それが同時に小麦系，飼料穀物系，油糧種子（大豆）系という穀物産業系列のそれぞれについて，主要な第1次加工部門についてはほぼ全面的に展開し，かつ飼料－畜産系列では主要な家畜生産および処理にも展開し，そしてこれらについていずれも当該部門で最上位クラスを占めている，という企業群である．具体的にはカーギル，コナグラ，およびADMが含まれる（表1-5のI型）．

若干の補足をすると，カーギルの場合上の説明のとおりの展開をとげているが，畜産のうちブロイラーインテグレーションについては21位に甘んじていたため前述のように1995年に売却・撤退したが，業界4位まで台頭した七面鳥インテグレーションは存続させている．また次のコナグラとともに，大麦－モルト系列の第1次加工であるモルト製造にも90年代になって参入している．

コナグラの場合，穀物第1次加工のうち大豆破砕とトウモロコシ化工を持たなかったが，大豆については1998年ついに破砕から最終製品までの一貫体制で参入を実現している．また同社はそれ自体が加工食品大企業だったアーマー・フーズやベアトリスなどの大型買収によって，畜産物加工の最終製品をはじめ食品加工ではカーギルを凌駕し，フィリップ・モリスに次ぐ全米

第2位企業となっている．なおコナグラは次のADMとともに1980年代の大型で連続的な買収や合併をつうじて一気に穀物関連巨人企業に台頭している．

　ADMは前2社と異なって，飼料・大豆－畜産系列の家畜生産・処理の段階には直接展開していない．ただし配合飼料製造のジョイントベンチャー子会社（コンソリデイティッド・ニュートリション）をつうじて間接的には養豚に参入している．いっぽうその他の穀物第1次加工では，小麦製粉，大豆破砕，トウモロコシ化工のいずれにおいてもトップを奪取し，さらに穀物流通でもついにカーギルを抜いてトップに立った．要するにADMは，穀物関連各産業系列の川上分野についてはもっとも強力かつ攻勢的に展開してきたと言える．

(2) 穀物流通・貿易プラス特定系列展開型

　第2は，穀物流通では第1類型企業に比肩する最大級企業であるが，加工諸部門では主として1系列専念型の展開をするコンチネンタル・グレインとバンギである（II型）．

　コンチネンタル・グレインは，穀物の流通および貿易には全面的にかつ大規模に関与してきた．しかし穀物第1次加工以下の段階については，かつては従事していたいずれも中規模クラスの大豆破砕とベイキングからは撤退し，専ら飼料－畜産系列にのみ展開する．すなわち配合飼料製造，肉牛肥育，養豚，ブロイラーインテグレーションがそれである．ただし前述のように1998年末についに穀物流通・貿易部門をカーギルに全面売却して撤退し，飼料－畜産系列の川中分野のアグリビジネスおよび金融サービス企業へ再編されることになった．

　バンギの場合，やはり穀物の流通・貿易に大規模に関与するが，加工分野については大豆破砕から主として業務用の食用油高次加工品にいたる大豆－食用油系列にのみ展開している．展開した分野では，大豆破砕に代表されるように寡占的上位シェアを確保するべく積極的な生産の集積を進めてきてい

表 1-5 穀物関連主要アグリフードビジ

類型		企 業 名	食品加工ランク			穀物流通		穀 物 第			
			食品売上高	同左順位	総売上高			小麦製粉		大豆破砕	
			(億$)		(億$)	動向	順位	動向	順位	動向	順位
		(売上高ないしランクの年月→)	1998 年			1997.12		1997.12		1997.9	
I		ADM	161.1	6	161.1	○	1	○	1	○	1
		カーギル	214.0	3	(514.0)	○	2	○	3	○	2
		コナグラ	288.4	2	288.4	○	3	○	2	◎	
II		バンギ	n.a.		n.a.	○	4			○	3
		コンチネンタル・グレイン	n.a.		(150.0)	×	5			×	
IV		ファームランド・インダストリーズ	36.8	27	91.5	□	6			×	
		ハーベスト・ステイツ	(9.9)	(71)	(70.2)	○	8	○	7	○	
		アグ・プロセシング	21.3	35	29.5	◎	11			◎	4
III	(1)	スタレイ/テイト&ライル	n.a.		n.a.	△	40			×	
		ピルスベリー/ディアジオ	65.0	18	(213.8)	×		×			
		インターナショナル・マルチフーズ	26.1	31	26.1	×		×			
	(2)	セントラル・ソイヤ/エリダニア	n.a.		(156.9)	△	13			○	5
		ラルストン・ピュリーナ	23.1	34	23.1	×				×	
		CPC (ベストフーズ)	84.0	13	84.0						
	(3)	アンホイザー・ブッシュ	128.3	9	128.3	○	27				
		ナビスコ	87.3	12	87.3			△	9		
		ネスレ USA	78.0	14	(489.4)						
		ユニリーバ	n.a.		(523.0)						

注：1) 食品売上高のうち，ハーベスト・ステイツは同農協 1997 年度年報による「穀物加工品クにあてはめた場合のものである．CPC は，1997 年 12 月末をもってトウモロコシ化工事業会社ベストフーズ社 (Bestfoods, Inc.) に改称したが，ここでの売上高は CPC とし
2) 総売上高のうち，カーギルとコンチネンタル・グレインについては，Forbes 誌による物取扱高 60.3 億ドル」を加えたもの．セントラル・ソイヤは，親会社エリダニア (仏) 鑑』）．ピルスベリーは，1997 年 12 月に合併して Diageo PLC となる前のグランド・メトUSA は，ネスレ全体 (スイス，Nestle SA) の 1996 年度売上高 (『外国会社年鑑』）．ユなお，アメリカ籍以外の企業については，いずれも 1996 年平均為替レートによってドル
3) 各部門毎の「動向」は，◎が参入，○が増強，□が勢力維持，△が縮小，×が撤退，☆

資料：1) 売上高については，"Top 100 Food Companies", *Food Processing*, December 1998, various issues of *Milling and Baking News* and *Feedstuffs*, 日本経済新聞社編『外国
2) 動向については，Susland Publishing Co., *Milling and Baking News*, and Miller
3) 各部門の順位については，穀物流通および小麦製粉は Susland Publishing Co., Departments of Agricultural Engineering and Agricultural Economics, University 1998，ベイキングは *Milling and Baking News*, viarious issues, ブロイラーインテグ肉パッキングは *Feedstuffs*, various issues, 養豚は *Successful Farming*, Octorber 1998,

ネスの展開類型要約表（1980年代以降）

1次加工				ベイキング(製パン・ケーキ)		食肉産業										モルト製造
トウモロコシ化工		配合飼料				ブロイラーインテグレーション		肉牛肥育		牛肉パッキング		養豚		豚肉パッキング		
動向	順位	動向	順位	動向	順位	動向	順位	動向	順位	動向	順位	動向	順位	動向	順位	動向
1993年		1998年		1998年		1998年		1995年		1997年		1998.10		1995.11		
○	1	☆	3									☆	42			
○	2	○	2			×		○	4	○	2	◎	8	○	4	◎
		○	25	×		○	5	○	2	○	3			○	3	◎
		○	8	×		○	6	○	1			◎	3			
		○	7					◎		◎	4	○	16	○	6	
		○	19													△
◎		☆	3									☆	42			
○	3	◎	4													
		×														
		×														
◎	5	×				×										
		×		◎→×												
×	4			◎	3											
×				◎→×												
				×												
×																

7.3億ドル」と「飼料その他資材2.6億ドル」の合計とした。順位はそれを1998年の食品企業ラン業をコーンプロダクツ社（Corn Products International, Inc.）としてスピンオフし、本体は食品ての数値である。
1998年売上高。ハーベスト・ステイツは、同農協1997年度年報による上述の食品売上高に、「穀のさらに親会社であるモンテディソン（伊，Montedison SpA）の1996年度売上高（『外国会社年リポリタン社とギネス社（いずれも英）の1996年度売上高の合計（『外国会社年鑑』）。ネスレニリーバ（英・蘭）は，1996年度売上高（『外国会社年鑑』）。
換算した。
がジョイントベンチャーを示す。「順位」は各部門でのランクをあらわす。
Putman Publishing Co., "500 Biggest Private Companies", Forbes, November 30, 1997, and
会社年鑑1998』，および経済企画庁編『経済要覧1998年版』。
Publishing Co., Feedstuffs, various issues.
Grain and Milling Annual 1998，大豆破砕は Feedstuffs, September 22, 1997，トウモロコシ化工は
of Illinois at Urbana-Champaign，配合飼料は Watt Publishing, Feed Management, January
レーションは Feedstuffs 1998 Reference Issue，牛肉肥育は Feedstuffs 1996 Reference Issue，牛
豚肉パッキングは Feedstuffs, November 6, 1995, より。

る.

(3) 川上分野からは撤退し川下・高次食品加工分野へ事業シフトした類型

　第3の事業展開類型は，穀物流通や第1次加工という川上分野については最強分野だけを残して整理・再編，あるいは全面的に撤退してしまい，川下分野に事業領域をシフトしたタイプである．先回りして言うと，この類型の動きこそが上の第1や第2の類型企業による川上分野での集積と寡占的シェア形成の動きと表裏をなしている．

　この類型の中には，さらに3つの小類型が見られる．

　1番目は，1980年代初頭頃までは第1類型に準じるような穀物流通・第1次加工での複合的展開を行なっていたものが，川上分野から撤退していったタイプで，ピルスベリー，インターナショナル・マルチフーズ，A.E.スタレイが典型である（III(1)型）．

　ピルスベリーは，農業不況を受けて80年代終わりから90年代初めにかけて穀物流通，小麦製粉，および飼料製造を全面売却して撤退した．この過程で既述のようにイギリス籍のグランド・メトロポリタンに買収されつつ，ベイキング生地製品，エスニック加工食品，外食向け加工食品など小麦・製粉系列の川下分野を中心とする高次加工食品，およびアイスクリーム（ハーゲンダッツ），外食産業（バーガーキング）といった事業分野へ再編・シフトしていったのである．

　マルチフーズも既述のように「主導権をとれる分野に事業を集約する」という基準の下，1980年代末から国内の小麦製粉，北米の飼料製造および穀物流通事業を売却・撤退し，ベイキング生地，冷凍ベイキング製品といった小麦－製粉系列の川下分野および外食産業向け加工食品にシフトしている．

　前出のスタレイも，1980年代初めにはトウモロコシ化工，大豆破砕，カントリーエレベーター子会社および穀物先物取引子会社を有するというように複数系列にまたがる穀物関連の中堅アグリフードビジネスであった．しか

第1章 アメリカ穀物流通・加工セクターの再編　　　63

し80年代前半の不況に直面して大豆加工部門をADMに一挙に売却して撤退するいっぽう，当時全米2位の外食産業向け加工食品メーカーCFSを買収して，市場が拡大するトウモロコシ化工と川下の高次食品加工の複合企業への転身を図った．しかしこれらは成功せず，既述のように結局1988年に世界的総合甘味料多国籍企業テイト・アンド・ライルに買収された．テイトはスタレイ以外にもアメリカで製糖メーカー3社，糖蜜飼料メーカー1社（PMアグプロダクツ）を有しており，スタレイも同社の米国甘味料ビジネス展開の一環に位置づけられている．

　2番目は，従前は第2類型に準ずるような穀物流通および特定系列の第1次加工への展開をしていたものが，1980年代不況＝再編期に相対的にポジションの弱い川上部門について撤退する，さらに場合によっては多国籍企業の傘下に統合されていったものである．ラルストン・ピュリーナ，CPCインターナショナル，およびセントラル・ソイヤ，アメリカン・メイズプロダクツが含まれる（III(2)型）．

　穀物流通および大豆－飼料系列に展開していたラルストン・ピュリーナの場合，農業不況期の大豆加工事業の不振と飼料売上の停滞を契機に，農業関連部門から食品・消費財分野へのシフト＝リストラクチャリングに着手した．年代順に要約すると，1984年に全米最大パンメーカーであるコンチネンタル・ベイキングを買収，85年に大豆破砕部門をカーギルに売却・撤退，86年にユニオン・カーバイド社の乾電池部門を買収，86年に全米最大であった国内飼料部門ピュリーナ・ミルズを売却，95年にコンチネンタル・ベイキングをインターステイト・ベイカリーズに売却，96年に海外飼料事業もスピンオフして飼料製造から撤退，97年に食品用大豆蛋白子会社をデュポンに売却，といった目まぐるしい買収と売却を繰り返した結果，現在では当該分野でトップシェアを占めるペットフードおよび乾電池事業へ集約したのである．

　CPCインターナショナルの場合は，穀物流通への展開は微弱だったもののトウモロコシ化工という第1次加工の特定分野では元来強い事業基盤を持

つ企業であった．しかし第1類型のカーギル，ADMによる急速で圧倒的な参入と拡張に圧迫されて，ついにこの川上分野からは撤退（スピンオフ）して，全米3位規模のベイキング部門を軸とする川下＝高次食品加工企業へ転身してしまったのであった．

セントラル・ソイヤは穀物取引および大豆－飼料・畜産系列に展開していたが，1980年代農業不況に直面して穀物取引，家禽インテグレーションの両分野から撤退した．その上で1985年のシャムロック社による買収をへて87年にイタリアに本拠を持つフェラッツィに買収され，その持株会社エリダニアグループに組み入れられた．既述のようにフェラッツィ財閥は93年に倒産しているが，エリダニアは88年にCPCのヨーロッパのトウモロコシ化工事業を買収，94年にセントラル・ソイヤの飼料事業をADMに売却している．

そしてアメリカン・メイズプロダクツも96年にこのエリダニアに買収され，これら国際的なトウモロコシ化工事業はセレスター＝Cesterグループとして組織された．かくしてセントラル・ソイヤとアメリカン・メイズは，米欧の大豆加工とトウモロコシ化工を擁する複合系列多国籍企業エリダニアグループの一環に編成替えされたわけである．これらの事例は，従前の川上分野（穀物流通，第1次加工）の急速な再編過程の中で，当該分野での地位強化，すなわち寡占的上位シェアの掌握なり，あるいは川下＝高次食品加工分野へのシフトなりを独力では達成し得ない場合には，世界的多国籍アグリフードビジネスの傘下に吸収され，そのグローバルな穀物関連事業展開の一環に位置づけ直されざるをえなかったことを示している．

3番目が，小売用高次加工・ブランド食品の巨人企業が，当該分野では中・下位クラスに位置する穀物第1次加工事業を売却して撤退したタイプである．ネスレのアメリカ法人ネスレUSAは配合飼料子会社カーネーションを売却，ナビスコは自社内部消費用を除く商業的製粉所を売却，またユニリーバは国際的な食品化学事業であるスペシャルティ・ケミカルズを1997年に売却しているが，これにはアメリカで9位規模のトウモロコシ化工企業ナ

ショナル・スターチが含まれていた（III(3)型）．

(4) 穀物関連地域農協の垂直的多角化

第4の類型は，1970年代までは穀物流通分野の上位企業として重要な位置を占めていた大型の地域農協の再編である．このうち穀物関連産業の1つないし複数の系列において加工分野に垂直的に展開し，かつそこで寡占的上位の位置を占め得たものだけが，今日にいたるまで穀物販売農協としても存続することが可能になっている．その例は少ないが，ハーベスト・ステイツ，ファームランド・インダストリーズ，および若干変則的だがアグ・プロセシングがある（IV型）．

他方，そうすることができなかった地域農協は，他の企業ないし農協に買収されて組織自体が消滅するか，あるいは穀物流通事業を放棄するにいたっている．その例としては，プロデューサーズ・グレイン（テキサス州を拠点とする大型の穀物販売専門地域農協であったが1982年に業務不振で解散），既述のファーマーコ（大型の穀物販売専門地域農協であったが1977年にファームランド・インダストリーズが買収），グロウマーク（85年に穀物流通事業を事実上ADMに譲渡），アグリ・インダストリーズ（同じく86年にカーギルに事実上譲渡），カントリーマーク（同じく96年にADMに事実上譲渡），ユニオン・イクイティ（当時最大の穀物販売専門地域農協だったが経営不振で92年にファームランドが買収）をあげることができる．

前者の生き残り組についてだが，穀物流通および加工各分野の箇所で触れたので簡潔に要約すると以下のようになる．

まずハーベスト・ステイツは1983年にGTAとNPGGという2つの穀物販売地域農協が合併して設立されたが，小麦－製粉系列についてはデュラム製粉で早くから国内トップを占め，1994年からはパン用製粉に本格的に参入すると同時に能力大増強に着手し，97年末までに製粉第7位企業に躍進している（さらに増強計画が完了すれば第4位企業に）．また大豆－食用油系列では，大豆破砕－食用油精製－食用油系食品加工（マヨネーズ，ドレッ

シング，ソース類）へと川下へ深く展開し，1997年には子会社（Holsum Foods）が三井物産子会社（Wilsey Foods）と合併してアメリカ最大の小売用食用油製品メーカー・ベンチューラ（Ventura Foods）を創設している．また配合飼料製造部門も擁している．

元来生産資材供給を主体とする地域農協ファームランド・インダストリーズは，既述のように紆余曲折をへて92年以来穀物流通第6位企業になっているが，飼料－畜産系列の食肉生産・処理分野もM&Aをてこに増強しており，養豚で16位企業，牛肉パッキングで4位企業，豚肉パッキングで6位企業の位置を占めるまでになっている．

またアグ・プロセシングは，既述のように3つの地域農協の小規模な大豆破砕事業を糾合してシェア10%前後という寡占的上位の一角を占める地位を一挙に構築することで創設された新しい地域農協であるが，その大豆系列において大豆油精製と配合飼料製造（ADMとのジョイントベンチャーであるコンソリデイティッド・ニュートリション）という川下方向への展開を進めた．またメンバー単協やその組合員生産者が大豆・トウモロコシの生産販売を行なっていることを基礎に，トウモロコシ化工（エタノール生産）という水平的多角化および穀物（大豆，トウモロコシ）流通という川上方向への垂直的多角化をも進めている．

以上(1)～(4)に整理してきた，1980年代以来の穀物流通・加工セクターにおけるM&Aを軸とした主要企業の事業再編の類型別動向を小括すれば，次のように言うことができる．すなわち大規模多角的アグリフードビジネスの一方の部分が，川上に位置する各部門で従来中堅，場合によっては上位を占めていた専業的企業等を買収して自らの地位を強化した．同時に他方の部分は，自社内既存事業のうちでも相対的に収益性や成長率の低い分野，あるいは当該部門で主導的地位（寡占的シェア）を取得・確保することが困難な分野からはむしろ積極的に撤退し（それらをしばしば先の部分が買収），そのかわりに穀物関連産業のうちでもより川下の高次食品加工分野に事業をシ

フトさせてきている．そしてこれらをつうじて，結果的により少数の，しかしより多角化した大規模アグリフードビジネスが，穀物関連産業の各部門，とくに川上・川中分野における集中度を高めたのである．

要するに，先に検出した，生産財および低位差別化消費財部門，換言すると原料的・中間製品的あるいはバルク的農産物加工分野において，より急速に市場集中度の上昇がもたらされたという今次M&Aブーム期の特徴的現象は，こうした穀物関連産業における事業再編をつうじてもたらされたものだったのである．

2. 穀物関連の多角的・寡占的垂直統合体＝穀物複合体の意義

穀物流通・加工セクターの川上分野については，カーギル，ADM，コナグラといったⅠ型に分類される企業群がもっとも強力な位置を占めるにいたった．またこれら企業と正面から競争しながら生き残りを図る大規模地域農協も，事業展開パターンから見ればこのⅠ型へのアプローチを進めていた．これらを総合すると，穀物流通・加工セクターにおいて，複数商品分野（したがって複数の産業系列）にまたがって多角化し，かつ各分野について流通から加工まで垂直的に統合し，さらにその主要段階で寡占的な上位シェアを掌握するという意味での，多角的で寡占的な垂直統合体への収斂傾向が検出されたのである．

こうした収斂傾向に見られる資本集積の態様は，前述のアメリカ食料・農村社会学者らの概念を援用すれば「穀物複合体」の具体的存在形態を明確に示すものと言える．ただし留意すべき点として，ヘファナンが指摘したような文字どおりのコングロマリット統合ではないことがある[13]．すなわち技術的・産業連関的に無関係な諸部門への「コングロマリット」的な展開と統合なのではなくて，穀物産業であるという共通性をベースに穀物種類別の複数の産業系列に沿って，それぞれ垂直的に多角化＝統合化しているのである．したがってまた，これら最上位企業について言えば，フリードマンやマクマ

イケルが検出した「小麦複合体」と「畜産・飼料複合体」が別個に形成されているのではなく，本章第1節1で検討した表現を使えば「小麦-製粉系列」，「飼料穀物-畜産系列」，「トウモロコシ-化工系列」，「大豆-畜産系列」，「油糧作物-食用油系列」に同時にまたがる「複合体」という形態をとっている[14]．その意味でこうした集積形態を穀物複合体と呼びたい．

次にそうした多角的・寡占的垂直統合体への収斂傾向が持つ意義を考察する1つの方途として，ここでは代表的企業の収益性，具体的には一定期間の平均総資本利益率の水準とその変動幅（標準偏差）の動向（前者は収益性の高さ，後者はその安定性を指標する）を比較して検討する．そのために上述の展開類型毎の主要企業について，1970年代（1970-79年度），1980年代（1980-89年度）および1990年代（1990-98年度）それぞれの平均利益率と

表1-6 穀物関連主要企業の期間別総資本利益率とその標準偏差

(単位：%)

年次期間		ジェネラル・ミルズ	ブッシュ	ADM	CPC	ラルストン・ピューリーナ	コナグラ	ファームランド	ハーベスト・ステイツ	スタレイ	アメリカン・メイズ	集計企業単純平均
		—	Ⅲ(3)型	Ⅰ型	Ⅲ(2)型	Ⅲ(2)型	Ⅰ型	Ⅳ型	Ⅳ型	Ⅲ(1)型	Ⅲ(2)型	
平均	1970-79	6.76	7.93	6.37	7.11	7.00	5.06	7.50	5.70	5.26	5.94	6.35
	1980-89	9.41	8.42	6.96	7.87	9.44	5.50	−0.56	1.37	*4.56*	2.21	5.53
	1990-98	11.52	8.77	6.26	7.09	6.74	4.05	3.60	5.08		1.35	5.74
	1970-98	9.14	8.36	6.54	7.36	7.76	4.90	3.66	3.95	4.95	3.43	5.92
標準偏差	1970-79	1.30	1.98	1.74	1.19	0.85	5.00	5.30	4.56	3.47	2.66	2.49
	1980-89	1.92	0.90	1.61	1.86	2.77	0.59	6.87	3.11	*4.10*	2.20	2.31
	1990-98	1.20	1.78	1.91	1.42	2.06	1.21	2.37	0.62		3.96	1.89
	1970-98	2.47	1.65	1.78	1.56	2.39	3.09	6.16	3.75	3.78	3.44	2.75

注：1) 企業名の下の「型」は，表1-5および本文で述べた展開類型を指す．
2) 右端の「集計企業単純平均」欄は，表出企業のほかマルチフーズ，ピルスベリー，セントラル・ソイヤを含めた13社について，各年次期間の企業別平均値をさらに単純平均したもの．
3) ジェネラル・ミルズ社については，1985年度が異常値を示すのでそれを除いた集計値とした．
4) イタリック体の数値は，当該期間の中途までしかデータが得られず，その範囲で集計したことを示す．
資料：各社年報およびU.S. Securities and Exchange Commission Edgar Database, *10-K Reports*, various issues.

第1章　アメリカ穀物流通・加工セクターの再編　　　　　　　69

同標準偏差の推移を表1-6に示した．これを見ると特徴的な4つのグループが存在する．

　第1は，利益率がもっとも高くて安定的で，かつその状態を強めているジェネラル・ミルズおよびアンホイザー・ブッシュという小売用ブランド食品で独占的地位を占める企業である（前者は朝食シリアル等，後者はビール）．第2が，この小売用ブランド食品独占企業なみに高位・安定的な利益率を3期にわたって保っているADM，CPC，およびラルストン・ピュリーナの3社である．第3が，低位または中位で不安定な利益率状況から1990年代に中位安定的な状況に変化した，コナグラ，ハーベスト・ステイツ，およびファームランド・インダストリーズである．そして第4に低位・不安定な利益率に転落したグループとして，スタレイとアメリカン・メイズがある．

　このうち第2グループに対して，第3および第4のグループがいずれも対照をなしていると考えられるので，これら3つについて検討しよう．

(1)　高位・安定利益率を保つADM, CPC, ラルストン・ピュリーナ

　ADMは1970年代初めまでに大豆加工と小麦製粉の上位企業であったが，その後トウモロコシ化工に参入して工場新増設によって大拡張し，また大豆加工と小麦製粉でも買収によってとくに1980年代に著しい拡張を遂げた．この結果，小麦，大豆，トウモロコシの3部門共に最大級の地位を占めることになった．いっぽう穀物流通についても1970年代半ばに進出を開始し，1980年代からは買収で大幅に拡張して1997年にカーギルを抜いてトップ企業に躍り出ている．

　つまり小麦，大豆，トウモロコシの三大商品分野にまたがって流通と加工にわたる垂直的統合を形成し強化してきている．と同時に各部門における水平的集積をつうじて最上位市場シェアを獲得してきたのである．かくして関与する各部門で寡占的最上位の位置を基礎に高い利益率水準を実現し，かつ垂直的および水平的に多角化していることを基礎に，企業全体としては穀物価格変動や特定部門市況に左右されにくい安定的な収益体制を構築している

と見ることができる．

これに対しCPCの場合は，歴史的に主導企業であったトウモロコシ化工部門について1980年代になってからADMとカーギルの参入および大拡張によって4位（シェア10％）に後退を余儀なくされた．これにともなって同部門についての利益率（部門帰属資産に対する部門営業利益の比率）も1970年代央の16〜19％から，1970年代末11％，1980年代半ばの5〜マイナス1％へと低下し，かつ不安定化していった．

そこでCPCは1986年に製パン事業に参入し，さらに95年には同分野の第3位企業の買収で一挙に大型化し，97年にはついにトウモロコシ化工事業の方をスピンオフして撤退し，高次食品加工企業に転身してしまったのであった．

またラルストン・ピュリーナは，1970年代から80年代前半の農業好況期には，穀物取引および大豆加工と飼料製造からなる「農産品」部門が売上高の40数％から60％近くを占め，その利益率（帰属資産営業利益率）も12〜16％と比較的高かった．ところが大豆加工でADMとカーギル等による覇権形成によって主導権を喪失し，また農業不況下で飼料部門も収益性を急激に低下させた．かくして「農産品」部門からは撤退し，寡占的最上位シェアを掌握できるブランド小売品分野（ペットフードとユニオン・カーバイド乾電池）へシフトすることで，高位・安定的利益率の再現を図ったのである．

これらCPCとラルストン・ピュリーナの例に共通するのは，特定系列に専念していた穀物産業部門での寡占的主導権の喪失が収益性の低下をもたらし，また特定部門だけに依存することが循環的不安定性をともなうこと，そして川下のブランド小売品寡占型企業への転身によって高位・安定的利益体質を確保したという点である．

(2) 多角的寡占的垂直統合体へのシフトを図ったコナグラ，ハーベスト，ファームランド

コナグラ，ハーベスト・ステイツ農協，ファームランド・インダストリー

ズ農協の3社は，1970年代にはいずれも穀物取引と，特定穀物のバルク的第1次加工（コナグラとハーベスト）ないしバルク的農業生産資材供給（3社とも）を主軸とする経営であった．こうした経営部門構成ゆえに1970年代の穀物需給逼迫・ブーム期には15～20％もの高い総資本利益率を実現していた．とはいえ70年代全体としては不安定で，10年間平均利益率も必ずしも高くはなかった．

1980年代になってもそうした経営構造が基本的に変わらなかったハーベストとファームランドは，農業不況下で大幅に収益性を悪化させ，大規模な損失を生んで経営的に打撃を被った．いっぽう80年代までにすでに相当程度に穀物・食品加工部門を拡充し，関与する各部門での寡占的上位シェアの獲得と川下へ向けての垂直的統合を進めていたコナグラは，逆に1970年代よりも利益率安定性を大幅に改善した．

そして1990年代にはハーベスト，ファームランドはそれぞれに，穀物・食品加工部門について各部門でのシェア伸長，水平的および垂直的多角化・統合化を内容とする拡充を積極的に進めた成果が現れ始めて，利益率の水準向上と安定性増大を併進させたのである．

(3) 利益率の水準と安定性をともに低下させたスタレイとアメリカン・メイズ

1970年代のA.E.スタレイは，二大事業である大豆破砕とトウモロコシ化工がそれぞれの分野で上位メーカーの位置にあり，また両部門を合わせると同社の売上の6～7割を占めていた．またアメリカン・メイズプロダクツの場合，成長産業であるトウモロコシ化工が売上の4～5割を占め，その他にコーヒー加工およびタバコ製造部門を有していた．いずれも70年代はトウモロコシ化工産業の成長性に支えられて，多少不安定ながらまずまずの利益率を実現していた．

ところが1980年代初めの穀物輸出ブーム終焉直後から農業不況期には，ただちに利益率が低落した．この背景には，大豆破砕ではすでに70年代の

うちから主導権を失っていたこと（スタレイ），トウモロコシ化工は1980年代にはADMとカーギルに圧倒されるようになっていたこと，かといって両社とも高次食品加工への展開もほとんどなかったことがある．

かくしてスタレイは主導権を失った不採算部門（大豆破砕）から売却・撤退し，また高次食品加工部門への参入（CFSインダストリーズの買収）も不首尾に終わった．結局両社ともにトウモロコシ化工事業への依存度を高めることになるのだがそこでは寡占的最上位を形成できず，他方で多角化も成功しなかったのである．そのため自立企業としては存続しえずに，外国籍のより大規模なアグリフードビジネスに買収され，その多国籍的システムの一環に位置づけ直されることになったのだった．

以上の(1)から(3)までの特徴づけを総合すると，以下の3つの点が穀物関連企業として高位・安定的な利益率を実現するための重要な要件になっていることが，直接ないし間接的に示されている．すなわち第1は，穀物取引やそのバルク的第1次加工事業は循環的な不安定性を持つので，その前方（川下）加工部門への垂直的統合を行なうことである．第2はそのように展開したそれぞれの加工部門において最上位の寡占的シェアを占有し，当該市場における主導権を掌握することである．第3は，特定産業系列だけに依存するのではなく複数系列にわたって多角化することである．これら3点を要約すれば多角的・寡占的垂直統合体の形成が，穀物流通・加工セクターにおいて収益性の優位を実現して競争戦に勝ち残るために重要になっているということになる．

穀物流通・加工セクターの構造変化をつうじて，穀物関連アグリフードビジネスとして再編・存続する企業群において多角的・寡占的垂直統合体（展開類型のⅠ型）への収斂傾向が持つ意義は，その高位・安定的収益性の追求にあると言えるだろう．

第1章　アメリカ穀物流通・加工セクターの再編　　　　73

注
1) ヘファナンらは，農業と食料システムが資本主義に包摂され再編されていく過程を把握するための分析は，当該システムとその編制主体の段階的進化に即して方法的にも発展させられてきているとしている．そして少数の同一資本が一国の多くの農産物セクターの生産，加工，販売，輸出を直接・間接に支配するような事態に対しては，これをコングロマリット的統合（conglomerate integration）ととらえるべきであるとしている．Heffernan and Constance (1994).
　なおヘファナンおよび次に触れるマクマイケル，フリードマンらの議論の位置づけについては，磯田 (1998) も参照．
2) McMichael (1989) および Friedmann (1991).
3) ここで集計されているのは被買収資産1,000万ドル以上のものであるが，買収活動全体の動向をかなり反映すると考えてよい．コナーらによれば，1948年から79年のすべての被買収資産のうちこのような大規模買収のそれが88%にのぼっている．Connor and Geithman (1988), p. 334.
4) *Mergers & Acquisitions* 誌（Investment Dealers' Digest 社発行）が被買収企業産業中分類別に掲載した米国企業および外国企業による米国内買収のうち，標準産業分類（SIC）2桁で「01～09：Agriculture, Forestry, Fishing」および「20：Food and Allied Products」に含まれるものを集計した．なお資料収集上の制約から1983年第4四半期分は集計できなかった．
5) 同上誌でリストアップされた際の事業概略紹介に依拠した分野分類であるから，企業の収益構成と標準産業分類にもとづいた厳密なものではない．買収企業についても同様．
6) 周知のように産業組織論研究においては，集中度，広告費集約度＝出荷額に対する広告費比率（製品差別化指標として），参入障壁といった市場構造諸要素を独占的超過利潤の存在と関連づける．コナーとウィルスによれば，アメリカ食品工業についても集中度と広告費集約度が超過的高利潤と非常に強い相関を持つことが実証的に明らかにされてきた（Connor and Wills (1988), pp. 144-146）．同時に広告費集約度が高い部門ほど集中度が高いし，歴史的にも高まってきていた（Connor (1986), p. 215）．
　要するに，製品差別化がもっとも強力な参入障壁となり独占的高利潤の基礎となっている，そしてそのような部門でこそ集中度は高くまた上昇している，というパターンを食品工業における典型とするこれまでの理解である．
　今次M&Aブーム期の再編はこうした理解では包摂しきれない現象を呈しているわけだが，食品工業における1970年代末以降の生産財および低位差別化消費財部門での集中度上昇に着目した分析として，Marion and Kim (1990) がある．
7) USDC Bureau of the Census, *1987 Census of Manufacturers : Concentration Ratios in the U.S. Manufacturing*, および Connor (1988), pp. 38-39 より．なお

1992年工業センサスでは,「食品工業」といった産業中分類単位での総体的集中度が表出されなくなっている.
8) 標準産業分類4桁ベースで検討している理由は,表1-2の場合も同じであるが,1987年工業センサスから集中度集計がこの4桁ベースでしか公表されなくなったからである（それ以前は,より具体的な製品市場に接近できる5桁ベース）.これはレーガン政権で顕著になった反トラスト行政の緩和ないし後退の,1つの反映であろう.
9) 穀物関連を中心とした農業・食品関連業界誌である *Milling & Baking News*（Sosland Publishing社,週刊）, *Feedstuffs*（The Miller Publishing社,週刊）の記事,および前出の *Mergers & Acquisition* 誌リスティングを主たるソースとしてまとめた.
10) 磯田（1997）も参照.
11) Kimle and Hayenga（1993）および Lin, Allen, and Ash（1990）.
12) 1990年については Watt Publishing, *Feed Management*, December 1990, pp. 8-9 の推計リスト, 1998年については *do*., January 1998, p. 10 の推計リストをベースにその後の買収・合併等の動き（*Feedstuffs* 誌による）を加味して算出した.
13) 本章の「はじめに」で紹介したようなヘファナン氏の趣旨には賛同するが,「コングロマリット」の語義自体には同分野での水平的統合（トラスト）とも技術的関連を有する諸部門間結合（コンビネーション）とも異なって,技術的・産業的に同一性も連関も有しない諸部門間の統合という意味を含んでいることに留意したい.
14) 本章「はじめに」および序章第2節2も参照.

第 2 章　市場構造の再編と流通の垂直的統合・組織化

はじめに

　前章で1980年代以来のアメリカ穀物流通・加工セクターの構造変化について分析し，いくつかの展開類型があること，そのうち穀物セクターにとどまる諸企業においては，流通と加工の諸段階にまたがる寡占的垂直統合体の形成が指向されていることが検出された．本章の課題は，そうした形態をとった集積の進展が，穀物の市場構造と流通体系に対してもつ意義を具体的に明らかにすることである．

　そのためにまず，輸出を含む穀物流通セクターにおいて垂直的な統合体がどのような形態で構築されているかを，具体的に把握する．さらに穀物市場の一環をなす穀物の第1次加工諸部門について，やはり生産と資本の集積がどのように進行し，それを中心的に担うのはどのような企業であるかを特定する（以上第1節）．

　穀物市場の諸段階間の結合それ自体に立ち入ると，それは所有権支配による直接的な統合だけでなく，ジョイントベンチャーや契約的提携関係などの中間的な形態での組織化によっても進展している．そこでそれら統合と組織化の諸形態の構造とその内部での取引様式・整合様式について，具体事例を取り上げて明らかにする（第2節）．これらの分析をふまえて最後に現段階のアメリカ穀物流通体系の歴史的位置の把握について，提起したい．

第1節 穀物流通および第1次加工部門の構造再編と集積形態

1. 穀物輸出部門の再編と後方垂直統合

　1970年代の穀物輸出ブームは当該流通部門に大活況をもたらした．米を除く穀物・油糧種子の輸出量（連邦輸出検査ベース，内陸部からの陸送輸出を含む）の推移を確認すると，1970年18.3億ブッシェルであったものが75年に31.6億ブッシェル，80年には50.0億ブッシェル（70年比2.7倍，75年比でも1.6倍）に激増した．このことは輸出ビジネスでの新規参入，既存企業の拡張を大いに刺激し，特に70年代後半以降は新・増設の輸出用ポートエレベーターが本格的に稼働していく．

　しかし80年代に入ると輸出は反転して鋭角的に落ち込んだ．すなわち同ベースでの輸出量は85年には35.5億ブッシェル，ボトムの86年には30.3億ブッシェルにまで落ち込んだのである（その後80年代末から90年代初めにかけては40億ブッシェル水準まで若干の回復を見せるものの，それでもブーム期ピークの50億ブッシェルには遠く及ばない．そして90年代半ばからは再び30億ブッシェル台に減少さえしている）．これに対し穀物輸出のための基本的流通施設＝資本であるポートエレベーターの方は，70年代終わりにもなお新・増設の着工が行なわれており，したがってそれらが稼働する80年代半ばにいたるまでキャパシティは増加し続けた．

　かくて輸出部門は，穀物流通諸段階＝諸部門の中でももっとも典型的かつ激しく資本過剰が現出した．例えば三大商品穀物（トウモロコシ，小麦，大豆）の総流通量と輸出量の変化を見ると，前者は1970-75年の増加率31.5％，75-80年同30.8％，80-85年マイナス14.2％であるのに対して，後者はそれぞれ103.3％，35.1％，マイナス37.8％となっており，輸出向け流通は総流通量と比べて格段に激しい変動を示している[1]．

　こうした激しい変動の下での輸出ビジネス（ポートエレベーター経営）の

推移を，表2-1によって見よう．それによると1975-80年には輸出量（連邦輸出検査量のうちポートエレベーター経由のもの）は32億ブッシェルから49億ブッシェルへ55％も増加し，それにつれてポートエレベーターの平均年回転数が10.9から13.8へと高まるという活況を示した．この間ポートエレベーターは数で55から71基へ，容量で22％が新設ないし増設された．これにはポートエレベーター経営企業数の増加がともなっており，コロンビア・グレイン（丸紅子会社．現在の社名はColumbia Grain International, Inc.），ミシシッピリバー・グレイン（フェラッツィ子会社）など8社の新規参入が含まれていた（他方でクック・インダストリーズほか2社が撤退）．

このようなブーム下の投資＝能力拡張が，1981年以降の輸出量急減（同表の1980-85年の変化は29％減）によって，一気に過剰資本化する．しかもこの不況のさなかに稼働を開始する新・増設エレベーターすらあって，キ

表2-1 輸出用ポートエレベーター（PE）の経営・容量・上位企業シェアの推移

（単位：百万ブッシェル，％）

		年次	1975	1980	1985	1992	1997
PE数			55	71	72	58	52
PE経営企業数			25	32	29	18	16
保管容量			290	354	361	320	299
輸出量			3,159	4,882	3,476	3,975	3,678
年回転数		（回/年）	10.9	13.8	9.6	12.4	12.3
上位企業シェア	保管容量	上位 3社	47.6	48.9	48.4	48.6	53.8
		5社	51.5	54.7	53.9	53.4	64.8
		10社	65.9	65.1	68.6	75.1	81.3
	推計輸出量	上位 3社	45.9	49.8	44.2	50.6	60.6
		5社	55.8	58.3	56.8	64.3	75.7
		10社	73.0	73.4	77.0	86.3	90.4

注：推計輸出量は，PE毎にその港湾地区の平均回転数によって輸出量を推算し，それを企業別に集計して算出したもの．保管容量シェアも推計輸出量にもとづく企業ランクで算出した．

資料：Susland Publishing, *Grain Directory/Grain and Milling Annual*, various issues, and USDA Agricultural Marketing Service, *Grain and Feed Marketing News/Grain and Feed Weekly Summary and Statistics*, various issues.

ャパシティは80年代半ばまで増加を続けた（1979年末に着工，82年秋に稼働開始の全農グレイン最新鋭ポートエレベーターもその1つ）．このため平均回転数も一気に9.6まで低下し，「ポートエレベーター能力のおよそ半分は過剰」と化した[2]．

かくして輸出ビジネスの収益，とりわけポートエレベーター経営マージンが「価値破壊」される．すなわち極度に低下し，しばしばマイナスにすら落ち込むマージン下での競争が激化したのである．この輸出ビジネスをめぐる優勝劣敗の鍵は当然ポートエレベーター経営の効率性をいかに高めるかということであり，またそのためには量的に縮小・限定される輸出向け穀物を確保するための内陸との垂直的連繋の有無・優劣が，決定的な重要性を帯びることになった．

そこで穀物輸出部門再編は次のような具体的経路をとって進行した．第1は，ポートエレベーターのうち内陸からの輸送アクセス等で劣る不適地に立地するもの，あるいは搬入・搬出能力（そのスピードとコスト）で劣るものの閉鎖，放棄である．1985-92年のポートエレベーター数は14減少し，さらに97年までに6減少している．

第2は，ポートエレベーター経営企業レベルで，中小企業の倒産，また大企業でも内陸集荷基盤との連繋を有しない単発的ポートエレベーター経営からは撤退する，また地域穀物農協が倒産して吸収される，といった事態が発生した．これらによってポートエレベーター経営企業は1980年の32社から92年には18社まで減少，集約された（97年には16社）．地域農協等の大がかりな再編については第4章で整理するが，そのほか，かつての「穀物メジャー」ガーナックの解散とADMへの施設売却，同ルイ・ドレフュスのメキシコ湾岸輸出ビジネスからの撤退とそれにともなうポートエレベーターをはじめとする国内主要施設のADMへのリース譲渡，ピルスベリーの穀物流通部門からの撤退にともなうポートエレベーター売却（コナグラとAGPへ）も含まれる．

第3は，穀物輸出広域農協連合の倒産である．穀物農協による初めての輸

出ビジネス参入の試みであった PEC (Producers Export Co.) の事実上の失敗を受ける形で，1968年に7つの地域農協によって設立されたのが FEC (Farmers Export Co.) であった[3]．

FEC はメキシコ湾岸港からの農協による直接輸出を目指して，ルイジアナ州アマにポートエレベーターを建設してスタートした．そして輸出ブームの1970年代にメンバー農協の増加と新たなポートエレベーター取得（買収およびリース）という両面で急速に事業を拡張し，1980年には12メンバー農協・4ポートエレベーター（アマ，テキサス州ガルベストン，ペンシルベニア州フィラデルフィア，オレゴン州ポートランド），推計輸出量ベースでは第4位にまで達した．しかしその事業規模ピークの80年に大幅な損失を計上してリストラクチャリング過程に突入し，最終的には1985年に解散して残っていた2エレベーターも ADM に売却したのである．

FEC の解体には様々の要因があるが，当面する課題との関連では(1)後発参入者による急速な拡張ゆえの財務体質の脆弱性と，(2)輸出穀物流通における垂直的な統合ないし連繋の欠如，をあげておくべきである．すなわち(1)については，設立後10年ほどの間に輸出ブームに乗って4つのポートエレベーターを建設・取得するという急速な拡張は，それゆえに借入金によってまかなわれた．70年代のインフレ下の非常な実質低金利から80年代の高金利に転じるや，この脆弱な財務体質は利払い膨張による収益悪化として一気に表面化する．実際，この圧力のゆえに投機的な取引ポジショニングに走ったことが経営破綻の直接的な契機となったのである．

また(2)については，(1)の財務体質ゆえに常にフル稼働が要請されるにもかかわらず，広域連合体組織である FEC とそれを構成するメンバー地域農協は統一的な意思決定機構を最後まで形成できず，メンバー地域農協の対 FEC 出荷率は高まらず，またメンバーが自己ポートエレベーターの経営は依然として独自に行なって（さらには新たに取得さえして）FEC と競合関係にすら立った．要するに農協系統はその一応の組織的整備にもかかわらず，集荷から輸出までの（さらには輸出先市場までをも含む）垂直的な一貫シス

表 2-2 推計輸出量上位企業のエレベーター保有状況の変化

(単位：％, 基)

年次	推計輸出量順位	企業名	推計輸出量シェア	種類別穀物エレベーター保有状況			産地集荷エレベーター		
				PE	RE	TE	STE	CE	小計
一九八〇年	1	カーギル	30.3	14		15	1		
	2	コンチネンタル・グレイン	11.5	12	3	20	3		
	3	バンギ	8.1	3	3	6	3		
	4	FEC	4.6	3					
	5	ユナイティッド・グレイン（三井）	3.9	2	6		4		
	6	フェラッツィ	3.8	1	4				
	7	ADM	3.7	1		1	24		
	8	ルイ・ドレフュス	2.9	3	1	2	2		
	9	ユニオン・イクイティ	2.7	1		2			
	10	グッドパスチャー	2.1	1		2			
	上位 3社計		49.8	29	6	41	7		
	5社計		55.8	34	12	41	11		
	10社計		73.0	41	17	48	37		
一九九二年	1	カーギル	27.9	14	25	10		171	171
	2	ADM	13.7	2	21	47	27	87	114
	3	コンチネンタル・グレイン	9.0	9	26	21	20	9	29
	4	フェラッツィ	7.6	2	3	7	1		1
	5	バンギ	6.0	2	41	9	9		9
	6	ルイ・ドレフュス	5.8	3	9	8	3	7	10
	7	全農グレイン	4.8	1	16			22	22
	8	コナグラ	4.1	6	15	17	31	57	88
	9	ハーベスト・ステイツ	3.9	2	4	2		100	100
	10	ファームランド・インダストリーズ	3.5	2	1	13			
	上位 3社計		50.6	25	72	78	47	267	314
	5社計		64.3	29	116	94	57	267	324
	10社計		86.3	43	161	134	91	453	544
一九九七年	1	カーギル	31.7	15	29	12	17	213	230
	2	ADM	17.2	5	35	80	23	111	134
	3	ハーベスト・ステイツ	11.8	3	6	3		113	113
	4	コンチネンタル・グレイン	10.0	6	27	13	10	15	25
	5	バンギ	5.1	1	39	4	6	3	9
	6	全農グレイン	4.5	1	22		12	25	37
	7	コナグラ	4.3	5	11	16	49	19	68
	8	ユナイティッド・グレイン（三井）	2.5	1					
	9	コロンビア・グレイン（丸紅）	2.1	1	2	7	13		13
	10	ジェネラル・ミルズ	1.3	2		11	1	27	28
	上位 3社計		60.6	23	70	95	40	437	477
	5社計		75.7	30	136	112	56	455	511
	10社計		90.4	40	171	146	131	526	657

注：1) エレベーター種類の略号は, 次のとおり. PE（ポートエレベーター), RE（リバーエレベーター), TE（ターミナルエレベーター), STE（サブターミナルエレベーター), CE（カントリーエレベーター).
  2) 1980年は, 各企業のカントリーエレベーター数が集計されていない.
資料：Susland Publishing, *Grain Directory 1980*, *Grain and Milling Annual 1993 and 1998*, USDA Agricultural Marketing Service, *Grain and Feed Market News/Grain and Feed Weekly Summary and Statistics*, various issues.

テムとしての実を発揮することができなかったのである．

さて以上のような経路を通じた再編の結果として穀物輸出部門における集積が進展するのだが，その集積の形態には2つの側面が見られる．すなわちひとつは，輸出部門自体としての水平的集中の深化である（表2-1）．1997年のポートエレベーター経営企業の集中度は，同エレベーター保管容量ベースで上位3社53.8%，上位5社64.8%，推計輸出量ベースでは同60.6%と75.7%というように，いままでにない水準に高まった．

いまひとつは，集中度を高めた上位企業の顔ぶれとエレベーター保有構造に反映されているところの，輸出部門と内陸部の集出荷部門との垂直的な統合の進展である．この点を表2-2で検討しておこう．

1980年に輸出上位企業が経営していたエレベーター数は，例えば上位3社の場合でポートエレベーター（PE）29基に対して，リバーエレベーター（RE）6，ターミナルエレベーター（TE）41，サブターミナルエレベーター（STE）7であった．それが1992年になると同じく上位3社についてポートエレベーターは25基へとかえって減少させているのに，リバーエレベーターは72（66基増加），ターミナルエレベーターは78（37基増加），サブターミナルエレベーターは47（40基増加），それにカントリーエレベーター267という構成になっている．さらに1990年代に入ってからも，ポートエレベーターが若干ながら減少しているのとは対照的に，カントリーエレベーター数が大幅に増加している．同様のことは上位5社についても観察できる．

要するに内陸部の産地集荷（カントリーエレベーター，サブターミナルエレベーター）および中間（ターミナルエレベーター，リバーエレベーター）の流通施設を著しく増加させており，内陸部流通段階への後方垂直的統合を飛躍的に進展させたのである．

2. 穀物流通諸段階の再編と集中の現段階

上に見た輸出部門上位企業の構造的特徴は，穀物流通産業における集積形

態の現段階的特質もまた,その垂直的一貫性にあることを示唆している.そこでここでは流通産業＝諸段階総体について,集積の進展と形態を確認しておこう.

表2-3は,カントリーエレベーターを除いた各種エレベーター総保管容量ベースでランキングした上位企業シェアの変化をまとめたものである(このような集計方法をとったのは,1980年についてはカントリーエレベーターの企業別保有状況が集計できないからである).これによると,上位5社の総容量シェアは1980年の34.4%から92年の37.3%へ,上位10社では49.2%から54.6%へ上昇し,またすべての流通段階(エレベーター種類)で上昇している.段階別の集中度は,1992年の場合もなお80年とほぼ同様に,輸出段階(ポートエレベーター)＞中間段階(リバーエレベーター,ターミナルエレベーター)＞産地集荷段階(ここではサブターミナルエレベーター)となっている.

しかし同じ期間のそれぞれの集中度の変化を上位5社について見ると,ポ

表2-3 穀物流通上位企業のエレベーター保管容量シェアの変化

(単位：%)

		合　計 (PE～STE)	輸出用ポートエレベーター (PE)	リバーエレベーター (RE)	ターミナルエレベーター (TE)	サブターミナルエレベーター (STE)
1980年	上位 5社	34.4	50.8	35.1	36.9	2.1
	10社	49.2	58.6	45.3	53.0	22.6
	20社	66.8	70.7	58.6	75.0	32.8
1992年	上位 5社	37.3	54.9	47.8	42.2	9.7
	10社	54.6	70.2	56.6	60.4	32.3
	20社	68.5	85.6	67.4	75.9	44.8
1997年	上位 5社	42.6	60.9	48.1	42.3	29.7
	10社	57.3	80.5	54.6	67.0	30.2
	20社	71.0	81.8	64.0	79.1	56.3

注：1) 企業ランキングは,カントリーエレベーターを除いた表記各種エレベーターの総保管容量ベースである.
　　2) 上述ランクでみた上位企業が,各種エレベーター毎に占めるシェア(下記資料に掲載された全米合計に対する)を集計して示した.
資料：Susland Publishing, *Grain Directory 1980*, Susland Publishing, *Grain and Milling Annual 1993*, and *do. 1998*.

ートエレベーターでは 4.1 ポイント増, リバーエレベーターで 12.7 ポイント増, ターミナルエレベーターで 5.3 ポイント増, サブターミナルエレベーターでは 7.6 ポイント増というように, 輸出段階よりも中間段階や産地集荷段階の方が集中度がより大きく上昇している. つまり, 最上位クラスの流通大企業においては, 輸出段階での集積と内陸部流通段階での集積との格差が縮小したのである（比喩的に表現すれば, 輸出段階先行の「頭でっかち」型から内陸部の集積をともなったより「寸胴」的な型へ). なお同じ方法で集計した場合, 1992-97 年には輸出段階と産地集荷段階（サブターミナルエレベーター）という両端での集中度上昇が, 中間段階のそれを上回る形で集積が進行している.

そして 1997 年末時点の到達を今度はカントリーエレベーターも含めたデータで確認すると, 表 2-4 のようになる（ただし既述のようにこの後 1998 年末になってコンチネンタル・グレインの穀物流通事業のカーギルへの売却が決定される). すなわち ADM, カーギル, コナグラ, バンギ, コンチネンタル・グレインの上位 5 社こそが, 現段階の穀物流通産業における垂直的に統合された一貫的な集積を体現する巨大企業であり, これら企業による各段階の集中度は, 輸出段階（ポートエレベーター容量）で 60.9％（推計輸出量ベースでは 68.3％), 中間段階では 48.1％（リバーエレベーター容量）ないし 42.3％（ターミナルエレベーター容量）に達し, さらに産地集荷段階のうち大量一括の最終需要地直送機能を併せ持つターミナルエレベーターの場合 29.7％ へと急進しているのである.

3. 穀物第 1 次加工諸部門の集積形態と集中の現段階

穀物市場構造の性格規定を行なうという当面の課題に即して, 穀物自体の流通の一環でありその終点の重要部分をなすところの第 1 次加工諸部門（その主要なものである小麦製粉, 大豆破砕, トウモロコシ化工, 商業的配合飼料の 4 部門）について, その集積の形態と集中の到達について検討し, 共通

表 2-4 アメリカ穀物流通における上位企業の構成と

順位	企 業 名	エレベーター種類別基数					
		PE		RE		TE	
		基数	容量	基数	容量	基数	容量
1	ADM	5	27,200	35	29,112	80	174,326
2	カーギル	15	102,704	29	33,374	12	106,328
3	コナグラ	5	19,220	11	16,525	16	52,168
4	バンギ	1	4,500	39	90,848	4	18,329
5	コンチネンタル・グレイン	6	28,520	27	22,556	13	66,816
6	ファームランド・インダストリーズ	1	3,253	1	10,047	12	94,354
7	ライスランド・フーズ			2	2,229	5	23,133
8	ハーベスト・ステイツ	3	31,091	6	15,654	3	7,386
9	ジェネラル・ミルズ	2	17,369			11	35,260
10	アンダーソンズ	1	7,000			10	56,320
11	アグ・プロセシング	1	4,189	1	1,000	2	11,100
12	全農グレイン	1	4,000	22	18,501		
13	セントラル・ソイヤ					8	50,800
14	トゥーミー			1			
15	アテベリー・グレイン						
16	デブルース・グレイン						
17	ファーマーズ・コープ						
18	ウェスト・セントラル農協						
19	バートレット						
20	ミズーリ・ファーマーズ（MFA）						
	全 米 総 計	52	299,316	267	399,728	294	988,652
実数	上位 5社	32	182,144	141	192,415	125	417,967
	10社	39	240,857	150	220,345	166	634,420
	20社	41	249,046	180	257,542	189	760,484
シェア	上位 5社		60.9		48.1		42.3
	10社		80.5		55.1		64.2
	20社		83.2		64.4		76.9

注：1) エレベーター種類の略号は，PE（ポートエレベーター），RE（リバーエレベーターナルエレベーター），CE（カントリーエレベーター）.
　　2) 企業順位は，エレベーター合計保管容量による.
　　3) 種類別の基数と容量は，下記 Grain and Milling Annual の個別エレベーターリス値は，その集計と同誌の上位企業プロファイルとを照らし合わせて算出した．
　　4) ADM とファーマーズ・コープの CE 容量と合計には，加工施設が含まれる．
　　5) 全米総計のうちエレベーター合計は農務省発表の農場外穀物保管施設状況統計の各数値は個別リストの集計値であり，CE については両者の差引，つまり「農場外して算出した．

資料：Susland Publishing, *Grain and Milling Annual 1998*, and, *Feedstuffs 1998*

シェア（1997年末）

(単位：千ブッシェル, %)

と保管容量				合　計	
STE		CE			
基数	容量	基数	容量	基数	容量
23	47,831	111	254,856	387	533,325
17	33,370	213	188,315	286	464,091
49	65,898	19	57,147	100	210,958
6	8,415	3	2,397	53	173,012
10	13,467	15	34,987	71	166,346
		11	3,189	25	110,843
		34	79,138	50	104,500
		113	37,643	125	91,774
1	1,649	27	17,302	41	71,580
		5	4,680	16	68,000
5	2,271	18	28,832	29	55,392
12	13,828	25	17,790	60	54,119
1	1,211			9	52,011
		6	50,180	7	50,180
5	13,952	32	20,154	41	49,486
2	4,731	2	1,129	11	47,144
		15	n.a.	24	47,019
		6	5,740	12	39,286
		12	8,227	18	32,227
		67	28,804	69	30,000
253	568,365	9,560	5,682,129	10,426	7,938,190
105	168,981	361	537,702	897	1,547,732
106	170,630	551	679,653	1,154	1,994,428
146	287,188	734	840,509	1,434	2,451,292
	29.7		9.5		19.5
	30.0		12.0		25.1
	50.5		14.8		30.9

ー），TE（ターミナルエレベーター），STE（サブターミ

トから子会社分も含めて企業別に集計した．企業別の合計

（1997年12月1日）の数値である．またPEからSTEまで
保管施設合計」マイナス「PEからSTEまでの小計」と

Reference Issue．

の特質を抽出しておこう．

(1) 小 麦 製 粉

製粉部門の構造変化については，次のような特徴が見られる．

第1に，アメリカ国内の小麦粉市場は20年以上にわたって拡大を続けている（表2-5）．この継続的で大幅な消費増に規定されて，製粉所の稼働率も1980年代には相当程度上昇した．かかる成長産業という性格が，既述のような大規模アグリフードビジネスの参入と拡張に大きな刺激を与えたのである．

第2に，中小製粉所を中心としたプラント数の長期的な減少が1980年代以降も継続している．しかし当面の課題との関連では，企業数のより急速な減少が重要である．すなわち1975年以降に限って見ても，75年に180社，1980年に162社あった製粉企業数が，1990年には110社となり，97年には75年の約半数の91社にまで減少しているのである．これは穀物市場構造の視点から見ると，製

表 2-5 小麦製粉業（デュラム製粉含む）の推移

(単位：千 cwt, %)

年次		1975	1980	1985	1990	1994	1997
国内年間消費量		247,220	26,127	297,146	339,826	376,599	396,064
同上1人当たり（ポンド）		115	117	125	136	144	148
製粉所数		270	254	229	214	210	205
製粉企業数		180	162	139	110	97	91
日産能力		1,028	1,117	1,192	1,247	1,440	1,536
年間生産量		258,985	282,655	313,815	354,348	392,519	399,198
稼働率（%）		82.1	82.4	85.8	92.6	88.8	84.7
能力シェア（%）	上位 3社	26.9	28.7	41.3	47.4	56.6	52.2
	5社	42.1	45.3	58.1	62.5	67.3	63.3
	10社	64.6	69.5	77.5	80.8	79.4	77.9

注：1) cwt（ハンドレッドウェイト）＝100 ポンド＝45.4kg
   2) 稼働率は，年産能力＝日産能力×307 日とし，年間生産量/年産能力として算出した．
資料：Sosland Publishing, *Milling Directory/Grain and Milling Annual*, various issues, and *Milling and Baking News*, March 17, 1998, p. 14.

粉原料である小麦市場において買手の数が急速に減少したことを意味する．

かくて小麦製粉の市場集中度（小麦粉生産能力ベース）は，1980年の上位3社28.7%，同5社45.3%から1980年代以降をつうじて急速に高まり，最近のピークである94年にはそれぞれ56.6%・67.3%にまで達した．この場合に注目すべきは，こうした集中度上昇の大半が企業買収，製粉所買収によるものだったことである．例えば1997年の上位3社（ADM，コナグラ，カーギル）は74の製粉所を保有しその能力シェアは52.2%であるが，このうち1980年以降に買収した製粉所を除いてみると32製粉所，シェアは21.8%にすぎないのである．

そしていまひとつ注目されるのは，4位以下企業とはその規模において段階的な格差をつけた上位3社が，同時に穀物流通上位3社にもなっていることである（表2-6）．

(2) 大豆破砕

当部門は小麦製粉と比べた場合，新興産業であること，当初から企業数が

第2章 市場構造の再編と流通の垂直的統合・組織化

表2-6 アメリカ小麦製粉上位企業の構成とシェアの変化

(単位:cwt, %)

順位	1980年 企業名	製粉所数	合計 日産能力	1997年 企業名	製粉所数	合計 日産能力
1	ピルスベリー	8	114,900	ADM	29	311,300
2	ADM	13	108,000	コナグラ	27	264,900
3	ピービー	9	97,300	カーギル	18	225,500
4	コナグラ	16	95,000	シリアルフード・プロセサーズ	9	85,300
5	シーボード・アライド・ミリング	9	90,600	ジェネラル・ミルズ	7	84,700
6	インターナショナル・マルチフーズ	9	73,900	ベイステイト・ミリング	4	70,500
7	ジェネラル・ミルズ	8	55,100	ハーベスト・ステイツ	5	60,000
8	カーギル	4	54,000	イタルグラーニ USA	2	34,900
9	デキシー・ポートランド	5	47,000	ナビスコ・ブランズ	1	31,000
10	ナビスコ	4	40,000	メネル・ミリング	4	28,300
11	ベイステイト・ミリング	5	35,000	フィッシャー・ミルズ	4	24,000
12	センテニアル・ミリング	3	27,750	バートレット・ミリング	2	22,000
13	シリアルフード・プロセサーズ	3	23,300	ミッドウェスト・グレイン・プロダクツ	1	22,000
14	メネル・ミリング	3	21,000	北ダコタ・ミル&エレベーター	1	20,500
15	バートレット・アグリ	3	15,000	サウスイースタン・ミルズ	2	18,000
アメリカ合計		260	1,117,041		205	1,536,246
実数	上位 3社	30	320,200	上位 3社	74	801,700
	5社	55	505,800	5社	90	971,700
	10社	85	775,800	10社	107	1,196,400
シェア	上位 3社		28.7	上位 3社		52.2
	5社		45.3	5社		63.3
	10社		69.5	10社		77.9

資料:Sosland Publishing, *Milling Directory 1980*, and *Grain and Milling Annual 1998*.

相対的に少ないこと,原料(大豆)産地立地であること,という一般的特質を有している.

　大豆は今世紀に入ってから急速に普及・拡張する新興商品作物であり,大豆破砕も油圧搾油からスクリュー搾油への技術革新がなされた1930年代から本格的に拡張する.そして第2の技術革新であるヘキサン溶解搾油へ移行する1940年代末から50年代前半にかけて,第1段階の構造変化を遂げる.

すなわちそれ以前は200近くあった工場数が100前後の水準まで減少し（工場規模の拡大），企業数も100余りから60前後に減少したのである[4]．

その後1960年代および70年代終わりまでは，企業数（60社前後），工場数（100～110前後）ともに安定的に推移し，工業センサスによる上位4社集中度も1963年の50%から77年の54%へと緩やかな上昇で推移した．しかし70年代末以降，第2段階ともいうべき大きな構造変化を遂げてきている．すなわち工場数が77年の121から92年の99へ2割減少，企業数は65から42へ4割近く減少し，そして上位4社集中度（したがってまた原料大豆の買手集中度）は54%から71%へと大きく上昇したのである．

当部門は，各年次平均では戦後ほぼ一貫して20数%前後の過剰能力を有してきた．しかしそれはほぼ順調に拡大する需要と並行し，かつ季節的なピークをカバーするための能力拡大によるものであった．ところが1970年代末から需要が停滞傾向に転じ，さらに80年代のドル高下でブラジル，アルゼンチンとの大豆製品国際競争力が低下したことから，過剰能力の処理をともなう構造再編の一般的圧力が高まり，それが前述のごときM&Aという手法でドラスチックに遂行されたのである．

1997年の上位企業集中度（破砕能力ベース）は，1位ADM 33%，2位カーギル24%，3位バンギ13%，4位アグ・プロセシング10%，5位セントラル・ソイヤ7%との推定がある[5]．この推定によれば上位4社集中度80%となり（同5社では87%），1992年工業センサスの数値よりも高いことになる．

過剰能力を抱えた下で工場の新・増設はほとんど見られなかった当部門において，これらのシェア構成変化はもっぱら買収・合併によるものだった．上述の上位3社の能力ベースシェアは，77年の34.8%から88年には64.3%まで上昇したが，この間の買収を除くと88年シェアは36.8%とほとんど変わらないことになる[6]．

さらに同じ上位3社が原料大豆購入市場においておおむね70%を占めると考えられるわけだが，これらはやはり最大級穀物流通企業でもある（バン

ギも穀物流通第5位).

(3) トウモロコシ化工

トウモロコシ化工 (wet corn milling) は，亜硫酸浸漬法による澱粉製造と酸触媒澱粉加水分解法によるぶどう糖製造技術の展開によって，早期から装置型化学産業として規模の経済が作用する産業であった．このことを技術的背景として19世紀末から20世紀初頭の第1次企業合同期に，典型的な独占を形成した．この期に最終的に形成されたトラスト Corn Products Refining Co. が，今日の CPC インターナショナルにほかならない (1906年設立時に全米処理能力の95%を占有していた)．その後，1913年最高裁によるシャーマン反トラスト法違反決定による一部企業分割などをへて，1945年の同社シェアは45%まで低下した．しかし1970年代後半までは業界トップを占め続けた[7]．

トウモロコシ化工製品市場は，ぶどう糖の酵素による異性化をつうじた果糖混合液糖 HFCS の開発・普及によってさらに急激に拡大し，加えて1980年代には自動車燃料用エタノール (ガソリンと混合してガスホールとして利用される) が環境行政とリンクして商業化されることで拡大に拍車がかかった．かくてトウモロコシ輸出に迫るほどの市場拡大の中で，この80年代以来，もっとも劇的に能力を拡張し部門内の主導権を握ったのが既述のように ADM とカーギルだった．

表2-7に示したように1977年には全米でトウモロコシ化工企業12社・22工場・日産処理能力145.4万ブッシェルのうち，1位 CPC インターナショナル (シェア18.8%)，2位スタレイ (17.5%)，3位 ADM (15.8%)，4位カーギル (12.0%)，5位スタンダード・ブランズ (のちナビスコ，8.9%) であった．これに対し1993年には全11社・376.5万ブッシェルのうち，1位 ADM (37.2%)，2位カーギル (17.4%)，3位スタレイ (12.7%)，4位 CPC (10.5%)，5位アメリカン・メイズプロダクツ (5.7%) となっており，ADM が突出した生産の集積を進め，これに次ぐカーギルを合わせた2社が

表 2-7 トウモロコシ化工の上位企業構成とシェアの変化

(単位:千ブッシェル,%)

順位	1977 年			1993 年		
	企業名	日産能力	シェア	企業名	日産能力	シェア
1	CPC	274	18.8	ADM	1,400	37.2
2	A.E. スタレイ	255	17.5	カーギル	655	17.4
3	ADM	230	15.8	A.E. スタレイ	480	12.7
4	カーギル	175	12.0	CPC	395	10.5
5	クリントン・コーン	130	8.9	アメリカン・メイズプロダクツ	215	5.7
6	アメリカン・メイズプロダクツ	115	7.9	グレイン・プロセシング	180	4.8
7	グレイン・プロセシング	60	4.1	ミネソタ・コーンプロセサーズ	125	3.3
8	ペニック&ヨーク	57	3.9	ハビンガー	120	3.2
9	ハビンガー	47	3.2	ナショナル・スターチ	115	3.1
10	アムスター	41	2.8	ペンフード	50	1.3
11	ナショナル・スターチ	40	2.8	クアーズ	30	0.8
12	アンホイザー・ブッシュ	30	2.1			
	合計	1,454	100.0	合計	3,765	100.0
	上位3社計	759	52.2	上位3社計	2,535	67.3
	5社計	1,064	73.2	5社計	3,145	83.5

注:日産能力はトウモロコシの1日当たり処理量ベースである.
資料:University of Illinois Department of Agricultural Economics, and Department of Agricultural Engineering, による推定.

主導権を握る部門構造に大きく再編されたことが明瞭である[8].

そして穀物流通巨大企業である ADM とカーギルの2社だけで,原料トウモロコシ市場の買手シェアの約55%を占めるまでになっているのである.

(4) 商業的配合飼料製造

配合飼料部門は,インテグレーションや大規模畜産経営による経営内製造と商業的製造とに分かれ,さらに後者も畜種別・飼料種類別(完全配合飼料,特定栄養分配合飼料,微量栄養素配合飼料など)に細分化されていることなどのために,市場規模や特定企業のシェアを確定することは難しい[9].

その意味で工業センサスによる標準産業分類4桁の集計はくくりが大きすぎると言わざるを得ないが,それによって同部門の推移を鳥瞰すると,企業

数が1992年でも1,161社と非常に多く,また工場総数が1,714,1企業平均で1.5弱にとどまっており,依然として全体としては零細・分散・多数企業からなる構造を有している.ただしそれでも企業数は長期傾向的に減少しており,1947年と比べれば約半分になっている.

上位企業の集中度はこれまで見てきた穀物加工主要部門と比べるとかなり低いが,それでも1980年代以降は漸次上昇しており,とくに90年代には上位20社で5割を上回るようになったことは注目される.

次に1979年および1998年時点での推定等にもとづいて上位企業の構成と能力規模の変化を整理すると,表2-8のようになる.ここから指摘できるのは第1に,上位企業の規模(生産能力ベース)が相当程度拡大した,つまり生産の集積がそれなりに進展したことである.例えば1979年には上位5社の年産能力合計は1,650万トン,上位10社で2,097万トンだったが,1998年には上位5社で2,487万トン,上位10社では3,270万トンへ,それぞれ5割以上増加している.

第2に指摘できるのは,穀物流通上位企業が飼料メーカーとしても重要な地位を占めるようになっていることである.穀物流通1位,2位の巨人であるADMとカーギルがここでも3位,2位を占めているのをはじめ,穀物流通6位のファームランド・インダストリーズが7位,98年末まで穀物流通5位だったコンチネンタル・グレインが8位,穀物流通8位のハーベスト・ステイツが19位,穀物流通3位のコナグラが25位に位置している.

これら企業はいずれも買収・合併および工場新設をつうじて規模を拡大してきているが,例えばADMとカーギルは大規模な,あるいは恒常的な買収活動をつうじて現在の規模にまで生産を集積してきたのであった.

以上(1)～(4)で整理してきた,穀物の主要第1次加工諸部門における集積の形態に共通する特質は明らかであろう.第1に,いずれにおいても上位企業によるシェアが高まり,したがって原料である穀物市場での買手の集中が1980年代をへて深化したことである.

表 2-8 配合飼料上位メーカーの構成と生産能力の変化

(能力単位：千トン)

順位	1979 年 企業名	工場数	推定年産能力	1998 年 企業名	工場数	推定年産能力
1	ラルストン・ピュリーナ	61	7,000	ピュリーナ/コッチインダストリーズ	59	7,500
2	コンチネンタル・グレイン	23	3,000	カーギル	73	7,000
3	セントラル・ソイヤ	32	2,500	ADM・アグプロセシング	46	3,600
4	アグウェイ	22	2,000	PMアグプロダクツ/テイト&ライル	35	3,500
5	ゴールド・キスト	14	2,000	ランド・オ・レイクス	37	3,270
6	ファームランド・インダストリーズ	20	1,550	ケント・フィーズ	23	2,000
7	カーギル	33	1,000	ファームランド・インダストリーズ	24	1,820
8	カーネーション/ネスレ	14	1,000	コンチネンタル・グレイン	15	1,500
9	ムーアマン	7	1,000	サザン・ステイツ	10	1,290
10	W.R.グレース	15	920	フリオナ・インダストリーズ	9	1,225
11	ケント・フィーズ	9	850	カクタス・フィーズ	5	1,200
12	インターナショナル・マルチフーズ	18	800	アグウェイ	16	850
13	サザン・ステイツ	7	740	ハバード/リドリー・カナダ	34	800
14	ハバード・ミリング	16	700	MFA	8	796
15	ウェブスター	8	650	クォリティ・リキッド	7	600
16	コナグラ	8	600	SFサービス	6	600
17	ランド・オ・レイクス	10	500	スター・ミリング	3	513
18	MFA	7	500	ペンフィールド	4	500
19	アンダーソン・クレイトン	5	500	ハーベスト・ステイツ	14	450
20	ウェスタン・コンシュマーズ	3	500	J.D.ハイスケル	1	450
21	ペンフィールド	3	490	ファースト・マクネス	9	440
22	GTA(のちハーベスト・ステイツ)	10	412	ゴールド・キスト	4	400
23	ビーコン・ミリング	12	403	テネシー・ファーマーズ	5	400
24	テネシー・ファーマーズ	3	400	ユナイティッド・フィーズ	8	385
25	マーフィ・プロダクツ	5	390	コナグラ	6	348

注：1998年については，*Feed Management*誌の1998年1月リストをベースに，その後に報道された買収や合併を加味して作成した．それによる変更点は以下のとおりである．なお企業名の/印の右側は親会社名である．
　1) 「ADM・アグプロセシング」は従来からの両者のジョイントベンチャー企業コンソリデイティッド・ニュートリションに，ADMが97年に買収したムーアマン社の工場・能力を加えたもの．
　2) 「ランド・オ・レイクス」には，98年に買収したカントリーマーク農協飼料事業部の工場・能力を加えた．
資料：Marvin Hayenga et al., *Economic Organization of the U.S. Feed Manufacturing Industry*, Working Papar No. 87, Department of Economics, Iowa State University, October 1985, "Feed Company Profiles," *Feed Management*, Vol. 49, No. 1, Watt Publishing, January 1998, and *Feedstuffs*, various issues.

第2に，そうした構造変化が進行する際に，買収・合併の果たした役割が非常に高いことである．

そして第3に，穀物流通巨大企業でもある特定の少数企業，典型的にはカーギル，ADM，コナグラ，コンチネンタル・グレイン（1998年末まで），バンギが，同時にこれら第1次加工諸部門＝原料穀物諸販路における最上位グループの主要な一環をなすに至ったこと，である．

4. 多角的・寡占的垂直統合体形成の市場構造論的意義

以上に検出してきた穀物関連産業の再編がもたらした穀物流通・加工セクターにおける今日的な集積の到達点を，穀物市場構造の視点から確認しよう．

要点の第1は，流通各段階における水平的集中の高度化である．総エレベーター容量ベースでランキングした上位企業20社による集中度は（カッコ内はうち上位10社），まず産地集荷段階のうちのサブターミナルエレベーター経営について50.5%（30.0%），次に中間段階についてはターミナルエレベーター経営について76.9%（64.2%），リバーエレベーター経営について64.4%（55.1%）であった（以上は容量ベースで，前掲表2-4参照）．

また穀物流通の最終段階（最終販路）については，まず穀物輸出の場合は上位5社で75.7%，上位10社で90.4%であった（推計輸出量ベース，前掲表2-1参照）．そして主要第1次加工部門については，上位5社シェアが小麦製粉の場合63.3%（10社では77.9%，能力ベース），トウモロコシ化工で83.5%（能力ベース），大豆破砕で87%（能力ベース）であった（前掲表2-5，表2-7参照）．

これらの意味するところは，穀物市場における売手と買手がいずれも少数化していることである．具体的には内陸中間段階市場の買手側（ターミナルエレベーターないしリバーエレベーター経営者）については上位20社が3分の2から4分の3を占め，最終販路（輸出または国内加工）市場ではそうした20社ほどが今度は売手となり，買手側（輸出用ポートエレベーター経

営者ないし穀物第1次加工業者）は上位5社で7〜9割を占めるまでになっているということである．

要点の第2は，それら少数化した諸資本が共通して，流通と加工の諸段階を貫通する垂直的な統合体という集積形態をとるようになっていることである．これまでの分析を総括する意味で典型＝最上位5社（すなわちカーギル，ADM，コナグラ，コンチネンタル・グレイン，バンギ）の集積形態を見ると（表2-9），この少数同一の穀物関連多角的アグリフードビジネスが，穀

表2-9 穀物流通最大5社による穀物諸段階市場における集中度

(単位：%)

		産地集荷段階		内陸中間段階		最　終　販　路					
		カントリー・エレベーター[1]	サブターミナル・エレベーター[1]	ターミナル・エレベーター[1]	リバー・エレベーター[1]	輸出[2]	穀物第1次加工				
							小麦製粉[3]	トウモロコシ化工[4]	大豆破砕[5]	配合飼料[6]	
穀業物にに流通ようシ上位ェ企ア	ADM	4.5	8.4	17.6	7.3	17.2	20.3	37.2	33.0	8.0	
	カーギル	3.3	5.9	10.8	8.3	31.7	14.7	17.4	24.0	15.6	
	コナグラ	1.0	11.6	5.3	4.1	4.3	17.2	—	n.a.	0.8	
	バンギ	0.0	1.5	1.9	22.7	5.1	—	—	13.0	—	
	コンチネンタル・グレイン	0.6	2.4	6.8	5.6	10.0	—	—	—	3.3	
	上記の最大5社計	9.5	29.7	42.3	48.1	68.3	52.2	54.6	70.0	27.8	
	流通上位10社計	12.0	30.0	64.2	55.1	82.5	57.7	54.6	70.0	32.9	
各部門固有の上位5社シェア		—	—	—	—	75.7	63.3	83.5	87.0	55.5	

注と資料：
1) 1997年末時点のエレベーター容量ベースで，Sosland Publishing Co., *Grain and Milling Annual 1998*．
2) 1997年の推計輸出量ベースで，同上および USDA Agricultural Marketing Service, *Grain and Feed Weekly Summary and Statistics*, Vol. 46 No. 5, January 30, 1998.
3) 1997年末時点の小麦粉生産能力ベースで，do., *Grain and Milling Annual 1998*．
4) 1993年の推計トウモロコシ処理能力ベースで，Departments of Agricultural Economics and Agricultural Engineering, University of Illinois at Urbana-Champaign.
5) 1997年の大豆破砕能力ベースで，*Feedstuffs*, September 22, 1997．98年操業開始のコナグラは含まない．
6) *Feed Manaegement* 誌がリストアップした1997年での上位70社の総推定生産能力（4,480万トン）に対するシェア．なお同年の家畜・家禽用飼料の総消費量は1.6億トン程度と見積もられており，仮にこのうち半分の8千万トン程度が商業的配合飼料メーカーから販売される（残りは畜産インテグレーター等による内部供給）と見なすと，同リストのカバーリッジは配合飼料市場規模の半分強という目安がつけられる．すると70社の中での固有の上位4社シェアは市場規模全体に対しては24〜25%程度ということになり，1992年工業センサスの「飼料製造業」上位4社集中度23%とある程度整合するように考えられる．Watt Publishing, *Feed Management*, Vol. 49, No. 1, January 1998.

第2章　市場構造の再編と流通の垂直的統合・組織化　　　　95

物流通の中間段階から輸出および第1次加工諸部門という最終販路までの各段階において4〜7割のシェアを占め，さらにサブターミナルエレベーターの展開によって産地集荷段階にも垂直的統合の拡延を進めつつあることがわかる．

　こうした到達点を，穀物市場の構造という視点から性格づけるとどうなるのか．これはすでに明らかなように，少なくとも穀物流通の中間段階以降の各市場において売手と買手が少数化した上で，さらに両者の同一化・一体化が進行してきたことを意味する．

　これらの構造変化は明らかに，売手・買手の大量数と相互自立性およびそれらの間の「原子的競争」という，集散市場型穀物流通体系の基本的前提を最終的に消滅させる性格のものである．

　生産者と消費者（または需要者）がいずれも零細・多数・分散である場合，流通機構は収集過程と分散過程に分化し，それぞれにおいて商業資本は段階分化を形成する．そして大量の需給が集約的に会合する収集過程と分散過程の接合点（集散点）において，中心的需給調整・価格形成機能が果たされる[10]．ターミナルエレベーター企業や荷受企業などの中継卸売商業資本を核とする集散市場は，この集散点における段階間での需給調整等の資源配分と収益配分，すなわち垂直的整合の，典型的な一形態であった[11]．

　これに対して上述のような，流通・加工の各諸部門での水平的集積と，そこからさらに進んだ企業内または企業系列内に諸段階を包含した垂直統合体的な集積の形成と広がりは，垂直的整合の様式にも構造的な変化を生み出さざるをえないだろう．その方向を先取り的に提示すれば，集散市場において果たされていた中継卸売機能は独立した商業段階（市場段階）としては消滅し，産地集出荷段階と最終販路段階とを媒介＝整合する中間段階の機能は垂直統合体的な企業によって内部化されていく，あるいは直接的な統合ではないが相互の自立性が制限された企業集団内での調整的意志決定に変化していく，というのがそれである．

　次節では，そうした垂直的に統合ないし組織化された穀物流通機構の具体

的構造と,そこでの企業内(ないし企業集団内)穀物取引の方式について検討しよう.

第2節　穀物流通の垂直的統合・組織化の構造と方式

1. 穀物輸出段階と内陸流通段階との統合・組織化

(1) 輸出上位企業による内陸流通段階進出

前掲表2-2によって検証したように,従前は輸出業務と輸出エレベーター経営に偏重していた穀物輸出上位企業が,リバーエレベーターやターミナルエレベーターという中間段階の流通施設,およびサブターミナルエレベーターやカントリーエレベーターという産地段階集出荷施設を取得することによって,内陸流通段階への後方垂直統合を著しく進展させたことが,1980年代以降の際だった特徴であった.

そのことを個別企業に即して見た場合,2つの側面からなる動向として把握できる.第1の動向はこの間上位に位置している同一企業において,そのような後方垂直的統合が顕著に進められたという動きである.例えば1980年,1992年,1997年と一貫して輸出トップを占めているカーギルを例にとると,1980年のエレベーター保有数はポートエレベーターが14に対してリバーエレベーターは無く,ターミナルエレベーターが15,そしてサブターミナルエレベーターも1しかなかった.ところが1992年には同じポートエレベーター数に対してリバーエレベーターが25へと大幅に増え,産地段階でもカントリーエレベーター171を経営するに至り,さらに1997年にはリバーエレベーターが29,産地段階のサブターミナルエレベーターとカントリーエレベーターを合わせると230へと,いっそう内陸段階への統合を強化しているのである.

第2の動向は,1980年代から90年代にかけて,そうした垂直的統合をより強力に進めた企業こそが輸出企業として台頭しているという点である.

第2章　市場構造の再編と流通の垂直的統合・組織化　　　　　97

　1980年の推計輸出量7位から1990年代にはカーギルに次ぐ2位に躍進したADMが，そのもっとも典型的な例である．その他でもハーベスト・ステイツ，および日系企業の全農グレインとコロンビア・グレインをあげることができる（これらについては後述）．

　こうして輸出上位へ台頭した企業とは逆に，1993年に基本的に撤退するルイ・ドレファスは，1980年と92年のエレベーター構成を比較すると内陸諸段階の増強がきわめて微弱であった．また1994年に解散するフェラッツィ＝ミシシッピリバー・グレインの場合も，同じ期間に内陸部の増強がほとんどなされていなかった．さらに1998年末に穀物流通事業から全面撤退を決定するコンチネンタル・グレインについても，ライバル企業であるカーギルやADMと比べるとやはり内陸諸段階の統合の水準が相対的に低く，また90年代にはそれがほとんど進展していなかったことがわかる．

　以上のような対照的な動向は，輸出が急減する1980年代を経た現段階の穀物輸出ビジネスが，集荷・出荷の内陸ビジネスとの垂直的一貫体系を構築した企業のみが競争裡に立ちうる部面に変容したことをものがたっている．

　輸出部門の集中状況をめぐっては，1970年代から80年代にかけての参入・撤退の頻繁さや旧「穀物メジャー」の集中度の低下から，もっぱら競争的性格を強調する議論がある．例えば，主として(1)五大多国籍穀物商社（カーギル，コンチネンタル・グレイン，バンギ，ルイ・ドレファス，ガーナック・グレイン）の輸出シェアが1974/75年度から80/81年度に5.3％（輸出量ベース），81年から89年に4.3％（ポートエレベーター容量ベース）減少していること，(2)70年代の輸出ブーム期に小規模企業も含めて多くの参入があり，またその後も入れ替わりが頻発したこと，といった根拠から，輸出ビジネスについて必要資本量が参入障壁にはなっていない，したがってまた極めて競争的な部門であって寡占的な市場支配の存在は認められないという結論を導く論調がそれである[12]．

　しかしここでの検討からわかるように，(1)の点について，当該5社シェアだけに着目すれば，ガーナックの倒産，ルイ・ドレファスの基本的な撤退

表2-10 穀物輸出段階と内陸流通

記号	関係企業	開始時期	統合・組織化の形態と内容	継続ないし終了状況
A	ADM社とグロウマーク農協	1985年9月	ADMの新設子会社ADMグロウマークがIL州の地域農協グロウマークの7RE（ミシシッピ河，イリノイ川沿い）を取得して経営する．グロウマークはADMの株式を受け取る．グロウマークの会員単協から集荷して，ADMのPEや加工部門へ結合．	継続
B	カーギル社とアグリ・インダストリーズ農協	1986年3月	ジョイントベンチャー事業体アグリ・グレイン・マーケティングを設立しミシシッピ河沿いの両社のRE合計6つを経営．カーギルが所有権51％，役員5/9を掌握．穀物地域農協アグリの産地集荷能力からこのRE群を介して，カーギルのミシシッピ河口2PE等へ供給する．	継続
C	全農グレイン社とコンソリデイティッド・グレイン&バージ（CGB）社	1988年3月	全農グレインは伊藤忠商事と共同で（全農出資51％），コーンベルト地帯のミシシッピ河，イリノイ川，オハイオ川周辺にRE，CE網を展開するCGB社を買収．その集出荷能力を全農グレインの輸出業務に結合する．	継続ただしバージ部門は分離
D	コナグラ子会社ピービーとフェラッツィ子会社ミシシッピリバー・グレイン	1991年11月	ミシシッピ河口からの穀物輸出についてパートナーシップMFPを形成し，両社のPEを一体的に運営．ピービーの集出荷力を，フェラッツィの多国籍農産加工事業や海外顧客に効果的に結びつける．	フェラッツィ破産後，1994年からハーベストとのジョイントベンチャーへ移行．
E	コナグラ社とハーベスト・ステイツ農協	1994年9月	ミシシッピリバー・グレインからPEを購入したハーベストとピービーがジョイントベンチャーHSPVを設立し，両社の2PEと3REを共同運営して物流を行なう．ただし穀物売買は両社がそれぞれに行なう．パウリナPEを麦類に，ミルトルPEはトウモロコシ・大豆にそれぞれ特化させて，効率化．	1997年解消．現在はミルトルPEも完全にハーベストが自己経営．

注：1) 施設数は開始時点のもの．
　　2) 州名の略号は，IL（イリノイ），WA（ワシントン），MT（モンタナ）．
　　3) エレベーター種類の略号はPE（ポートエレベーター），RE（リバーエレベーター），エレベーター）である．

資料：*Milling & Baking News*, *Feedstuffs*, various issues, および筆者の聞き取り調査より．

段階の垂直的統合・組織化の諸形態

記号	関係企業	開始時期	統合・組織化の形態と内容	継続ないし終了状況
F	コンチネンタル・グレイン社とバンギ社	1992年4月	両社のミシシッピ河口のPEを, 共同事業体コンチ・バンギ・エキスポートマーケティング・グループによって共用する. そのための物流, 管理, 輸出契約履行を共同で行ない, 各々PEを品目別に専門化して, 最大限有効稼働を図る.	1997年9月時点で存続確認. コンチネンタルの事業売却の影響は不明.
G	コンチネンタル・グレイン社とハーベスト・ステイツ農協	1992年9月	太平洋岸北西部からのトウモロコシと大豆の輸出に限定して折半出資ジョイントベンチャー企業TEMCOを設立し, タコマPEをリース使用. コンチネンタルの輸出販売力とハーベストの内陸集出荷能力を結合. 独立した企業であって, 両社から買い付けて輸出販売する.	カーギルによるコンチネンタル事業買収に伴って, 1999年にパートナーはカーギルが継承.
H	ADM社とカントリーマーク農協	1996年8月	ADMがカントリーマークとジョイントベンチャーを形成して, 後者の穀物流通事業を合体. ADMは現金と株式, カントリーマークは施設の現物出資. ADMの加工需要と輸出力の下にカントリーマークの集荷力を結合.	継続
I	ハーベスト・ステイツ農協と三井物産	1997年	太平洋岸北西部からの小麦輸出販売ジョイントベンチャー企業ユナイティッド・ハーベストを設立 (出資折半). 独立した会社で, 両社からのトレーダーが出向して, 小麦の輸出販売をする.	継続
J	丸紅子会社コロンビア・グレイン	1978年	1980年にWA, MT州にRE, STE, CEを経営するウェスタン・グレインエクスチェンジ社を吸収, 1990年にモンタナ社から10施設買収, 1995年にWA州1RE, ID州9CEを有すステグナーグレインを買収. 1997年10月にカナダ2位のユナイティッド・グレイングロワーズの所有権5%を取得し, 小麦・油糧種子の調達を図る.	

TE (ターミナルエレベーター), STE (サブターミナルエレベーター), およびCE (カントリー

もあって今日ではそれ以上に低下しているのだが、現段階の上位5社のシェアはかつての「穀物メジャー」5社のそれを明らかに上回っている。(2)についても、好況期に新規参入した中小資本のほとんどは、既存の中小資本ともども不況期に倒産または撤退している。さらに、流通諸段階貫通的な、つまり垂直一貫体系的な集積を達成できるか否かが当該ビジネスでの存続の条件となっていることは、参入のための必要資本量が従前よりはるかに大きくなったことを意味している。

総じて言えることは、穀物輸出ビジネスが、各段階貫通的に集積した総体的な大規模穀物流通資本の体系的一環として存在する部門となったこと、したがって輸出部門だけに着目しては、それ自体の競争条件をも性格づけることはできなくなった、そのような構造変化だということである。

(2) 輸出段階と内陸流通段階の統合・組織化の具体的形態

穀物輸出段階と内陸流通段階との結合は、所有権支配による直接的な統合だけでなく、ジョイントベンチャーやその他の提携関係という相対的に緩やかな組織化の形態によっても実現されている。文献および聞き取り調査で確認できた具体例について、以下で検討しよう（表2-10参照）。

① 巨大穀物企業による地域農協内陸穀物流通事業の事実上の吸収

ADMがグロウマーク農協およびカントリーマーク農協と、またカーギルがアグリ・インダストリーズ農協とそれぞれ設立したジョイントベンチャーは、ADMとカーギルという世界大の輸出能力を有する巨大穀物企業が、内陸流通段階での集出荷力を持つ地域農協の穀物事業を事実上自らのシステムに吸収することによって、垂直一貫体制を手っ取り早く強化した形態と位置づけることができる。

すなわちADMはまず1985年に、イリノイ州を拠点とし生産資材供給と穀物販売を行なっていた地域農協グロウマークの穀物販売事業を吸収した（表2-10の記号A）。具体的にはグロウマークが経営していたミシシッピ河、

イリノイ川沿いというトウモロコシ・大豆の最大の移出地域の7つのリバーエレベーターとバージ子会社を，ADM が新設した完全子会社 ADM グロウマークに譲渡し，その見返りに ADM の株式を受け取った．新子会社は完全に ADM 内部の穀物流通・輸出部門として経営されるのである．

　グロウマーク農協は80年代初頭の穀物輸出不況の中で，自らが出資していた FEC が生んだ大規模な損失の負担，バージ輸送子会社の損失，輸出向け販売事業の縮小によって経営が苦況におちいっていた．主として1つの州を拠点とし，海外オフィス網も持たないこと，加工事業を展開するには必要投資額を調達できないこと等を背景として，この穀物販売事業譲渡に踏み切ったのである．この結果，グロウマークの会員である単協からの穀物供給の多くが，ADM の輸出ビジネスおよび加工事業に結合されることになった．

　ADM は1996年にコーンベルト東部を拠点とする地域農協カントリーマークの穀物販売事業についても，類似の形態で事実上自社のシステムに組み込んでいる（記号 H）．同年時点でのエレベーター保管容量ベースで全米第8位（エレベーター総数20，総容量7,500万ブッシェル）であった同農協とジョイントベンチャー ADM カントリーマークを形成し，ADM は現金と株式を，カントリーマークはエレベーター施設の現物出資を行なった．これはジョイントベンチャーという形式を取ってはいるが，ADM の現金・株式出資はエレベーター群に対する対価ともとらえられるし，また集荷された穀物の販売については実際上 ADM が主導権を握ると見られる点からすると，グロウマークの例と類似している．

　いっぽうカーギルも，80年代初頭の穀物不況で連年の大幅損失を被ったアイオワ州を拠点とする地域農協アグリ・インダストリーズの穀物販売事業を，1986年に事実上吸収した（記号 B）．ジョイントベンチャー企業アグリ・グレイン・マーケティングを設立し，カーギルから2つのリバーエレベーター，アグリから4つのリバーエレベーターをリースして経営するが，所有権の51％と取締役会9名中5名をカーギルが占めることで，その経営は実際上カーギルの一部としてなされている．ここでも穀物集出荷力を集積さ

せている地域農協の事業を吸収することで，一挙に内陸流通段階の強化を実現したのである．

② 地域農協と穀物商社との輸出販売のための戦略提携

ハーベスト・ステイツは伝統的に北部大平原から太平洋岸北西部にかけての小麦，トウモロコシ，大豆の主産地で強力な集出荷力を有する地域農協であるが，穀物輸出販売能力を強化する（その意味で前方垂直統合・組織化の）長期的な戦略として，自社単独での輸出販売力構築とならんで，穀物商社とのジョイントベンチャーを積極的に活用している．

そのひとつは，1992年にコンチネンタル・グレインと設立したジョイントベンチャー企業 TEMCO (Tacoma Export Marketing Company の頭文字)である（記号 G）．これは太平洋岸北西部からのトウモロコシと大豆の輸出（販路は太平洋岸諸国）について，TEMCO がコンチネンタルのポートエレベーターをリース使用して輸出販売するというものである．その特徴は，トレーダーは両社から出向派遣されつつ TEMCO 自身が独立した流通主体として穀物を買い付けて，それを輸出販売する点にある．全体としてはハーベストの内陸集出荷力とコンチネンタルの輸出販売力の結合と見なしてよいが，ハーベスト側からすると自社輸出販売力構築のひとつの手法ないしステップとも位置づけられる．

1997年には同様のジョイントベンチャーを，三井物産子会社ユナイティッド・グレイン（UGC）との間で設立している（記号 I）．こちらは小麦輸出が対象であり，そのため対日小麦輸出（対食糧庁貿易となる）および対アジア3国間小麦貿易で優位性を持つ三井物産がパートナーに選ばれたと見られる[13]．

なおコナグラ子会社ピービーとのジョイントベンチャーは（記号 E），後述のエレベーター共用型提携に含まれる．

③ 日系穀物輸出企業による内陸流通の統合・組織化

全農(全国農業協同組合連合会)のアメリカ子会社である全農グレイン(Zen-Noh Grain Corp.)も,輸出業務への新規参入から,大型買収をへて後方垂直統合を図って上位穀物企業の地位を築きつつある(記号C).すなわち同社はミシシッピ河口に大型最新鋭の輸出エレベーターを建設して1982年に操業を開始した.その後穀物不況のさなかにあって内陸の集荷・供給段階との垂直的な結びつきを求めて地域農協アグリ・インダストリーズやグロウマークと提携していたが,既述のように両社ともカーギル,ADMに穀物流通事業を事実上譲渡して撤退してしまった.そこで1988年に,イリノイ川,オハイオ川,ミシシッピ河沿いのリバーエレベーター群およびそれへの供給源となるカントリーエレベーター群を擁し,コーンベルト中核部で強力な集荷・供給力を有する中堅穀物流通企業コンソリデイティッド・グレイン&バージ(CGB=Consolidated Grain and Barge Co.)を伊藤忠商事と合同で買収し(出資比率は全農側51%,伊藤忠49%),子会社化したのである.つまりミシシッピ水系に沿った内陸流通段階への後方垂直的組織化を,所有権支配による直接統合によって実現したのである.

この全農グレイン・CGBグループは,その後今日までほぼ一貫してミシシッピ水系でのリバーエレベーターおよび産地集荷用エレベーターを強化し続けており,アメリカ上位穀物企業群の中でもその増強ぶりが目立つものの1つとなっている(1997年末時点では,総容量ベースで穀物企業ランク12位まで浮上).

また1978年にクック・インダストリーズからオレゴン州ポートランドのポートエレベーターを引き継いで輸出エレベーター経営に参入した丸紅(子会社コロンビア・グレイン)も,その後ほぼ一貫して内陸流通段階への後方統合を進めている(記号J).すなわち1980年にはワシントン州,モンタナ州でリバーエレベーターおよび産地集荷エレベーターを経営するウェスタン・グレインエクスチェンジ社を吸収合併,1990年にはモンタナ・マーチャンダイジング社からモンタナ州内のエレベーター10基を取得した.そし

て1995年にはワシントン州とアイダホ州でリバーエレベーターおよびカントリーエレベーターを経営するステグナー・グレイン＆シード社をやはり買収した．こうして北西部地区のコロンビア川・スネーク川水系に沿ったワシントン，オレゴン，アイダホ，モンタナの各州にまたがる春小麦産地を直接の集出荷圏とする（間接的にはさらに北部大平原からも集荷可能），輸出段階と内陸段階の垂直一貫体系を構築したのである．

さらに丸紅本社は1997年に，カナダの穀物流通第2位企業であるユナイティッド・グレイングロワーズ（農協系）の所有権を5％取得した（同時に出資したADMは45％を取得）．その狙いはカナダ産の小麦と油糧種子の調達にあると発表されているが，子会社コロンビア・グレインとの連携も当然視野に入るものと考えられる．

日系企業ではほかに三井物産が1970年代末からミシシッピ河口地区に輸出用ポートエレベーターを取得して，設立した子会社ユナイティッド・グレインが経営し，続いて別の子会社ガルフコースト・グレイン等をつうじてミシシッピ水系に6つのリバーエレベーターも経営していた（前掲表2-2の1980年欄参照）．しかし1980年代穀物輸出不況の中で，旧式エレベーターで経営効率が低かったことなどの理由からメキシコ湾岸地区での自社輸出業務から撤退した．その後も対日小麦輸出拠点であるワシントン州バンクーバー（カナダではない）のポートエレベーターは経営を続けていたが，最近設立された上述ハーベスト・ステイツとのジョイントベンチャーは，三井物産側から見れば内陸流通段階への後方垂直組織化の方途ということになる[14]．

④ 物流効率性向上を目的としたエレベーター共同運用のための提携

既述のように1980年代の穀物輸出不況以降ポートエレベーターは過剰状態におちいり，それ自体の経営効率の向上が内陸部との垂直的連携とともに至上命題となった．その方途のひとつとして，内陸部の集出荷能力と輸出エレベーターの両方を有する企業同士が，内陸から輸出エレベーターをへて輸出向けに出荷するまでの物流効率の向上を目的として，ミシシッピ河口地区

に有するそれぞれのポートエレベーターを共用するために提携するケースが現れた．

コナグラは子会社ピービーをつうじて当初はミシシッピリバー・グレイン（フェラッツィの子会社）と，フェラッツィ倒産後はハーベスト・ステイツとの間でそうしたジョイントベンチャーを形成した（記号E）．特に後者については，両社のミシシッピ河口地区ポートエレベーターの運用をそれぞれ麦類とトウモロコシ・大豆に特化させ，さらにこれらに向けてバージ積穀物を供給するミシシッピ河上流のリバーエレベーターも合わせて，共同運用するというものだった．

またコンチネンタル・グレインとバンギも，同様にミシシッピ河口地区の両社ポートエレベーターを品目別に特化させる形で共用し，物流効率の向上を図っている（記号F）．

これらに共通するのは，共同化されるのは物流に限定されていること，その際過剰状態におかれているポートエレベーターの使用を品目別に特化させることで稼働効率向上とコスト削減を目指したこと，そして商流すなわち穀物の売買・輸出販売は両当事者がそれぞれに行なっていた点である．物流面に限定した組織化と言えるだろう．

2. 企業内（および企業グループ内）における穀物取引の垂直的整合化

(1) ADMにおける企業内・グループ内穀物取引の組織と形態

前項で穀物流通の垂直的統合ないし組織化の諸形態を分類，検討したので，本項ではそれらにおける穀物取引の具体的な整合の方式について事例をあげて検討する．

最初に，穀物の流通と加工を大規模に集積した多角的アグリフードビジネスにおける実態例として，ADMを取り上げる（図2-1参照，ただし配合飼料部門は除く）．

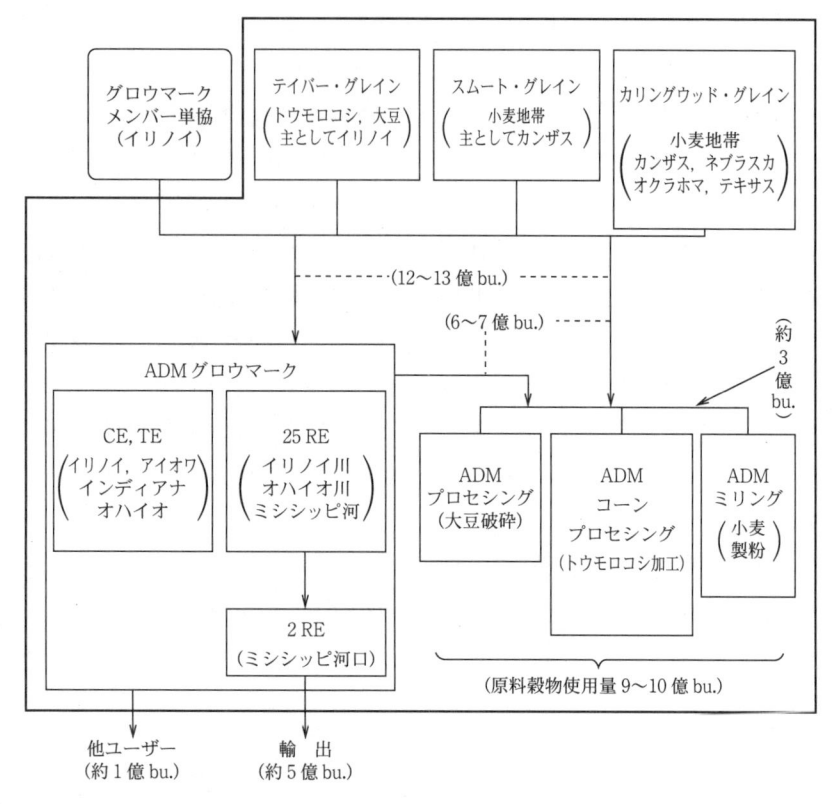

```
                                    ┌─────────────────────────────────────────────────────┐
┌──────────┐  ┌──────────┐  ┌──────────┐  ┌──────────────┐
│グロウマーク│  │テイバー・  │  │スムート・  │  │カリングウッド・│
│メンバー単協│  │グレイン    │  │グレイン    │  │グレイン        │
│(イリノイ)  │  │(トウモロコシ,│  │(小麦地帯   │  │(小麦地帯       │
│          │  │ 大豆       │  │ 主としてカンザス)│ カンザス, ネブラスカ│
│          │  │ 主としてイリノイ)│          │  │ オクラホマ, テキサス)│
└──────────┘  └──────────┘  └──────────┘  └──────────────┘
```

図 2-1 　ADM の穀物関連事業組織と自社内/外穀物流通
(1992 年基準, ただし飼料製造関連は除く)

注:1) 太線の囲みは ADM 社の範囲を示し, その内部の細線の囲みは ADM 社内の子会社ないしディビジョンを示す.
　2) (　)内の穀物量の単位 (bu.) はブッシェル.
　　　原料使用量は, アメリカ全体の種類別仕向別の消費量と, 各部門での ADM の推計シェアから試算した. これをベースに, ADM での聞き取りによる原料自社調達比率, 穀物販路構成比率などと合わせて, その他を試算した.

　まず同社は穀物流通子会社として, 集出荷を担当するテイバー, スムート, カリングウッドの 3 社と, 中継, 輸出および総合的調整を担当する ADM グロウマークを擁し, また加工分野では直轄の大豆破砕事業部・トウモロコシ加工事業部と, 小麦製粉子会社を擁す.

第2章　市場構造の再編と流通の垂直的統合・組織化　　　　　107

　ADMが全体として取り扱う穀物15~16億ブッシェルのうち，12~13億ブッシェルが上記3子会社および地域農協グロウマークのメンバー単協から集荷される．このうち加工仕向は主として各加工セクションに直接販売され，輸出向けはすべてADMグロウマークが中継して販売する．ADM全体の推計原料穀物使用量は9~10億ブッシェルに上るが，このうち6~7億ブッシェルは企業集団内から，他の約3億ブッシェルは外部から調達される．

　ここでの穀物流通の性格を見ると，第1に各集出荷子会社は，カントリーエレベーター群からなる産地集荷機能とターミナルエレベーター群からなる中継機能を企業内化した上で，直接に加工諸部門に供給している．つまりそこでは自立した中継卸売段階は，収集段階と合体する形で消滅しているのである．また輸出向け流通については中継機能と輸出機能がADMグロウマークという単一の完全子会社によって企業内化されており，ここでは中継卸売段階が最終販売段階と合体する形で消滅している．

　第2にこれらの企業（企業集団）内取引の性格であるが，各子会社ないし事業部の間での取引は市場価格を基準として行なわれるが，かといって完全に自立した主体間での整合形態ではない．というのは子会社・事業部に対してはまず経営の安定性を確保するためにリスクを取る範囲や集出荷量の上限について全社的ガイドラインが課されている．さらに加工諸部門用原料調達の安定性を確保するための総合的調整機能が，とくにADMグロウマークをつうじて原料必要量を確保しつつ輸出量を調整するという形で，作用するからである．

　第3に，グロウマークのメンバー単協とADMグロウマークの間の取引についても，「第1選択権」(the first right of refusal あるいは簡単に first refusal とも呼称される）によって，取引の最初の選択権が後者に留保されている場合が多い．第1選択権とは，2つの取引主体間（例えばAとB）で，一方(A)からの販売申し入れは最初に必ず他方(B)に対して行なわれねばならず，それを受け入れるないし拒否する選択権を後者(B)が有する，という合意があらかじめなされている関係を指す．AはBが受け入れなかっ

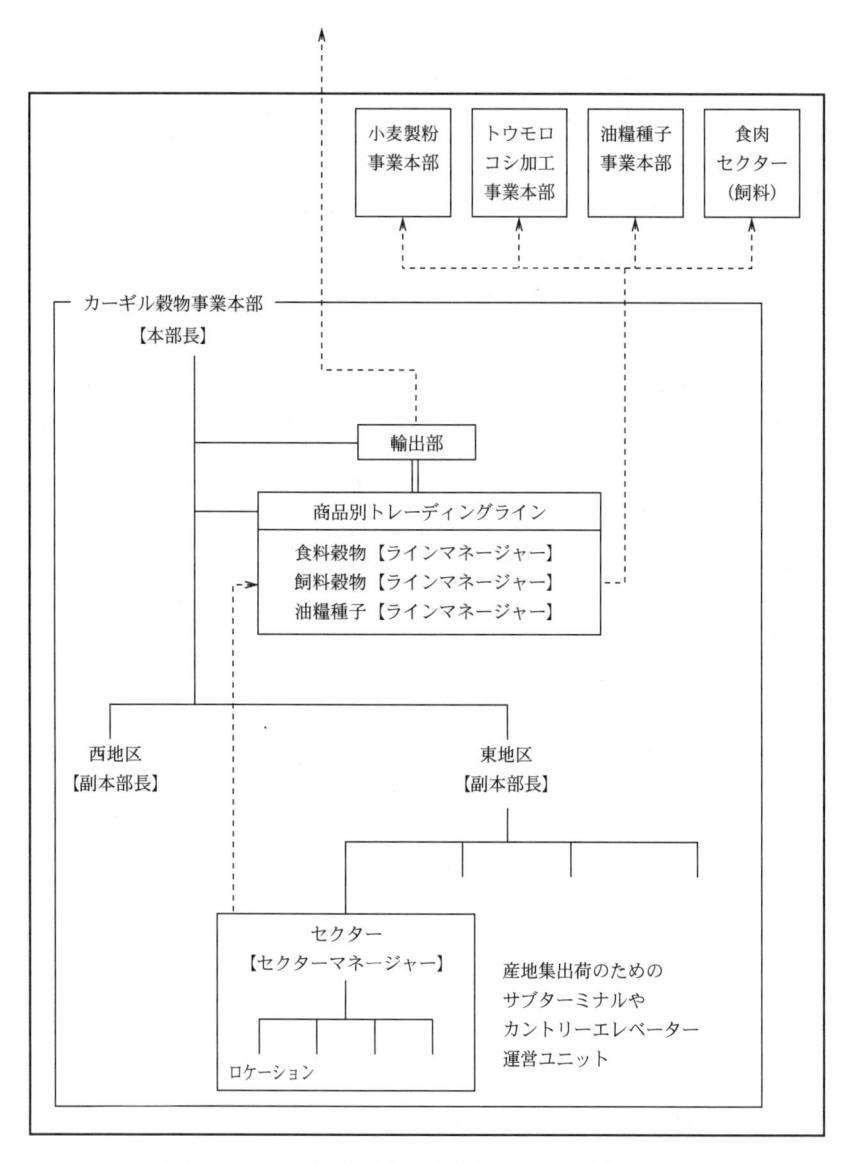

図 2-2 カーギル北米穀物事業組織と自社内穀物流通

注：太線の囲みはカーギル社の範囲を示し，その内部の細線の囲みは社内の事業本部や部局などを示す．破線が穀物の社内商流をあらわす．

た場合に,第三者に対する販売を行なうことができるのである.

例えばイリノイ州ギブソン市に本所を置くアライアンス・グレイン農協は,グロウマークの会員単協である.出資者1,900名,カントリーエレベーター9基(保管容量1,080万ブッシェル)まで規模拡大を進めた比較的大きな農協であり,1995年度の穀物取扱量は1,800万ブッシェルであった.その販路のうち約60%がADMグロウマークであるが,ここでは文書化された「第1選択権」協定が結ばれている.加えてADMグロウマークへの出荷奨励措置として,ブッシェル当たり数分の1セントの還元金があった[15].

(2) カーギル北米穀物流通事業組織の再編

カーギルは1992年に北米穀物流通事業の組織を,基本的には集権化する方向で整理・再編した.その結果図2-2のような組織構造をとることになった.

その第1の側面は,新設されたカーギル穀物事業本部(Cargill Grain Division)が食料穀物,飼料穀物,および油糧種子の3つの商品ライン毎に,北米におけるカーギルによる輸出,国内ユーザー向けおよびカーギル内加工原料用の穀物・油糧種子の,基本的には単一の調達者になったことである.つまり買手としてのカーギルの単一化である.

具体的には,カーギル内の各加工事業本部(小麦製粉,トウモロコシ加工,油糧種子加工,食肉セクターの飼料製造)が利用する原料穀物等は,工場周辺からのトラック集荷原料を除けば,それまでのように各事業本部がではなく穀物事業本部が単一の窓口として調達することになった.これによって加工事業本部間の原料調達をめぐる重複や競合が取り除かれ,カーギルは単一統合体としてのマーケットパワーを各商品,各地域市場で最大限発揮できるようになることを狙った.

第2は,売手としてのカーギルの単一化である.まず全ての北米からの輸出販売取引を,穀物事業本部内に設置された輸出部に集中し,3つの商品ラインのマネージャーがこの輸出部と協働して実行することにした.

また輸出を含む対外販売について，従前は北西地区，南西地区，中央地区，東地区の4地区およびアグリ・グレイン・マーケティング（既述のようにアイオワ州拠点の地域農協アグリ・インダストリーズの穀物販売事業を事実上吸収したもの）のレベルで行なわれていた集荷穀物のカーギル内加工事業部や社外需要家への販売業務も，穀物事業本部に移行した．そして地区割りはほぼミシシッピ河を境に東西2地区（East Geographic と West Geographic）になり，この「地区」は穀物売買ではなく，資本・資産の経営管理に責任を持つユニットに変化した．

産地集荷にあたるのが「セクター」と呼ばれるユニットで，その下に数カ所のカントリーエレベーターやサブターミナルエレベーターを経営している．このセクターの裁量には管轄地域での投資提案の穀物事業本部への上申，年間予算の範囲での穀物集買とその価格決定が含まれるが，集買した穀物の販売は穀物事業本部の商品トレーディングラインとのコミュニケーションに基づいて決定される．従前はこのセクターにもトレーダーが配置されていたということであるから，この点でも集権化されたわけである．

以上のように1992年の組織再編は，買手としてのカーギル，売手としてのカーギルが地域的および加工部門別に分散的であったものを単一化し，売買取引の意思決定を集権化する方向のものだったと言える．こうした組織構造再編後の事業ユニット間（例えば穀物事業本部と各加工事業本部間）の取引について，その移転価格は基本的に市場価格に基づくものとされている．しかし半面で，再編前は特に上部ユニットと下部ユニット（例えば地区とセクター）の間で「第1選択権」が存在していたものが，再編後はなくなっている．再編によって売買取引の意思決定が上部に集中化され，下部ユニットの自立性が薄弱になったからこそ両者間で第1選択権すら不要になったものと理解すべきである．総じて，カーギル内部の事業ユニット間穀物流通は，明らかにより強い，より集権的な垂直的整合の形態に移行したと判断することができる[16]．

(3) 全農グレイン・CGB グループの内部穀物取引

既述のように全農グレインは 1988 年にイリノイ川,オハイオ川,ミシシッピ河およびその周辺コーンベルトに展開する中堅企業コンソリデイティッド・グレイン&バージ (CGB) を買収し子会社化した.その後も全農グレイン・CGB グループは内陸エレベーター網を強化し,1996 年までに総エレベーター数 58,うちポートエレベーター 1(全農グレイン所有),リバーエレベーター 23,サブターミナルエレベーター 12,カントリーエレベーター 22,総容量 5,072 万ブッシェル(約 130 万トン)へ拡張された.

1995 年の CGB の年間集荷・販売量は約 850 万トン(約 3.3 億ブッシェル)で,このうち約 8 割(680 万トン,2.7 億ブッシェル)が全農グレインへ供給され,残り約 2 割は外部へ販売された.いっぽう同年の全農グレインの取扱=輸出量は 1,100 万トン(約 4.3 億ブッシェル)だったから,その 6 割強が CGB からのグループ内供給によるものだったことになる.

ここでは,まず産地集荷機能は CGB 内部で明らかに中継機能と統合され一体化している.次にこの統合された集荷・中継機能と全農グレインによる輸出向け調達機能との関係だが,CGB と全農グレインとは「第 1・最終選択権」関係で結ばれている.これは CGB は最初の売りオファーは必ず全農グレインに提示しなければならない(第 1 選択権,first refusal).それに加えて,もし全農グレインがその価格では不要と判断した場合に CGB は他の買手にオファーするが,売却の最終決定がなされる前に再度全農グレインに確認しなければならない(最終選択権,last refusal),というものである.さらに CGB 側と全農グレイン側にそれぞれ配置されているトレーダーのうち,品目別主任(チーフトレーダー)は同一人物となっているから,二重の「選択権」を経た最高意思決定が実際上単一化されているのである.

なお全農グレインは CGB という子会社(=所有支配)形態による内陸段階への後方垂直統合に加えて,より緩やかな形態による後方流通組織化も行なっている.

その例の 1 つがイリノイ州北西部ミシシッピ河近接のスミスシャータウン

に本拠地をおき，6つのカントリーエレベーターと1つのリバーエレベーターを有する産地集荷・輸出向け出荷企業トゥーミー（Twomey Co.）との長期取引関係である．トゥーミーの年間取扱量は1,500～2,000万ブッシェルであるが，そのうち9割をバージによって輸出企業へ販売している．その中心が数年程度の長期取引提携を結んでいる全農グレインである．

トゥーミーは自ら輸出能力を持たないから輸出企業に販売するしかないが，そのうちカーギルやADMとは地域内のリバーエレベーター出荷業務自体で激しく競争している．そこで直接の競争関係にない全農グレインとの垂直的提携を結ぶことで，販路確保を図っている．全農グレイン・CGBグループ側から見ても，この地区には自社エレベーターを持たず，しかしカーギル等と競争して調達基盤を確保する必要があったのである．

また別の形態の組織化として，インディアナ州ギブソン郡では10のカントリーエレベーターを経営する単協と契約的ジョイントベンチャーを締結している．そこでは実質的にCGB側が営業および穀物買付資金与信を行なうという内容であり，買収ではないもののCGBの産地集荷機能の統合的拡延と言ってよい[17]．

3. 穀物流通の企業内・企業グループ内取引への移行の意義

以上に検討した企業内・企業グループ内での穀物流通の垂直的整合化事例に共通するのは，第1に中継卸売機能の少なくとも主要な部分が企業（企業集団）に内部化され，集荷段階からも最終販売段階からも自立的に分化した段階としては，縮小ないし消滅していることである．

第2に，所有権の上では同一企業内に取り込まれた段階間（具体的には子会社・事業部間）の取引のあり方も，厳密な意味での垂直的統合ではなく，また市場価格をベースとしている．しかし全企業（企業集団）的利益またはもっとも中核的な部門の利益を，所有権を基礎に必要に応じて優先できる垂直的整合形態をとっている．このような形で開放性を一部制約された（した

がって部分的に閉鎖的な）様式を仮に「組織化された垂直的整合」と呼ぶとすれば，大規模穀物関連企業においてそれが企業内であるいは系列や提携関係をつうじて構築されていることを意味している．

前節で確認したように，1980年代以来の穀物流通・加工セクターにおける構造再編は少数同一の大規模企業が，流通および加工の諸段階を貫通する垂直的な統合体を形成する方向で進められてきた．それにともなって穀物流通の中継卸売段階はそれら垂直的統合体によって内部化され，あるいは企業グループに包含されて自律性が部分的に制限された取引主体間の調整的な意志決定の形態に変化しているのである．

したがって1980年代以降のアメリカ穀物流通体系は，こうした集積形態が一般化するのにともなって自立的に分化した流通諸段階の収縮をとげながら，垂直的組織化型の体系に変化していく，歴史的移行期に置かれていると判断することができる．

アメリカ穀物流通の集散市場型流通体系は，次章で検証するように1950年代以降長期衰退傾向に入り，1970年代半ば頃までにほぼ終焉した．三大集散市場のうちシカゴとカンザスシティの各取引所でも，現物穀物の上場取引（cash grain trade on floor）は1970年代に廃止されている（ミネアポリス取引所では，小麦とモルト用大麦についてごく少量の現物見本取引が残っている）．この後，大輸出ブームをはさんでから垂直的組織化型流通体系への移行が始まったというのがここでの理解であり，したがってそれら三大集散市場での現物取引終焉そのものを，移行の結果とはとらえない．

むしろそうした移行による中継流通段階の消滅を示す事象（の1つ）としては，セントルイス商品取引所におけるバージ積みトウモロコシ現物取引（コールセッションと呼称されていた）をあげることができる．

セントルイス商品取引所（St. Louis Merchant Exchange）は，1836年にその前身であるセントルイス商工会議所が設立されて商品取引が開始され，1850年には穀物等の売買のために正式の取引所が組織されたという，アメリカでもっとも古い商品取引所の1つである．集散市場型流通体系の中では，

シカゴ, ミネアポリス等と比べると小規模ではあるが独自の集荷圏を持つ貨車積み穀物現物取引センターとして機能していた. 同流通体系の衰退・終焉の一環として貨車積み現物取引はやはり消滅した. しかし1970年代輸出ブームの中でミシシッピ水系をバージ積み形態で下降して河口ポートエレベーター群を介して輸出される流通ルートがアメリカ穀物流通の一大動脈となり, その中継段階の現物取引市場として登場したのが上述コールセッションであった. この取引における売手は, ミシシッピ水系の中・上流地域で集荷されリバーエレベーターから出荷される穀物の販売業者であり（その多くは実際のエレベーター経営企業）, いっぽう買手はバージ積みされた穀物を河口エレベーターから輸出目的で販売する業者（そこには実際にポートエレベーターを経営する企業とエレベーター経営をしないブローカーの両方が含まれていた）であった. 言うまでもなくこうした中継市場が成立する基本的前提は, それら買手と売手が相互に独立した商業者たることである.

　1971年に開始された同取引は70年代後半になって急激に興隆し, ピーク時にはミシシッピ河口地区から輸出されるトウモロコシ総量に対して4割近くを占めるほどであった. ところが1980年代前半以降のコールセッション取引量は急激にかつ一方的に減少して, 1990年までにほとんど消滅したのである.

　これはミシシッピ河口地区からのトウモロコシ輸出量は必ずしも大幅には減少していないことからわかるように, 穀物輸出不況の直接的な結果とは言えない. そうではなくこれまで検討してきた穀物輸出段階と内陸流通段階との垂直的統合および組織化によって両段階企業同士の自立性が消滅ないし制限され, 取引が内部化ないし契約的整合形態に移行したことの結果なのである[18].

注
1) 総流通量は, 農場外消費量として算出した. 小麦, 大豆は商品化率が極めて高いので消費量＝農場外消費量と見なした. またトウモロコシについては, 飼料用

の農場内消費を除いた（ただし1980年から農務省は農場外販売量を発表しなくなったので，過去のトレンドから1次回帰式で農場内消費率を推計した）．データは，USDA ERS, *Situation and Outlook* シリーズの各作物編から．
2) "Facing up to Terrible Dilemma in Grain Trade," *Milling & Baking News*, July 2, 1991, p. 7.
3) PECの組織・経営的な特質や失敗の原因，およびFECの設立から解散までの経緯については，磯田（1997），164-169頁（本書第4章第2節2）を参照．
4) Nakamura (1965) およびFarris et al. (1988). なお数値は工業センサスおよびAmerican Soybean Association, *Soya Bluebook*, various issues より．
5) *Feedstuffs*, September 22, 1997.
6) Marion and Kim (1990), pp. 42-43.
7) Whistler (1984), pp. 4-6, Farris (1984), p. 21, および "CPC International Inc.", Derdak (1988), pp. 496-498.
8) 標準産業分類4桁とやや広く取っている工業センサス（SIC 2046）においても，戦後ほぼ一貫して低下していた上位4社販売シェアが1977年の63％をボトムに反転上昇し，87年74％，92年73％になっている．
9) 例えば，USDA ERSによる配合飼料工場調査（1984年）によれば，全米の工場数は6,723，総生産量1億959万トン（うち，半製品としての特定/微量栄養素飼料を一定割合以上原料として使用する第2次生産を除く，第1次生産量が9,512万トン），第1次生産における原料トウモロコシ使用量3,225万トン，となっている（Ash, Lin, and Johnson (1988)）．このうち商業的配合飼料製造を主業とする工場数が3,282，生産量5,617万トン（うち第1次生産量5,311万トン）であり，畜産・家禽生産を主業とするものは990工場，生産量3,107万トン（うち第1次生産量2,552万トン）となっている．また，総生産量1億959万トンのうち企業内給餌量は3,334万トン・30.4％であった（商業的配合飼料主業工場についての企業内給餌量比率は5.5％）．

これに対し，1982年工業センサスにおける配合飼料工場数（すなわち配合飼料製造を主業とし，産業としてのSIC 2048に分類されたもの）は1,827，それらによる原料トウモロコシ使用量は1,592万トンとかなり開きがある（なお，他の工業部門に分類される生産者によるものも含めた製品としての配合飼料SIC 2048の出荷量は，合計4,763万トンとなっている）．
10) 商業資本の段階分化と卸売資本の機能の基本的論理については，森下（1977）のとくに第4章を参照．
11) 垂直的整合（vertical coordination）とは，産業組織論が制度主義，システム論の成果を取り込む中で展開した，生産と流通における垂直的な諸段階を相互に調和させようとするメカニズムを総称する一般的概念として使われる．したがってそれには市場価格機構だけでなく，契約関係，協同組合，単一の所有のもとに内部化した垂直的統合，マーケティング・オーダー，政府による価格・流通制御，

さらにこれらの組み合わせといった諸形態も含まれる．Mighell and Jones (1963), pp. 1-18 および Schrader, Hayenga, Henderson, Leuthold, and Newman (1986)．

なおアメリカ穀物の集散市場型流通体系については，その最盛期における具体的な構造を磯田（1988・1999）において再構成した（本書第3章を参照）．

12) 本文での要旨抜粋は Dahl (1989) および Dahl (1991a) より．同様の結論を導く議論としてほかに，U.S. General Accounting Office (1982) もある．

13) ハーベスト・ステイツと三井物産は，アメリカ国内での大豆加工食品分野でもジョイントベンチャーを形成しており，幅広く提携関係を構築している．本書第1章第3節および第4章第3節も参照．

14) 日系企業によるアメリカ穀物輸出ビジネスの変遷，特に1980年代農業不況後の対応の分化については，権藤（1997）があとづけている．

15) この部分の叙述は，ADM本社（1993年11月），グロウマーク本部（1996年8月），アライアンス・グレイン（同）での聞き取り調査にもとづく．

16) このカーギルの北米穀物事業再編についての叙述は，*Milling & Baking News,* February 11, 1992, の特集記事，ミネソタ大学農業・応用経済学科教授ダール氏（Reynold Dahl）との討論（1993年7月），およびカーギル穀物事業本部イリノイ州タスコーラ（Tuscola）セクターマネージャーからの聞き取り調査（1996年8月）にもとづく．

17) ここでの全農グレイン・CGBグループについての叙述は，全農グレイン・CGB合同本社およびトゥーミーでの聞き取り調査（1996年8月），全農グレイン資料『エレベーター訪問の皆様へ』(1996年版)，CGB資料『CGB訪問者のために』(1995年5月) にもとづく．

18) 論理的にそのように判断されるのと同時に，セントルイス取引所ジェネラル・マネージャー，各輸出流通業者（全農グレイン，ADMなど）からの聞き取り調査でもそのような理解が共通して示された．

第3章 アメリカにおける穀物の集散市場型流通体系
—最盛期（1910年代）における構造と変化の方向—

第1節 課題の設定

1. 課題の一般的背景

1980年代に入ってアメリカ穀物流通部門は，垂直的な連関を持つ穀物加工諸部門を巻き込んだ流通・加工セクター総体の集中と統合を進展させた．大規模で多角化したアグリフードビジネスによって主導されたこの再編過程をつうじて，それら少数同一の企業が，穀物の流通と加工を一貫した寡占的で垂直的な統合体を構築したのである．これを穀物市場構造の視点から見ると，需要部門（加工や輸出）が小規模・多数企業から構成されている，あるいは垂直的に継起する流通諸段階を担う経済主体が相互に自立している，といった自立的中継卸売商業段階の存立諸条件を最終的に突きくずすものだった．

こうしてアメリカの穀物流通は，中継卸売段階を担う集散市場を中軸とした体系（集散市場型体系）が最終的に消滅し，1980年代以降は次の新たな段階，すなわち中継機能を含む流通諸段階の相当部分が企業内化（あるいは企業集団内化）された垂直的組織化型体系への移行を進めている，ととらえることができる．以上が1980年代以降のアメリカ穀物市場構造についての前章までの検討結果であった[1]．

しかしこの場合，1970年代までで終焉したところの集散市場型流通体系

の本来の構造，およびその変容・解体の基本要因については，なお端緒的で仮説的な提示にとどまっていた．本章の課題を一般的に表現すれば，まず集散市場型流通体系とは何であったかを，その確立された姿において再構成することである．

2. 先行研究の到達点と残された問題

集散市場型流通とは，何よりも流通総量の主要部分が集散市場を経由するものである．そこで小麦に代表させてこの経由率の長期的推移を概観すると（表3-1），集散市場の比重は1910-20年代をピークとし，第2次大戦後には長期・継続的な低落局面に入ったことがうかがえる．この低落（衰退）局面への転換については，アメリカ研究者の間では1950年代終わり頃から着目されていたものの，わが国では立ち入った検討の対象にされてこなかった[2]．

しかし19世紀後半における集散市場型流通の形成や確立については，「集散市場」という表現を用いるかどうかは別として，わが国の先行研究において多くのことが解明されてきた．そこで以下，代表的でかつもっとも総括的にこの点を検討したと思われる研究をサーベイし，本章の課題をより具体化する手がかりにしたい．取り上げるのは，第1に鈴木圭介らのアメリカ経済史研究の一環としての中西弘次の研究，第2に小澤健二の研究である．

まず中西は，19世紀末までのアメリカの統一的国内市場の確立プロセスを包括的に明らかにし，その一環としての穀物の全国流通体系成立について基本的な道筋を提示した．

すなわちまず1810年代までの国内市場は，オハイオ・バレー等の西部農産物・農産加工品生産地域，南部原綿生産地域，東部工業・貿易都市の三地域を結ぶ「三角貿易」型商品流通によって成立していた．この中にあって農産物・穀物流通は，アパラチア山脈越えの東西大量流通が困難だったために，オハイオ川・ミシシッピ河を下航する「ダウンリバー・トレイド＝南回り商品流通」の一環をなしていた．シンシナティ，ルイビル，セントルイスなど

第3章 アメリカにおける穀物の集散市場型流通体系

表3-1 小麦の集散市場（7市場）推計経由率の長期推移

(単位：百万ブッシェル，％)

年次期間平均	生産量	農場外販売量	郡外出荷量	7市場入荷量	7市場経由率（販売量ベース）	7市場経由率（郡外出荷量ベース）
1895-99	619		346	194		56.0
1900-04	654		369	227		61.3
1905-09	680		415	239		57.6
1910-14	724	613	421	312	50.9	74.2
1915-19	824	698	491	367	52.6	74.8
1920-24	822	686	543	389	56.7	71.6
1925-29	823	690	589	365	52.9	61.9
1930-34	733	523		280	53.7	
1935-39	759	577		253	43.8	
1940-44	926	762		417	54.7	
1945-49	1,202	1,038		502	48.4	
1950-54	1,091	963		437	45.4	
1955-59	1,095	1,012		397	39.2	
1960-64	1,223	1,159		385	33.2	
1965-69	1,425	1,339		422	31.5	
1970-74	1,603	1,452		434	29.9	
1975-79	2,046	1,949		312	16.0	
1980-84	2,589	2,589		243	9.4	

注：1）「7市場」とは，シカゴ，ミネアポリス，カンザスシティ，セントルイス，ダルース，ミルウォーキー，オマハである．ただし1904年まではオマハは含まない．
2）「農場外販売量」のうち1980年以降は生産量で代用した．
3）空欄は，データが存在しない．

資料：Industrial Commission, *Report of the Industrial Commission on the Farm Products* (Report Vol. 6), 1901, p. 40 and p. 85, Chicago Board of Trade, *Statistical Annual*, Minneapolis Chamber of Commerce/Minneapolis Grain Exchange 資料，Kansas City Board of Trade 資料，USDA, *Agricultural Yearbook*, 1923, 1931, 1939, and 1946, および USDA, *Wheat : Situation and Outlook*.

はそれに沿った農産物市場都市，下航流通結節点都市として形成されたものである[3]．

しかしエリー運河開通（1825年）に代表される「運河の時代」（1820・30年代）が，国内流通の「南回り」型から東北部と北西部を直接に結ぶ「東

西」型への基軸変化の嚆矢となり，1850年代の東西四大幹線鉄道開通によってそれは決定的となった．中西部の一大農産物卸売市場として成立したシカゴをはじめセントルイス，ミルウォーキー，トレドなどを拠点とする穀物流通も，その一環をなしていた[4]．

南北戦争後になると，二段の鉄道建設ブーム（1868-73年，1879-83年）によって全国的鉄道網が形成され，これを基礎に1900年頃までに統一的国内市場が確立していく．この過程で一方では農業生産の西漸・拡大（穀物で言えば北西部春小麦地帯，南西部冬小麦地帯の形成と拡大）が進行し，他方では鉄道間輸送競争が激化した．これらによってミネアポリス，カンザスシティ，ダルースなど新たな鉄道拠点都市が農産物・穀物市場として興隆し，先発市場との間で市場間・流通業者間競争を繰り広げた．このプロセスをつうじて，五大湖周辺・ミシシッピ河上流地域諸州を主産地とし，シカゴとミネアポリスを突出した集散拠点とする，全国的流通体系が穀物についても成立するのである[5]．

このように中西の研究は，集散都市を拠点とする穀物の全国的流通体系（本章のいう集散市場型流通体系）が1890年代に確立してくる過程の，基本的な構図を示したと言える．しかしそれはあくまで大まかな見取り図であるため，その過程が産地（集荷）市場と集散市場それぞれにおけるどのような流通機構の成立と変遷を内実とし，また双方の連関はいかなるものであったか，といった点について詳論されてはいなかった．

これらの点をわが国の研究ではもっとも具体的かつ詳細に検討し，南北戦争期から19世紀末の，「地方市場から中央市場までの一貫的な穀物取引」の「流通・販売機構が形成，確立する」プロセスを総括的に再構成して提示したのが，小澤健二の研究である[6]．

その基本的内容を要約すると以下のようである．まず南北戦争期までには，中西部地方市場（産地集荷市場のこと）から内陸部中央市場（シンシナティ，セントルイス，シカゴ，トレド，ミルウォーキーなど）をへて，東部市場（ニューヨークなど）へ連なる穀物流通機構が，東北中部やイリノイ州，ミ

第3章　アメリカにおける穀物の集散市場型流通体系　　　　　121

ネソタ州南部などでは形成されていた[7]．

　その場合の取引機構は地方市場については，カントリーエレベーターを有する地方市場商人が農民から穀物を購入し，それを中央市場仲介商人（commission merchant）に委託販売するというもので，地方市場商人は中央市場商人とは直接関係のない独立的商人であった．また中央市場については，仲介商人が受託した穀物は検査を受けてターミナルエレベーターに搬入され，そこで交付される倉庫証券に表示された品質にもとづいてブローカーに転売される．ブローカーからは東部に基盤をおく商人，輸出業者，製粉業者等に再販売されるというものであった[8]．

　1860年代後半以降に鉄道建設が急進するが，1870年代後半になると鉄道間競争と表裏一体をなす中央市場間競争が激化し，穀物商業組織と取引機構が変化していく．すなわち一方でミネアポリス，ダルース，セントルイス，カンザスシティなどが中央市場として発展するのにともない，シカゴ市場を含む市場間競争が激化する．他方，地方市場から東部市場までの，シカゴ市場での積み下ろしを経ない通し運賃（through rate）の導入によって，東部商人が産地での直接買付を活発化させた．これら2つの要因に刺激・促迫されて，シカゴのターミナルエレベーター業者が穀物取引の確保のために産地買付，すなわち地方市場取引に進出していく．それは多くの場合地方市場で一連のカントリーエレベーターを取得・兼営するラインエレベーター企業化に行き着き，地方市場におけるラインエレベーター企業の影響力が支配的になる．

　こうして1880年代半ばを境として世紀末までに，中央市場で倉庫業と穀物取引業務を統合させたターミナルエレベーター経営大穀物商人が，その兼営するラインエレベーターの産地での支配的影響力の形成という形で地方市場へ進出し，この機構に体現されたものとして「地方，中央市場を通ずる一貫的な穀物取引体制が形成される」のである[9]．

　こうした小澤の研究成果について，1880年代半ば頃を画期とし市場間競争の激化を基本的な契機とする穀物流通機構の再編が，本章でいう集散市場

型流通体系の確立過程であったとする点は基本的に首肯できるものであり，本章でも多くを学んでいる．しかしながら以下の3点について，なお疑問を残していると考えられる．

第1に，シカゴ市場での変化を表象に，従前は産地出荷業者からの委託販売を旨としていた中央市場における取引が，1880年代後半以降ターミナルエレベーター企業による産地直接買付に取って代わられるとされているが，果たして受委託取引の衰退と買付取引への移行を一般的に結論づけることができるかどうか，という点である．結論を先取りすると，当のシカゴ市場の場合でも必ずしもそうは言えないし，また集散諸市場を総合してみるとなおさらそう結論づけることはできない．

第2に，地方市場（産地集荷市場）と中央市場（集散市場）をつうじた体系的で一貫的な流通機構の形成を，「ターミナルエレベーターを経営する中央市場大穀物商人のラインエレベーター企業化とそれによる地方市場での支配的影響力の形成によって体現されるもの」ととらえている．しかしラインエレベーター企業の存在は，産地レベルでも集散市場レベルでも，「支配的」とまでは言えないのではないかという点である．

第3に，既述のようにこの時期の穀物流通体系においてシカゴ市場は最大ではあるが決して唯一の拠点ではない．つまり第1，第2の点ともかかわるのだが，小澤の検討ではシカゴ市場とその集荷圏に絞って結論づけがなされているのか，あるいは広義の中西部穀物産地全体とそれを後背地とする集散諸市場（中央諸市場）の総体についてなのかが，必ずしも明確でない点である．換言すると，市場・流通機構の具体的あり方について，地域差あるいは類型差への視点が堅持されておらず，そのためシカゴ市場での変化がいきなり流通体系全体に一般化されたり，あるいはシカゴ市場での事象と他市場でのそれが混成されて結論が導かれているのではないか，ということである．

3. 本章の課題の具体化

　以上をふまえて本章の具体的課題が設定される．その際まずここでいう集散市場の概念を規定しておくと，それは中継卸売段階の機能を果たす現物市場のことを指す．

　つまり，生産者と消費者（または需要者）がいずれも零細・多数・分散である場合，流通機構は収集過程と分散過程とに分化し，したがって卸売商業も収集卸売商業，分散卸売商業というように段階分化を形成する．そして収集過程と分散過程が接合する点（集散点）である中継卸売段階において，大量の需給が集約的に会合し，そこで需給調整機能と価格形成機能がもっとも中心的に果たされる．農産物における集散現物市場（terminal cash market）は，その典型的な形態である．

　これは中央市場（中央現物市場，中央卸売市場）と呼んでもよいが，ただ市場が立地している都市や地域だけを集荷ないし分荷の対象とするのではなく，それを大きく越えた広域的あるいは全国的な範囲を集散対象とする，という意味で本章では集散市場と表現する．したがって集散市場型流通体系とは，こうした意味での集散市場（1つ，または比較的限られた数の市場）が広域的・全国的農産物流通の基本的な部分を媒介している状態を指し，また流通機構の各構成部分＝主体も，それに照応した構造と機能および相互連関を有する，そのような流通体系を指すことになる．

　先行研究が明らかにしたように，19世紀末にシカゴをはじめとする中西部のいくつかの中核都市に穀物流通の広域的・全国的な集散機能を果たす市場が成立したことは確かであり，またこの時期にいわゆる「中央市場」の性格，取引機構，その主導的な担い手に，それまでと比して一定の変化が生じたのも事実と考えられる．

　そこで本章では，いくつかの有力な穀物卸売市場が，収集・分散の両面で広域的あるいは全国的な範囲を対象とする集散市場としての性格を具備して

いたこと，同時にこの体系を構成する集散諸市場（あるいは集荷圏をあわせた諸市場圏）には，一定の範囲で性格を異にする「類型」が存在することを明らかにするという視点から，集散市場型穀物流通体系の確立された構造を再構成することを課題とする．

そのための主な資料的基礎として，連邦取引委員会（Federal Trade Commission＝FTC）が1910年代に行なった大規模な穀物流通調査の報告書を用いる[10]．その実践的な理由は，何よりもこの種の調査としては今日にいたるも他にほとんど類を見ないほどの大規模性，体系性，および多面性である．

同時にこの調査時期の歴史的位置づけとしては，前掲表3-1で検討したように1910年代は1920年代と並んで，集散市場の流通上の位置が少なくとも量的には最盛期にあったと判断される．加えて集散市場型流通体系の重要な構成要素と見なすべき農民エレベーター（農民出資による穀物集出荷事業体であり，必ずしも協同組合法人形式は取らないが，本章では農協と表現する）が本格的に展開・普及し，穀物流通全体の中で意味ある比重を占めるようになるのは1900年以降，とりわけ1905-10年代になってのことである[11]．そしてまたこの農協のありようが，市場圏の類型差を構成する重要な一要素ともなっているのである．要するに，集散市場型穀物流通体系の構造をそのもっとも確立された姿で再構成しようとする場合に，この連邦取引委員会報告書は量的および質的の両面で有益な資料であると判断される．

叙述の進め方は，第2節で穀物流通の全体の広がりとフローを概観し，そこから集散市場の存在を抽出してその位置を確定する．次いで第3節において，集散市場を軸とする流通機構の構造とそれを担う経済主体の存在形態，そしてそれらの地域差を産地レベル，集散市場レベルのそれぞれについて検討し，集散市場型流通の基軸をなす2つの類型（シカゴ型とミネアポリス型）を析出する．最後に第4節で，集散市場型流通体系のその後の歴史的変容について，その方向と基本的動因の側面から若干の検討を行なって展望を与えたい．

第2節　穀物流通の全体構成と集散市場

1. 穀物流通の「第1次市場」「第2次市場」と集散市場

(1) 基本的な穀物流通フロー

　現代アメリカ農業に引き継がれる基本的な地帯構成が19世紀後半を通じて形成されるわけだが，1910年代においても穀物生産は圧倒的に「北中部地域」(センサスにおける地域区分のうち North Central Region. 東西2地区に区分され，うち東・北中部地区はオハイオ，インディアナ，イリノイ，ミシガン，ウィスコンシンの各州) に集中している．すなわち5穀物合計で全米生産の66％が同地域に集中しているのに対し，人口比重は最大とはいえ32％にとどまっている．特に「西・北中部地区」(ミネソタ，アイオワ，ミズーリ，南北ダコタ，ネブラスカ，カンザスの各州) は40％(小麦では48.5％)の生産集中に対して人口はわずか12％である．これらが穀物余剰地域，したがって供給地域を形成する．

　その対極に「北東部地域」(ニューイングランド地区と中・大西洋地区——ニューヨーク，ニュージャージー，ペンシルベニアの各州——からなる) は人口28％に対して穀物生産は3～4％程度に過ぎず，最大の不足地域・需要地域を形成しており，また「南部地域」も人口31％に対して生産は16％にしか過ぎない[12]．

　また輸出についてだが，周知のように1900年以降第1次大戦勃発までは，国内需要の増大に吸収される形でアメリカの穀物輸出率が低下した時期だった．1913-17年平均の輸出率は小麦が14.7％(輸出量は年間1.5億ブッシェル)，5穀物合計で4.2％(同じく2.9億ブッシェル)であった．このうち東部の4つの海港都市(ニューヨーク，フィラデルフィア，バルティモア，ボストン)からの輸出が占める割合は，小麦で77.5％，合計で70％に達していた[13]．

したがって穀物流通は,「西・北中部地区」を中核とする「北中部地域」から,ニューイングランドから南北カロライナ・フロリダに至る大西洋岸地帯へという東向きフローを基軸とし,これに同じく南中部地区へのフローが副次的に加わる,という構成を取ることになる[14]。

(2) 穀物流通の主要センター：「第1次市場」と「第2次市場」

産地出荷段階から最終販売段階までの中間に位置する,商業上の一定の集積を形成した諸市場について,アメリカでは伝統的に第1次市場（primary market），第2次市場（secondary market）という呼称を使って分類している．その名のとおり第1次市場は入荷物の主要な部分が産地から出荷される市場であり，言い換えると産地出荷後，最初の段階に位置する市場である．第2次市場は第1次市場の次段階に位置するもので，定義上は入荷物の主要な部分が第1次市場から供給される市場である．連邦取引委員会調査でもこの分類にしたがって諸市場を取り上げており，その主なものについてまとめたのが表3-2である．

ここではおおむね年平均入荷量2千万ブッシェル以上の都市がピックアップされているが，その数と粒において，第1次市場が第2次市場を大きく上回っている．そして第1次市場は，移出率（入荷量に対する移出量の比率）が平均72％になっていることからわかるように，基本的に移出機能（広域的分荷機能）を担っている．これに対して第2次市場の方は，その入荷総量（5.27億ブッシェル）が第1次市場の総移出量（7.40億ブッシェル）を下回っており，第2次諸市場の規模は第1次諸市場の移出機能よりも小さい．

第2次市場のうち内陸市場（バッファロー以外）では域内消費率が相対的に高く，したがって移出機能は相対的にも絶対的にも小さい．また東海岸市場は，ニューヨーク，バルティモアを中心に輸出比率が非常に高い．しかしその輸出用取引自体は第1次市場で行なわれている．つまり東海岸港湾都市は，商取引の場としてよりも輸出用物流ゲートウェイ機能を担っているのである[15]．輸出以外の分については域内消費および周辺への移出が行なわれて

表 3-2 主要第1次市場・第2次市場の流通量と販路構成 (1913-17年平均)

(単位：千ブッシェル, %)

		5穀物合計の流通総量				
		入荷量	移出量		輸出量	
			実数	比率	実数	比率
第1次市場	シカゴ	334,943	253,304	75.6		
	ミネアポリス	200,016	111,309	55.7		
	カンザスシティ	87,205	67,484	77.4		
	セントルイス	80,152	56,839	70.9		
	ダルース	78,093	74,703	95.7		
	ミルウォーキー	72,031	48,434	67.2		
	オマハ	66,149	60,440	91.4		
	ピオリア	42,170	27,422	65.0		
	インディアナポリス	43,019	25,369	59.0		
	シンシナティ	23,007	14,606	63.5		
	7大市場計	918,589	672,513	73.2		
	第1次10市場計	1,026,785	739,910	72.1		
第2次市場	バッファロー	198,695		(49.3)		
	ルイビル	17,169		(67.3)		
	トレド	15,305		(82.5)		
	内陸3市場計	231,169				
	ニューヨーク	136,945	31,449	23.0	105,496	77.0
	バルティモア	84,438	20,802	24.6	63,636	75.4
	フィラデルフィア	50,332	24,187	48.1	26,145	51.9
	ボストン	24,119	16,663	69.1	7,456	30.9
	東海岸4市場計	295,834	93,101	31.5	202,733	68.5
	第2次7市場計	527,003				

注：1) 5穀物とは小麦，トウモロコシ，オーツ麦，大麦，ライ麦．
    2) インディアナポリスの5穀物合計についてのデータは，1916-17年平均．
    3) 7大市場は，シカゴからオマハまで．
    4) 内陸の各3市場についての（ ）内は，市場業者調査データ（小麦，トウモロコシ，オーツ麦の3品目）による域内消費率．
    5) 東海岸4市場についての「移出量」欄は，入荷量から輸出量を除いたもので，域内消費と移出を含む国内仕向量に相当．

資料：5穀物合計流通総量関係は，FTC Report Vol. II, pp. 23-27, p. 188, より，市場業者調査データ（3品目）については，FTC Report Vol. IV, pp. 181-190 and p. 194, より作成．

いると判断されるが，その規模は上位クラスの第1次市場移出量と比べてもかなり小さい．

総じて第2次市場については広域的集散機能は薄弱で，基本的に消費地の

2次卸機能を担っていると性格づけることができる．

なお第2次市場の中で際だって入荷量の大きいバッファローについてであるが，ここは大湖上輸送と東部向け輸送（エリー運河または鉄道経由）との結節点をなす都市である．したがって物流上はきわめて大規模な拠点であるが，「入荷量の多くは当地での取引を経ない」（つまりバッファローに到着する以前の第1次市場で行なわれている）とされている．またそのことを反映して穀物取引所（Buffalo Corn Exchange）の規模も，先物取引ではなく現物取引に主として従事する会員数で見てもシカゴ（437名）やミネアポリス（463名）と比べて桁違いに小さく（79名），入荷量ではバッファローの5分の1ほどに過ぎないピオリア取引所（78名）なみでしかない[16]．要するに，中継卸売機能がある程度あるとしても，それは物量上の規模・地位から比べると小さく，したがって主たる性格は物流センターと見なすことができるのである．

(3) 集散市場の抽出

次に第1次諸市場の中から，集散市場機能を果たすものを抽出しよう．上位10の第1次市場を取り上げると，全米の農場による穀物販売量（穀物流通総量に近似）に対して，64％がこれら市場を経由している（表3-3）．

このうち突出して規模が大きいのがシカゴとミネアポリスの2市場であるが，5穀物合計で流通総量の21％，13％がこれら市場を経由しており，まず集荷機能において両市場は際だっている．とくにシカゴはトウモロコシ，オーツ麦，大麦について流通総量比21～39％が，ミネアポリスも小麦で18％，大麦で41％が経由している．またその移出量も他の第1次市場を圧倒しており，移出＝域外分荷機能においても両市場の位置は非常に大きいことがわかる．

これら2大市場に比すと入荷量ベースで3分の1から4分の1規模で続くのがカンザスシティ，セントルイス，ダルース，ミルウォーキー，オマハの5市場である．これらはその入荷量が流通総量の各4～5％であり第2次各

表 3-3 穀物流通総量（農場販売量）に対する主要市場の入荷量の比率（1913-17年平均）

(単位：％)

		5穀物合計	小麦	トウモロコシ	オーツ麦	大麦	ライ麦
流通総量(百万ブッシェル)		1,604.6	663.4	471.5	354.4	80.2	34.1
第1次市場入荷量	シカゴ	20.9	9.9	21.3	38.6	34.9	12.5
	ミネアポリス	12.5	18.1	2.0	8.6	41.3	20.2
	カンザスシティ	5.4	8.4	4.3	2.7	1.4	1.1
	セントルイス	5.0	5.2	4.2	6.7	2.3	1.5
	ダルース	4.9	8.6	0.2	1.6	14.2	9.7
	ミルウォーキー	4.5	1.2	2.9	7.9	23.5	9.7
	オマハ	4.1	3.2	5.8	4.5	1.1	2.4
	ピオリア	2.6	0.5	5.0	3.6	3.7	1.4
	インディアナポリス	2.7	0.5	4.9	4.6	0.0	0.6
	シンシナティ	1.4	0.9	1.8	2.0	1.1	1.9
	7市場計	57.2	54.5	40.6	70.6	118.7	57.0
	10市場合計	64.0	56.4	52.4	80.8	123.6	60.9
第2次内陸3市場計		14.4	20.6	7.2	12.2	18.1	8.3
第2次東海岸4市場計		18.4	23.9	7.6	21.9	16.6	31.6
第2次市場合計		32.8	44.5	14.8	34.1	34.6	39.9

注：「7市場」「内陸3市場」「東海岸4市場」の内訳は，前表と同じ．
資料：流通総量（農場販売量）は USDA, *Agricultural Statistics*, 1939，その他は FTC Report Vol. II, pp. 19-22, より．

市場よりおおむね大きく，また移出規模において第2次各市場の分荷規模をかなり上回っている．こうした理由から本章では以上7市場を集散市場と位置づけて，その性格を詳しく確定していくことにする（なおオマハについては若干特殊な性格を持つが集散市場群に含めた．その点については後述する）．これら7市場の入荷量合計は，穀物流通総量の57％を占めている．

それに対してピオリア以下の市場は，その移出機能の規模が東部第2次各市場の国内分荷量（域内消費と移出）と同程度，あるいはそれ以下であるため，それ自体としては広域・全国規模の集散市場とは言い難い．

2. 穀物流通における集散市場の位置

(1) 産地出荷と集散市場

　穀物流通における集散市場の位置は，第1に産地からの出荷先としての位置，言い換えると集荷機能の広がりの面から，そして第2に分荷機能の広がりの面からとらえる必要があるが，ここでは前者を検討しよう．

　連邦取引委員会調査の1つの重要な部分として，穀物主産地14州（「北中部地域」の12州にモンタナとオクラホマを加えたもの）を中心に回答数事業所数が全米で9,906にのぼる産地出荷業者，すなわちカントリーエレベーターおよびその他の倉庫業者（以下両方を含めて言う場合は「カントリーエレベーター等」と表記する）に対する調査がなされている．このサンプル数の規模や代表性について，報告書自身は「全米のカントリーエレベーター等の数は約3万という情報があるので，3分の1程度に相当する」としている[17]．ただしカントリーエレベーターの定義にもよるが，約10年後の1929年の流通業センサスによるとその数は9,457となっていることからすると，実際の代表性はもっと高いと考えられる[18]．

　いずれにせよ全数調査ではないし，州別・地域別に統一された抽出方法でサンプリングされたわけでもないので絶対数あるいは絶対的傾向と見なすわけにはいかないものの，相対的な傾向を読みとるには少なくないサンプル数とその地域分布と判断してよかろう．

　それによって把握された産地業者の出荷先構成をまとめると以下のようになる．すなわち1912/13-1916/17作物年度（以下，便宜的に1913-17年と略記する）の総出荷量154万両のうち7集散市場への出荷量は調査業者全体で58.8％，主要14州のカントリーエレベーター（総出荷量143万両）については62.7％を占める[19]．

　以下14州カントリーエレベーター分について見ると，7つの集散市場を含む第1次市場の合計が68.2％，第2次市場の合計が2.5％，製粉所が11.8

%，飼養業者1.6%，内陸ブローカー5.7%，その他2.0%となっている．

集散市場別には，やはりシカゴ（18.1%）とミネアポリス（21.5%）が突出しており，両市場あわせて4割を集中している．これにカンザスシティ，セントルイス，ダルース，ミルウォーキー，オマハの5市場が各3～5%前後で続いている．

これらを集散市場の側からの集荷圏という視点から見ると，全体として以下のように要約できる（後掲表3-6参照）．

まず集散市場への出荷比率が際だって低い産地，つまりオクラホマ，インディアナ，オハイオ，ミシガンの各州は，集散市場の側から見ても集荷圏としての意味は希薄である（各州とも7市場の集荷量に対して1%未満）．しかしその他の穀物主産地からは集散市場全体として幅広く集荷されている．

各市場毎には，基本的に西側に隣接する2～4州を主たる集荷圏としている（だいたいそれらの州からの出荷で集荷量の8割に達している）．そして同時に近傍の集散市場間で同一産地をめぐる集荷競争を展開しながら，集散市場群全体としてほぼシカゴ以西の主産地全域を集荷圏としているのである．

(2) 集散市場の分荷圏

各市場の移出先（分荷圏）の構成については，連邦取引委員会調査報告で与えられるデータは包括性の点で制約がある．というのは各都市市場で活動する業者に対する調査が行なわれているのだが，その販売・移出先の判明した部分は限定されており，また報告書では穀物5品目のうち3品目（小麦，トウモロコシ，オーツ麦）についてしか集計結果が与えられていないからである[20]．

このように制約のあるデータだが，そこから判明することを整理すると以下のようになる（表3-4参照）．

まずシカゴは，他の第1次市場への移出はなく，第2次市場（東海岸大都市市場），直接輸出向け，およびその他内陸消費地へと，広域的・国際的な分荷圏を持っている．セントルイスも，他の第1次市場への分荷が若干あり，

表 3-4 主要市場の穀物販路構成（小麦，トウ

市場名	基本構成比		移出先							
				第 1 次 市 場						
	域内消費	移出	小計	シカゴ	ミネアポリス	カンザスシティ	セントルイス	ミルウォーキー	ピオリア	インディアナポリス
シカゴ	26.2	73.8	0.7					0.7		
ミネアポリス	73.9	26.1								
カンザスシティ	30.3	69.7	48.0	35.2	12.9					
セントルイス	52.7	47.3	29.8	4.5	0.3	0.7		0.0	3.6	0.3
ダルース	8.5	91.5	4.5	3.0						
ミルウォーキー	22.8	77.2	49.9	47.3	0.5	0.3	0.5		1.2	
オマハ	14.3	85.7	69.7	27.6	8.7	27.4	4.2	0.9	0.7	0.0
7市場計	41.6	58.4	26.6	11.3	2.9	7.5	1.2	0.6	0.6	0.0
ピオリア	70.9	29.1	7.9	4.7						
インディアナポリス	51.2	48.8	21.4	0.1						
シンシナティ	25.6	74.4	2.7							
ルイビル	67.4	32.7								
バッファロー	49.3	50.7								

注：ミネアポリスは，移出先構成のデータが調査されていない．
資料：「基本構成比」は FTC Report Vol. II, p. 19, その他は FTC Report Vol. IV, pp. 171-190.

他方で直接輸出はないものの，東部の第2次市場と内陸消費地へ広く分荷している．

　ダルースの場合は，移出の8割をバッファローに供給している．これは大湖をはさんだ両都市が前者が主として商取引機能を，後者が主として物流機能を担当する形でいわばセットになって，消費地向け分荷機能を果たしているととらえることができそうである．

　これらに対してカンザスシティ，ミルウォーキーの両市場は，移出のうちの半分弱をより大規模な集散市場へ供給するという第2段階の「産地集荷市場」的な機能を果たしつつ，残り半分強を東部第2次諸市場，あるいは内陸消費地へ分荷している．

　その意味での「産地集荷市場」的性格がより強いのがオマハである．すなわち移出率8割強のオマハ市場は，移出のうちの約7割をより大規模な集散市場に供給しているのである（とりわけ 55％ をシカゴとカンザスシティの

第3章　アメリカにおける穀物の集散市場型流通体系

モロコシ，オーツ麦3品目合計，1913-17合計）

（単位：％）

構成比（対移出量）			第2次市場									内陸消費地	直接輸出
シンシナティ	その他	小計	バッファロー	ルイビル	トレド	ニューヨーク	バルティモア	フィラデルフィア	ボストン	その他			
		44.7	0.6			19.2	6.1	4.4	12.2	2.3		20.5	34.1
												52.0	
0.1	20.2	32.3	0.2	7.4	0.1	3.3	1.1	0.1	0.1	20.0		37.9	
	1.5	86.8	80.4		2.6					3.8		8.6	
0.0		38.0				11.8	21.2	0.5	4.5			12.1	
0.0	0.1	9.1				3.8	1.6			0.3		21.3	
0.0	2.5	35.2	6.7	1.1	0.2	10.7	4.2	2.1	5.8	4.6		22.5	15.6
	0.4	25.3	7.4	1.0			0.6	0.4	11.4	4.4		66.8	
19.1	2.2	44.8	7.0	31.8		1.8	2.4	1.0	0.1	0.6		33.8	
	2.7	46.7				15.9	8.7			22.2		50.6	
		22.5								22.5		77.5	
		6.6				6.5	0.0					93.4	

より作成．

2市場へ）．その意味ではオマハ市場を集散市場と見なすことは適当ではない．しかしシカゴ，カンザスシティの2集散市場のいわば分場とでもいうべき機能において，集散市場体系の不可欠の一環をなしている．

以上を要するに集散諸市場は，一部により大規模な市場への供給機能をはらみつつ，全体としては広域（東部消費地，その他内陸消費地，および直接輸出向け）に対する分荷機能を果たしているのである．

3. 各集散市場の一般的特徴と市場圏

(1) 集散市場別の特徴づけと集荷圏

前項で検討したように集散諸市場は全体として見た場合，おおむねシカゴ以西の穀物主産地全体を集荷圏とし，また東部消費地，その他内陸消費地，および海外というきわめて広域的な分荷圏を有していた．しかし同時に，各

市場については近接する比較的限られた数の主産地州を主たる集荷圏とし、また販路・分荷圏についても一定の個性を持っている。

そこで本項では、各集散市場の取扱穀物種類上の特徴、流通フロー上の特徴（域内消費と移出との相対関係や販路構成）に留意しながら、それぞれの具体的な集荷圏の構成を明らかにする。これらを総合すると集散市場型流通総体としての市場圏の構造が浮かび上がってくるはずであるが、それはまた同流通体系内部の地域差・類型差と密接に関連しているのである。

なお以下の叙述は主として表3-5および表3-6にもとづいて行なう。また表3-6をさらに穀物品目別に見たデータにも依拠しているが、表出は省略した。

① シカゴ市場

(1) シカゴが現物流通においても全米最大市場となっている基礎は、主力品目であるオーツ麦（シカゴ入荷量の41%）とトウモロコシ（30%）の、他市場を圧倒する頭抜けた取扱規模にある。両品目ともに移出比率が相対的に高い移出市場型である。

両穀物は一般的にコーンベルトとその西北周辺を主産地としており、相互に輪作作物の関係にあるので産地は重複する場合が多い。シカゴの集荷先は、中核産地のイリノイ州とアイオワ州であり、両州合計でオーツ麦の場合88%、トウモロコシは92%を占めている。また産地側から見ても、イリノイ州の場合オーツ麦出荷量の65%とトウモロコシ出荷量の48%がシカゴ向け、アイオワ州の場合それぞれ46%と42%というように、シカゴが最大出荷先となっている。

(2) 小麦の場合、シカゴはミネアポリスに次ぐ全米第2位規模の市場であるが、ミネアポリスとは対照的に移出市場型である（域内消費率11.1%）。集荷先はやはりイリノイ州（集荷量の40%）、アイオワ州（16%）が中心であるが、多少分散的である。イリノイ・アイオワ両州にとってはシカゴが最大出荷先であり、それぞれの小麦出荷量の51%、53%を占める。

表3-5 集散市場の穀物入荷量・消費量・移出量の構成（1913-17年平均）

(単位：千ブッシェル，%)

		5穀物合計	小麦	トウモロコシ	オーツ麦	大麦	ライ麦
入荷量	シカゴ	334,943	65,412	100,592	136,687	27,993	4,259
	ミネアポリス	200,016	120,151	9,366	30,446	33,171	6,882
	カンザスシティ	87,205	55,612	20,422	9,712	1,084	375
	セントルイス	80,152	34,209	19,784	23,758	1,883	518
	ダルース	78,093	56,884	862	5,624	11,424	3,299
	ミルウォーキー	72,031	8,062	13,666	28,153	18,840	3,308
	オマハ	66,149	21,275	27,352	15,845	872	805
	7市場合計	918,589	361,605	192,044	250,225	95,267	19,446
域内消費率	シカゴ	24.4	11.1	29.9	17.2	70.1	24.7
	ミネアポリス	44.3	67.9	20.1	—	9.1	33.3
	カンザスシティ	22.6	20.9	27.9	22.4	14.4	19.2
	セントルイス	29.1	20.8	44.3	23.6	89.8	25.5
	ダルース	4.3	4.9	9.6	—	4.8	0.8
	ミルウォーキー	32.8	38.8	25.6	9.2	72.7	20.3
	オマハ	8.6	15.9	6.6	—	48.6	51.9
	7市場合計	26.8	32.3	27.0	13.5	41.1	24.0

注：1) ミルウォーキーの入荷量5穀物合計が穀物別の計とわずかに一致しないが，5カ年平均値を計算する際の四捨五入によるものと考えられるので，原資料のままとした．
2) 域内消費量＝入荷量－移出量，とした．
3) 域内消費量算出値がマイナスとなった場合（ミネアポリス，ダルース，オマハのオーツ麦）は，ゼロと見なした．
資料：FTC Report Vol. II, pp. 19-27.

(3) 大麦流通については，ほとんどミネアポリス，シカゴ，ミルウォーキー，ダルースの4市場に入荷が集中しているが，このうちシカゴとミルウォーキーが全米二大ビール醸造センター＝消費市場型，その他2市場が移出市場型となってる．全米第2位規模のシカゴ市場の集荷先はミネソタ，アイオワ，イリノイ，南ダコタ，ウィスコンシンの各州であるが，このうちミネソタ州，南ダコタ州産をめぐっては他の3市場と，またアイオワ州，ウィスコンシン州産をめぐってはミルウォーキー市場と，それぞれ集荷競争関係にある．

(4) かくてシカゴ市場は穀物全体として移出市場（移出率75.6%）であり，

表 3-6 集散市場等の集荷圏構成（1913-17 年合計

	出荷先 出荷元	出荷総量	7市場合計	シカゴ	集　散　市　場		
					ミネアポリス	カンザスシティ	ダルース
市場別の集荷産地構成比	モンタナ	2.00	2.10	0.02	4.24	0.16	6.15
	北ダコタ	12.21	18.47	0.23	33.98	0.05	72.20
	南ダコタ	8.69	11.87	3.30	23.11	3.78	3.38
	ミネソタ	12.05	17.21	5.79	36.03	0.71	17.79
	ウィスコンシン	1.03	1.30	0.50	0.09	0.10	0.01
	ネブラスカ	8.58	8.43	1.78	0.86	26.39	0.02
	カンザス	7.65	5.15	0.35	0.11	55.24	
	オクラホマ	1.75	0.22	0.07	0.05	1.81	
	ミズーリ	1.29	1.42	0.71		3.26	
	アイオワ	12.09	14.99	31.43	1.01	6.53	0.02
	イリノイ	16.20	17.06	51.98	0.01	0.04	
	インディアナ	4.93	0.71	2.44			
	オハイオ	3.01	0.00	0.01			
	ミシガン	1.31	0.02	0.03	0.03		
	14 州 CE 計	92.79	98.95	98.64	99.52	98.07	99.57
	その他	7.21	1.05	1.36	0.48	1.93	0.43
	総　計	1,541,391	906,257	262,033	308,691	81,551	85,385
出荷産地別の出荷先市場構成比	モンタナ	30,818	61.76	0.17	42.47	0.42	17.04
	北ダコタ	188,154	88.94	0.32	55.75	0.02	32.76
	南ダコタ	133,998	80.30	6.45	53.24	2.30	2.15
	ミネソタ	185,683	83.99	8.17	59.90	0.31	8.18
	ウィスコンシン	15,809	74.62	8.29	1.76	0.52	0.05
	ネブラスカ	132,317	57.75	3.53	2.01	16.26	0.01
	カンザス	117,909	39.58	0.78	0.29	38.21	
	オクラホマ	27,039	7.27	0.68	0.57	5.46	
	ミズーリ	19,938	64.40	9.33		13.33	
	アイオワ	186,430	72.88	44.18	1.67	2.86	0.01
	イリノイ	249,636	61.93	54.56	0.01	0.01	
	インディアナ	75,997	8.47	8.41			
	オハイオ	46,369	0.06	0.06			
	ミシガン	20,236	0.85	0.39	0.46		
	14 州 CE 計	1,430,333	62.69	18.07	21.48	5.59	5.94
	その他	111,058	8.60	3.21	1.33	1.42	0.33
	総　計	1,541,391	58.79	17.00	20.03	5.29	5.54

注：1) 構成比は，表の上半分「市場別」においては，各市場向けの出荷量合計にあたる最
　　　　また表の下半分「出荷産地」においては，各産地毎の「出荷総量」＝100 とした比率
　　2) 「出荷総量」には，標記の市場以外への出荷を含む．
　　3) 標記各州についての数値は，いずれも各州内のカントリーエレベーター（CE）から
　　4) 「その他」は，標記 14 州の倉庫と，その他の地域の CE および倉庫を含む．
　　資料：各州・地域別の出荷総量は FTC Report Vol. I, p. 130，その他は do. Vol. II, pp. 40-41,

第3章　アメリカにおける穀物の集散市場型流通体系

・穀物計)

(単位：貨車両，％)

セントルイス	ミルウォーキー	オマハ	その他の第1次市場計
0.43		0.47	
0.04	0.25		
0.25	23.15	12.16	0.01
1.07	23.53	0.20	0.05
0.40	17.74		
6.39	0.74	63.19	0.01
0.49	0.01	0.21	10.59
0.33		0.02	0.17
19.73			0.02
26.47	32.35	22.38	7.31
41.63	1.39		44.09
0.10			28.71
			1.77
			4.54
97.33	99.16	98.63	97.26
2.67	0.84	1.37	2.74
42,174	56,085	70,338	80,475
.70.59		1.07	
0.01	0.07		
0.08	9.69	6.38	0.01
0.24	7.11	0.08	0.02
1.07	62.94		
2.04	0.31	33.59	0.00
0.18	0.00	0.13	7.23
0.51		0.05	0.50
41.73			0.06
5.99	9.73	8.44	3.15
7.03	0.31		14.21
0.06			30.40
			3.07
	18.07		
2.87	3.89	4.85	5.47
1.01	0.42	0.87	1.99
2.74	3.64	4.56	5.22

下段「総計」＝100とした比率である．
である．
の出荷分である．

およびdo. Vol. IV, pp. 194-205, より作成．

その集荷圏は圧倒的にイリノイ，アイオワの両州であり（合計でシカゴ集荷量の83％），これを補完するのがミネソタ，南ダコタ，インディアナ，ネブラスカの各州産地となっている．そしてシカゴへの出荷依存度の高い産地はやはりイリノイ州（55％），アイオワ州（44％）であり，他に依存度の高い州はない．

こうしてシカゴ市場はイリノイ・アイオワ両州産地と密接に結合しており，「シカゴ＝イリノイ・アイオワ市場圏」と呼ぶことができる．

② ミネアポリス市場

(1) ミネアポリスを特徴づけるのは，主力（入荷量の60％）であり他市場と比べて頭抜けた取扱規模の小麦である．小麦は域内消費率が68％と非常に高い消費市場型であるが，これは同市が全米最大の小麦製粉センターであることの反映である．ただし移出についても，率は低いものの絶対量は決して小さくない．

小麦集荷先は，ほとんどもっぱら北ダコタ，ミネソタ，南ダコタの3州（合計で集荷量の91％）である．またこれら3州から見てもミネアポリスへの出荷依存度は，北ダコタ州52％，ミネソタ州66％，南ダコタ州62％と高い．なおダル

ース市場との集荷競争関係が強い（特にモンタナ州，北ダコタ州，ミネソタ州）．

　(2) 入荷量が2番目の大麦は全米最大市場であるが，これは大麦の圧倒的主産地である南北ダコタ州とミネソタ州を後背地に持つからである．また小麦とは対照的に完全な移出市場型である．

　(3) オーツ麦（入荷量の15%）は，突出したシカゴに次ぐ第2位市場であり，完全な移出市場型である．集荷先はミネソタ州（集荷量の58%）が主力で，それに南北ダコタ州が加わる．

　(4) かくてミネアポリス市場は，小麦以外では基本的に移出市場なのだが，主力の小麦に引っ張られて全体として消費市場型の色彩を持ち，その集荷圏はミネソタ州，南ダコタ州，北ダコタ州を圧倒的な中核としている（3州合計で93%，モンタナ州を加えると97%）．

　この北西部主産地をめぐる集荷競争市場は，ダルース（北ダコタ州産の小麦・大麦・オーツ麦，ミネソタ州産小麦，モンタナ州産），ミルウォーキー（ミネソタ州・南ダコタ州産大麦），シカゴ（南ダコタ州・ミネソタ州産のオーツ麦とトウモロコシ，ミネソタ州産大麦）である．ただしいずれもミネアポリスへの出荷割合が第1位となっている．

　このようにミネアポリス市場と北西部穀物主産地4州とは，互いにきわめて密接な結合関係にあり，これを「ミネアポリス＝北西部市場圏」と呼ぶことができる．

　③　カンザスシティ市場

　(1) カンザスシティ市場でもっとも入荷量の多いのは小麦（＝冬小麦）である（入荷総量の64%）．その集荷先はカンザス州（集荷量の65%）とネブラスカ州（27%）がほとんどである．カンザスシティは小麦移出率79%という移出市場型であるが，重要なのは集荷量の33%をシカゴ市場へ，13%をミネアポリス市場へ移出していることである．

　(2) 入荷量の2番目はトウモロコシ（23%）であるが，その集荷先はカン

ザス州, ネブラスカ州, アイオワ州, 南ダコタ州と分散的である. トウモロコシの場合も移出率72%であるが, やはり集荷量の23%をシカゴ, 9%をミネアポリスに供給している.

(3) このように穀物全体としてカンザスシティは移出市場型なのであるが, その移出のうち約半分・入荷量に対しては34%をシカゴ(主)およびミネアポリス(従)へ供給するという, 第2段階の産地集荷市場的性格, あるいは二大集散市場の分場的性格をあわせ持っているのである.

とすれば主要集荷圏であるカンザス州とネブラスカ州は, シカゴ市場(および一部ミネアポリス市場)の間接的な集荷圏でもある, ということになり, したがってカンザスシティ市場圏はかなりの程度シカゴ市場圏に包摂されていると言える.

④ セントルイス市場

(1) 入荷量がもっとも大きいのが小麦(入荷量の43%)である. セントルイスは, 1880年にミネアポリスに抜かれるまでは全米最大の小麦製粉都市であったが, その後地位が低下した(移出率79%). 一方, 1870年代以降, カンザス州およびそれ以西の産地からの穀物は, 出荷先をセントルイスからカンザスシティへシフトさせていった. さらにそれら産地からメキシコ湾岸港湾都市(ニューオリンズ, ガルベストン等)へ直通鉄道が敷設されると, セントルイスを経由して未改良のミシシッピ河運をたどるルートは不利となり, 1900年代には激減した[21].

かくしてセントルイスの穀物入荷量は1880年代前半にはシカゴに次いで第2位であったものが, 1890年代後半にミネアポリスに, 1910年代にはカンザスシティおよびダルースに抜かれるというように, 集散市場としての相対的地位は低下してきたのである.

小麦の集荷先はミズーリ州(集荷量の41%), イリノイ州(34%), ネブラスカ州(11%)である. 集荷競争は何よりもシカゴ市場との間で行なわれ, カンザスシティ市場も加わっている.

(2) 入荷量の2番目がオーツ麦 (30%), 3番目がトウモロコシ (25%) である. 入荷規模も集荷圏も両者は類似しているが, オーツ麦は移出市場型であるのに対し, トウモロコシは消費市場型となっている. 集荷先はアイオワ州とイリノイ州とでほとんどを占め (両州合わせてオーツ麦集荷量の89%, トウモロコシ集荷量の87%), ミズーリ州は地元だが依存度は小さい. したがって集荷競争はやはり主としてシカゴ市場との間で行なわれる.

(3) かくしてセントルイス市場は, 穀物全体として平均より消費率がやや高い. その集荷圏はイリノイ州が最大で (42%), これにアイオワ州 (26%), ミズーリ州 (20%) およびネブラスカ州 (6%) となる. したがってイリノイ・アイオワ両州という基本的集荷圏についてシカゴ市場と競合し, かつそれに圧迫されている.

取扱穀物の販売についてシカゴ市場などへの供給はなく独自の分荷圏を有しているので, 間接的にしろシカゴ市場圏に包摂されているとは言えないが, 集荷圏の構成から見るとシカゴ市場圏の周縁部分に位置している.

⑤ ダルース市場

入荷量は小麦が73%を占めて圧倒的であり, これに大麦 (15%) が加わる. その集荷先はいずれも北ダコタ州 (小麦集荷量の72%, 大麦の75%) とミネソタ州 (同じく16%, 23%) とでほとんどを占め, これにモンタナ州小麦が加わる. これら産地州はいずれもミネアポリスを第1位出荷先としており, しがたってダルースは同市場とまともに競合している. ただ, 製粉用および鉄道輸送向け穀物はミネアポリスへ, 湖上輸送・バッファロー経由東部向け (一部輸出向け) 穀物はダルースへ, という分化はある.

両穀物とも移出率95%以上の完全な移出市場型であるが, 小麦移出量の81%がバッファローに向けられている (バッファローの性格等については既述のとおり).

かくてダルース市場は, それ自体としてはミネアポリスとは独立した市場であるが, 北西部産地にとってはミネアポリス市場に対する副次的市場とな

第3章 アメリカにおける穀物の集散市場型流通体系

っている.

⑥ ミルウォーキー市場

(1) 入荷量最大のオーツ麦 (39%) と3番目のトウモロコシ (19%) については，類似の性格を有している．まず主な集荷先は，アイオワ州（オーツ麦集荷量の43%，トウモロコシの54%），ミネソタ州（同じく28%，19%），南ダコタ州 (15%, 21%) およびウィスコンシン州（トウモロコシ11%のみ）となっている．両穀物とも移出型市場であるが，オーツ麦移出のうち19%（入荷量の16%相当），トウモロコシ移出のうち55%（同37%相当）をシカゴに供給している．なお小麦も入荷量は小さいが，移出する48%のうち4割弱をやはりシカゴに供給している．

(2) 入荷量の26%を占める大麦については，前述のとおりシカゴと並ぶビール醸造センターとして域内消費量が大きい．集荷先は集荷量の42%をなすウィスコンシン州については圧倒しているが，南ダコタ州・ミネソタ州産についてはミネアポリス，シカゴ両市場と競合し，それらに主導権を握られている．

(3) 以上から，ミルウォーキー市場はまずその集荷圏から見るとミネアポリス市場圏とシカゴ市場圏が接する部分に，両方にまたがって存在している．そして両大市場の強大な影響力の下で，市場としての規模・独自性ともに圧迫されている．

また販路から見ると大麦は消費市場，小麦はやや消費率が高く，その他は移出市場であるが，集散市場平均よりは消費率がやや高い．その中でオーツ麦では独自の分荷を行ない，大麦ではビール醸造センターとしてシカゴと競争している半面，トウモロコシと小麦ではシカゴ市場分場的役割も果たしている．また総じて集散市場としての地位を低下させていることも加味すると，シカゴ市場圏に包摂されつつあると言うことができよう．

⑦　オマハ市場

　主な取り扱い穀物のトウモロコシ（入荷量の41%），小麦（32%），オーツ麦（24%）ともにほとんどを移出する移出市場型である．そして集荷先はネブラスカ州（トウモロコシ集荷量の54%，小麦の89%，オーツ麦の44%），アイオワ州（トウモロコシ31%，オーツ麦34%），南ダコタ州（トウモロコシ14%，オーツ麦21%）で占められている．

　3品目とも明確な移出市場型であるが，その大半が他の集散市場へ向けられている．対入荷量比率であらわせば，まずトウモロコシについては32%がカンザスシティ，16%がシカゴ，6%がミネアポリスへ向けられている．オーツ麦についても35%がカンザスシティ，16%がシカゴ，6%がミネアポリスへ移出されている．また小麦についてはシカゴ40%，ミネアポリス11%，カンザスシティ4%となっている．この場合既述のようにカンザスシティ自体が，半ばシカゴ，ミネアポリス両市場への供給市場なのであった．

　かくしてオハマ市場は，主としてシカゴ市場圏（従としてミネアポリス市場圏）に直接あるいは間接（カンザスシティ経由）に包摂された，その副次的構成部分と言うことができる．

(2)　集散市場型流通体系を構成する主な市場圏

　以上の検討を要約すると，集散市場型穀物流通の体系は，次のような市場圏を内包する形で構成されていることがわかる．すなわち同体系の二大市場圏，基軸的市場圏をなすのが，シカゴ市場圏とミネアポリス市場圏であり，これに包摂される副次的市場圏ないし小規模な市場圏が加わっているのである（図3-1参照）．

　このうちシカゴ市場圏は，シカゴ市場とその中核的集荷圏であるイリノイ・アイオワ両州を基本的構成部分としている．しかし同時にオマハ市場・カンザスシティ市場を介してネブラスカ州，カンザス州を，またミルウォーキー市場を介してウィスコンシン州（および南ダコタ州・ミネソタ州の一部）を間接的集荷圏としている．言い換えると，オマハ市場圏，カンザスシ

第3章 アメリカにおける穀物の集散市場型流通体系　　143

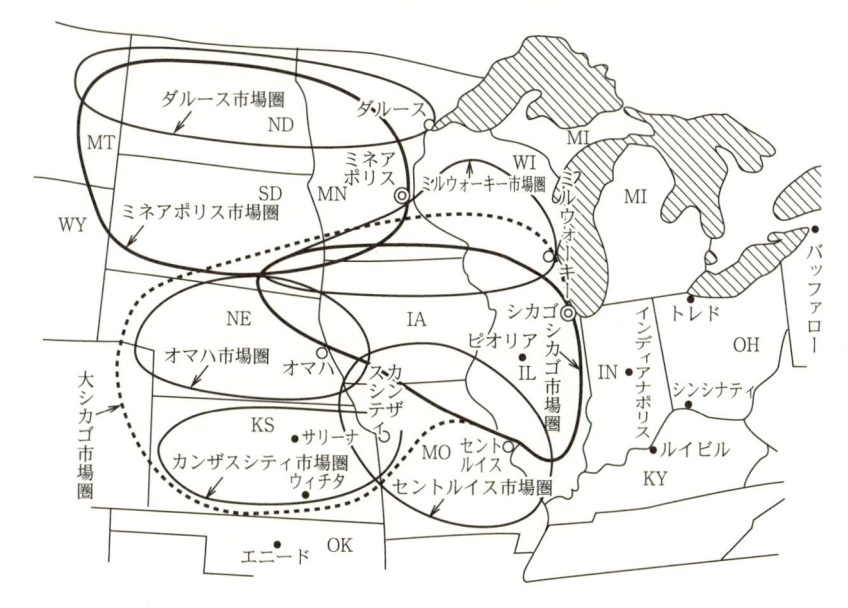

図3-1　集散市場型穀物流通の市場圏概念図

注：1)「大シカゴ市場圏」は、オマハ、カンザスシティ、ミルウォーキー各市場が相当量の穀物をシカゴ市場に転送していることから、図のように設定した。
　　2) 州名を示す略号は次のとおり。MT＝モンタナ、WY＝ワイオミング、ND＝北ダコタ、SD＝南ダコタ、NE＝ネブラスカ、KS＝カンザス、OK＝オクラホマ、MN＝ミネソタ、IA＝アイオワ、MO＝ミズーリ、WI＝ウィスコンシン、IL＝イリノイ、MI＝ミシガン、IN＝インディアナ、OH＝オハイオ、KY＝ケンタッキー。

ティ市場圏、およびミルウォーキー市場圏は半ばシカゴ市場圏に包摂されているのであり、これらを含めて大シカゴ市場圏と呼べるかも知れない。

　またミネアポリス市場圏は、ミネアポリス市場とその集荷圏である北西部諸州からなっている。同時にオマハ市場圏とカンザスシティ市場圏は、副次的・部分的にではあるがこの市場圏に包摂されてもいる。

　このように二大市場圏に半ば包摂されているとはいえ、ミルウォーキー市場はシカゴとならぶ大麦消費市場およびオーツ麦の移出市場として半面の独自性を持っているし、またカンザスシティ市場、オハマ市場もそれぞれ移出の一定程度は独自の分荷圏を有していた。

他方,小規模ながら独自的性格を持つのがダルース,セントルイスの両市場圏であった.ダルース市場は,その集荷圏からすれば完全にミネアポリス市場圏内部に含まれているが,その移出・分荷機能においてはミネアポリス市場に対して独自的であった.

またセントルイス市場の場合も,地元ミズーリ州はもっぱら同市場の集荷圏であるが,主な集荷基盤であるイリノイ,アイオワ両州はシカゴ市場圏内部に含まれている.しかしやはり移出・分荷機能においては,シカゴに対して独自的であるし,非常に広範な分荷圏を持っていた.

第3節　集散市場型流通の構造と類型

1. 産地出荷業者の組織・販売構造と地域性

(1) 経営組織

本節の狙いは,前節で主として流通フローの空間的パターンから析出した市場圏の存在をふまえながら,集散市場を軸とする流通機構の構造とそれを担う経済主体の存在形態,およびそれらの地域差を,産地と市場の両レベルで検討することにある.ここでは産地レベルから始めよう.

まずカントリーエレベーター等の経営組織種類別の構成を見ると,全体の事業所数ベースでラインエレベーターの44%(うち農協でも加工企業系でもない商業ラインエレベーターが35%)に対して,ライン形態を取らない,つまり単独事業所エレベーターが56%となっている(うち独立業者が32%,農協が18%).

また該当データが報告されている14州カントリーエレベーターについて,主要種類別の保管容量規模(1918年)と穀物買付量規模(1913-17年平均)を集計すると次のようになる.つまり1事業所当たり容量規模は商業ラインが2.6万ブッシェル,農協が2.9万ブッシェル,独立業者が2.2万ブッシェルなど,種類別の差が小さい.しかし1事業所当たり年間買付量では商業ラ

インエレベーターが7.7万ブッシェルでもっとも小さく，農協が15.2万ブッシェルともっとも大きく，商業ラインの2倍近くに達している．さらに独立業者も10.3万ブッシェルで商業ラインより3割強大きい．その結果，総買付量ベースでの商業ラインエレベーターの比重は28%にとどまり，その数（14州では37%）や総容量ベース（38%）で見た場合よりもかなり小さいの

表 3-7 州別・種類別カントリーエレベーター数の構成

	産地州	調査総数	主要種類別構成比 (%)					
			商業ライン	農協	独立業者	製粉企業小計	ライン	単独
カントリーエレベーター	モンタナ	477	49.9	25.2	13.6	11.3	6.7	4.6
	北ダコタ	1,438	54.2	23.9	14.7	7.2	5.4	1.8
	南ダコタ	966	43.4	24.6	25.3	6.7	4.2	2.5
	ミネソタ	1,284	46.4	21.7	19.1	12.1	7.9	4.2
	ウィスコンシン	228	13.6	5.7	49.1	21.1	7.9	13.2
	アイオワ	801	29.0	26.6	42.4	2.0	0.2	1.7
	イリノイ	1,057	30.0	15.8	48.3	5.9	2.7	3.1
	ミズーリ	228	11.0	6.1	46.1	36.8	10.1	26.8
	ネブラスカ	597	48.6	27.1	20.8	3.5	0.7	2.8
	カンザス	629	9.4	27.2	35.9	27.5	19.1	8.4
	オクラホマ	175	20.6	4.6	29.7	45.1	38.3	6.9
	インディアナ	421	31.6	5.5	44.2	18.8	3.8	15.0
	オハイオ	354	21.8	8.8	49.7	19.2	5.6	13.6
	ミシガン	249	27.3	2.8	51.4	18.5	6.0	12.4
	14州CE合計	8,904	37.1	20.1	30.6	11.8	6.4	5.5
	CE合計	9,395	36.0	19.5	31.6	12.5	7.0	5.5
	CE・倉庫業者総計	9,906	35.4	18.9	32.4	13.0	7.6	5.4
市場圏別	ミネアポリス圏	4,165	48.8	23.6	18.4	9.1	6.1	3.0
	シカゴ・セントルイス圏	2,314	26.1	17.6	46.2	9.1	3.1	6.0
	カンザスシティ・オマハ圏	1,401	27.5	24.3	28.7	19.5	13.6	5.9
	東部圏	1,024	27.1	6.0	47.9	18.8	5.0	13.9

注：市場圏の分類は以下のとおりである．
「ミネアポリス市場圏」は北ダコタ，南ダコタ，モンタナ，ミネソタの各州．「シカゴ・セントルイス市場圏」はウィスコンシン，アイオワ，イリノイ，ミズーリの各州．「カンザスシティ・オマハ市場圏」はネブラスカ，カンザス，オクラホマの各州．「東部圏」はインディアナ，オハイオ，ミシガンの各州．
資料：FTC Report Vol. I, p. 328, Appendix Table 2，より作成．

である(このことは,種類別分布の地域差にはあまり影響されていない)[22]．

ここから指摘できるのは，集散市場型流通体系にとってラインエレベーターは重要な構成要素の1つであることは確かだが，少なくとも1910年代においては支配的というほどの存在ではない，ということである．

このことをふまえて，さらに種類別構成の地域性を検討しよう．

表3-7から各州の種類別構成のパターンを析出すると，まず商業ラインエレベーターが40～50%を占めて主軸をなし，農協が20～30%で副軸をなすのが，モンタナ，南北ダコタ，ミネソタの各州(以上ミネアポリス市場圏)およびネブラスカ州である．これらは「ライン・農協型」と呼べる．

これと対照的に独立業者が40～50%を占めて主軸をなすのが，イリノイ，アイオワ，ウィスコンシン，ミズーリの各州(以上シカゴ市場圏・セントルイス市場圏)，およびインディアナ，ミシガン，オハイオの各州(以上東部圏)である．これらのうち，イリノイ，アイオワ両州はラインエレベーターと農協も一定の発達を見せる「独立・ライン・農協型」である．またウィスコンシン，ミズーリ両州は製粉企業カントリーエレベーターが多いの対して，ラインエレベーター，農協は発達しておらず，「独立・製粉型」と言える．さらに東部圏はラインエレベーターも発達し，かつ製粉企業エレベーターも多い「独立・ライン・製粉型」となっている．

カンザス，オクラホマ両州はやや複雑な構成であるが，共通するのは産地・分散立地型の製粉産業の展開を反映して製粉企業エレベーターが多いことである．

以上はおおむね市場圏とも照応的であって，それを要約するとまずミネアポリス市場圏は「ライン・農協型」である．またシカゴ・セントルイス市場圏は全体として「独立主軸型」であるが，中核をなすイリノイ州，アイオワ州では「独立・ライン・農協型」，シカゴ圏の周縁部分をなすウィスコンシン州，ミズーリ州は「独立・製粉型」となっている．

これに対して東部圏は「独立・ライン・製粉型」，カンザスシティ・オマハ市場圏は混在的である．

(2) 販路構成

カントリーエレベーター業者による販売について，その出荷先の性格別構成をみると，地域差と穀物種類間の差とがあり，全体として前者が規定的となっている．

穀物間の差についてもっともはっきり現れているのが，小麦が他の穀物と比べて製粉企業への直接出荷率が際だって高いことである．14州カントリーエレベーター合計で見ると小麦の製粉企業出荷率は22%にのぼっているが，他の穀物では3~6%でしかない．そして他の地域でもこれは傾向としてはほとんど同じである．しかし絶対水準自体には明瞭な地域差があって，例えば全穀物で集散市場出荷率が高いミネアポリス市場圏では小麦の製粉企業出荷率は17%であるのに対して，逆の傾向を持つ東部圏では小麦の製粉企業出荷率が45%にものぼっている．

そこで地域差を検討すると（表3-8），市場圏別に見てまずミネアポリス

表3-8 カントリーエレベーター等からの穀物出荷先構成・穀物計（1913-17年計）

(単位：貨車両，％)

出荷州	出荷総量	都市市場向け					製粉企業	飼養業者	内陸ブローカー	その他
		合計	第1次市場	集散市場	第2次市場	その他市場				
ミネアポリス圏	538,653	86.7	83.5	83.5	0.1	3.1	10.7	0.7	1.0	1.0
シカゴ・セントルイス圏	471,813	88.4	75.6	66.8	1.6	11.2	6.5	1.4	3.2	0.6
カンザスシティ・オマハ圏	277,265	58.0	48.2	45.1	0.0	9.7	18.6	3.8	12.5	7.1
東部圏	142,602	58.7	24.4	4.7	22.8	11.5	20.7	1.9	18.1	0.6
14州CE計	1,430,333	78.9	68.2	62.7	2.8	7.9	11.8	1.6	5.7	2.0
その他地域	111,058	45.9	10.6	8.6	6.4	28.9	35.0	6.2	11.2	1.6
総計	1,541,391	76.5	64.0	58.8	3.1	9.4	13.5	2.0	6.1	2.0

注：1) 集散市場は，シカゴ，ミネアポリス，カンザスシティ，ダルース，セントルイス，ミルウォーキー，オマハ，これにピオリア，インディアナポリス，ウィチタ，デトロイトを加えたのがここでの「第1次市場」．
2)「第2次市場」とは，バッファロー，バルティモア，ルイビル，トレド，ニューヨーク，フィラデルフィア．ただし，ニューヨークとフィラデルフィアについては，小麦・トウモロコシ・オーツ麦の3品目計である．
3)「その他」は，私的ターミナルエレベーター，小売業者，モルト業者，その他の加工業者を含む．
4)「その他地域」には，その他地域のCEおよび全地域の倉庫が含まれる．

資料：FTC Report Vol. I, p. 130, Vol. II, pp. 40-41, およびVol. IV, pp. 194-205, より作成．

市場圏で集散市場出荷率がもっとも高く，シカゴ・セントルイス市場圏がそれに次いで高い．市場取引機構の詳細は後述するが，これらは明らかにミネアポリスとシカゴの二大集散市場としての吸引力を示すものにほかならない．

逆に東部圏では集散市場出荷率が低く，対照的に第2次市場出荷率がここでだけ高く，また製粉企業と内陸ブローカー比率も高くなっている．出荷されている主な第2次市場はバッファロー，トレド，フィラデルフィア，ルイビル，バルティモア，ニューヨークであり，東向きという穀物流通の基本フローに沿った場合，東部圏産地にとってはこれらが第1次市場の機能を果たしている．また簡易に製粉できる軟質冬小麦産地であり旧開地（＝製粉発達先発地）である東部圏では，小都市ごとの小規模挽き臼式製粉所（grist mill）が多数存在するため，これらへの近隣産地からの直接出荷が多い．

またカンザスシティ・オマハ市場圏でも集散市場出荷率が低く，製粉企業と内陸ブローカーへの出荷率が高い．同市場圏（南西部・大平原）は，ウクライナ原産の硬質冬小麦生産が，大規模生産に適したローラー式製粉所をともなって1880年代以降に急速に進展した地域である．このため，遠隔地で穀物運賃が割高であることにも影響されて，規模の大きい製粉所が産地内部に比較的分散的に立地することになった．これらが製粉企業出荷率の高さの背景にある．またこれら製粉企業向け，および適切な市場が存在しない前述のようなメキシコ湾岸向け販売では，ブローカーへの依存度が高くなる．

そしてこうした地域間の差異・序列は，穀物種類別に見ても同様の傾向なのである．

(3) 市場出荷についての販売方法
① 販売方法の種類

市場出荷の場合の販売方法には，産地出荷業者が市場側の最初の取扱業者（集荷業者または荷受業者，場合によっては実需者）に対して販売委託をするのか売却するのかの違いによって，委託販売または受委託取引（consignment）と，直接販売（direct selling）または直接売買取引の，2つがある．

さらに販売される際の品質評価方法によって，見本取引（on a sample basis）と規格取引（on a grade basis）とに分かれる[23]．

委託販売とは，生産者等から穀物を買い付けた産地出荷業者が，市場の集荷業者に対して販売委託をするもので，手数料によってこの受託販売を行なう業者はコミッションハウス（commission house）あるいはコミッションマーチャント（commission merchant）等と呼ばれる．このコミッションハウスが，産地から受託した穀物をターミナルエレベーター企業や製粉企業等の実需者，あるいは場合によっては移出業者などに販売するのである．この場合の販売は，一般的に見本取引で行なわれる．すなわち商品（穀物）取引所の現物取引フロアー（cash trading floor）の所定のテーブルに，販売されるべき貨車単位の穀物のサンプルが並べられ，買手はその見本で品質評価をしながら値付けをし，販売を受託しているコミッションハウスとの間で合意されれば売買が成立する，というものである．

いっぽう直接売買取引は，産地出荷業者から市場の集荷業者等に対していったん売却がなされる，換言すると集荷業者等が商品買取資本を投下し，買付集荷をするのである．この直接取引には基本的に to-arrive と on-track の2種類がある．to-arrive 取引は，まだ産地から出荷されていない段階で出荷業者と市場側集荷業者等が，一定期日後（一般的には10日後，20日後，または30日後）の市場での受け渡し（例えば指定されたターミナルエレベーター庫前）を条件とした売買契約を行なうものである．これに対し on-track 取引とは，産地ポイントにおける貨車積み状態での受け渡しを条件とするものである（要するに輸送手配と運賃が買手負担）．これら直接取引は基本的に規格取引でなされる．また取引所フロアーで行なわれることもあるが，見本取引でない限りその必要性は薄く，取引所外で（したがって取引所の営業時間外にも）広く展開することになる．

受委託取引と見本取引，直接売買取引と規格取引は，完全に排他的ではないにしろ基本的には対応している．

② 産地出荷業者の販売方法構成

以上をふまえて産地出荷業者の側から見た，都市市場向け出荷穀物（調査出荷総量の76.5%）についての販売方法構成を検討しよう．

まず産地全体について出荷先市場の性格別に見ると，7つの集散市場向けの場合委託販売率が83.9%ともっとも高く，これを含む第1次市場合計が80.3%となっている．これに対し第2次市場向けの場合，委託販売率25.5%に対して直接販売率が74.5%と逆転している（これは内陸市場も東海岸市場もほとんど同じ）．さらにメキシコ湾岸都市向けや太平洋岸都市向けでは，93～95%が直接販売となっている[24]．

これら第2次市場等は，その入荷穀物の主要部分は第1次市場から，ターミナルエレベーター企業やそこから買い付けた移出業者の手によって，基本的に規格取引で販売されてきたものである．これは集散市場（第1次市場）をへて第2次市場等に至るまで，産地段階での出荷貨車単位のアイデンティティを保全するのは，流通が大量化すればするほど極めて非効率たらざるを得ないからである[25]．したがって副次的に産地から直接入荷してくる穀物についても，もはや見本取引・受委託取引は行なわれない．

さて集散市場については産地サイドから見た委託販売率が84%ということなのだが，ここで一つ問題なのはラインエレベーターからの出荷の取り扱いである．連邦取引委員会報告書では明言されていないのだが，カントリーエレベーターの種類別構成データとの整合性などから判断して，それを委託販売に含めて集計しているものと思われる．ラインエレベーターから市場都市にある同本部への穀物移動は企業内商品移転であって，その意味で委託販売ではない．一部はライン本部からコミッションハウスに販売委託されることがあるにせよ，主としてはライン本部から実需者，ターミナルエレベーター企業（ラインエレベーター企業自体がターミナルエレベーターを経営している場合も多い），あるいは移出業者に販売されるのであり，これらは形式的には直接販売に分類することもできよう．

そこで14州における商業ラインエレベーターの産地集荷推計シェア28%

第3章 アメリカにおける穀物の集散市場型流通体系　　　151

を仮に機械的にあてはめたとしても，集散市場での販売方法は委託販売が56％（84％マイナス28％），ライン本部による販売が28％，その他の中間業者ないし実需者への直接販売が16％ということになる．ライン本部による販売の性格はそれ自体検討を要するが，なお集散市場では委託販売が優勢であることには変わりない．

　ではなぜ委託販売なのか．

　受委託取引か直接売買取引かをめぐっては，一般的には直接売買取引とした場合，つまり商品買取資本を投下した場合に，中間商人（とりわけ大量の商品が集中する中継卸売段階の商業者）にかかるリスクの大きさ・形態とそれへの対応可能性が，重要な規定要因であろう．ここでいうリスクには主として販売機会獲得のリスク，販売までの期間中の価格変動や品質変容のリスク，使用価値（品質）の上で買手の欲求とミスマッチするリスクなどが含まれる．またリスクへの対応可能性としては，リスクのヘッジや分散手段の存否，金融・財務上のリスク負担能力の大小があげられる．

　1930年代初頭の時点で農産物流通における取引方法の展開を概括する中でクラークとウェルドは，かつては中継卸売商業者が買取集荷をするには上のようなリスクが大きすぎたが，漸次それが改善・低減されているために，受委託取引から直接売買取引への移行が一般的に進行しているとした．

　すなわち (1)常設卸売市場の設置等によって販売機会が確実に得られるようになったこと，(2)それら市場での取引価格情報の公開システムが整備されて価格変動の方向について一定の見通しを立てうるようになったこと，(3)輸送手段の高速化や保管施設の改善によって流通過程での品質保持能力が向上したこと，(4)規格・検査制度の整備によって集荷から販売まで一貫した品質評価基準による取引が可能になってきたことなどをつうじて，リスクが減少した．また (5)信用制度の整備や自己資本の充実などによって中間商業者の金融的なリスク負担能力が向上したこと，(6)市場間・卸売業者間競争の増大によって中継卸売商業者が集荷確保のために買取を促迫されたことも，そうした一般的移行の要因であったとしている[26]．

穀物取引について見ると，1880年代までに集散市場が出揃ってくることによって(1)の条件が整い，またシカゴを中心とする取引所での先物市場の整備・発展は，(2)の価格指標形成と同時にリスクヘッジ手段の提供を意味するから，中間業者のリスク負担能力向上にも寄与したはずである．穀物は農産物の中では品質劣化が短時間には起こりにくい商品であるし，ターミナルエレベーター網の整備が(3)の条件を向上させている．また(6)の市場間競争は，確かに買付集荷が増える契機として作用していた．

しかしながらなおこの時点では穀物集散市場（および第1次市場）において受委託取引が主流となっている要因として，(4)の規格・検査制度の未整備，およびコミッションハウスの独自的集荷方式（この点は後述）をあげることができよう．ここでは規格・検査制度の状況について要約しておくと，穀物流通は既述のように広域化・全国化（さらに国際化）しているにもかかわらず，1916年連邦穀物規格法（Grain Standard Act of 1916）成立まで，全国統一の規格・検査制度はなかったのである．

1857年から取引所ベースで自主的な（シカゴ商品取引所が嚆矢），1871年から州政府ベースで公的な（イリノイ州嚆矢），規格・検査制度の形成が始められてはいた．しかし州制度の場合でさえ，等級基準に主観的な要素（reasonably pure であるとか reasonably clean など）が多いこと，しかも品質作柄等に影響されてそれが年々変更されてしまう，そして州毎に規格体系が異なるから州を越えた取引には不便，といった問題を解決できないままだった．また実需者（例えば製粉企業）にとって重要な属性が，客観的・一貫的な指標で規格に体現されるということは連邦規格成立後も決して十分には実現されなかったが，その成立以前はいっそう不十分であった[27]．

こうした規格体系と検査制度の未確立，またそれにも助長されて横行したエレベーター業者による格上げブレンドへの不信感も手伝って，見本取引の必要性がなお根強かった．このことが受委託取引から規格取引になじむ直接売買取引への移行を抑制する，重要な技術的要因だったと考えられる．

③ 販売方法の地域差

以上のように全体としては，依然として受委託取引の優勢が確認される．とはいえ「穀物による用途の違い」，および「取引における買手の性格・実需者のプレゼンスの強弱などを基礎とする出荷先市場の性格に影響された地域差」によって，一定の偏差が存在している．

表 3-9 産地別および出荷先市場別の販売方法（委託販売率）

(単位：％)

	産地別販売方法		主な出荷先市場別販売方法	
	産地州	委託販売率	出荷先市場	委託販売率
ミネアポリス市場圏	モンタナ 北ダコタ 南ダコタ ミネソタ	80.9 89.9 92.6 92.0	ミネアポリス ダルース	91.4 90.6
	平　均	91.0	平　均	91.2
シカゴ・セントルイス市場圏	ウィスコンシン アイオワ イリノイ ミズーリ	91.3 71.9 60.3 82.6	ミルウォーキー シカゴ セントルイス ピオリア	90.1 77.3 77.7 53.5
	平　均	66.5	平　均	77.9
カンザスシティ・オマハ市場圏	ネブラスカ カンザス オクラホマ	62.9 70.5 14.6	カンザスシティ オマハ ウィチタ ハッチンソン ガルフ 2 市場	80.7 71.1 43.9 23.0 7.1
	平　均	63.0	平　均	67.3
東部圏	インディアナ オハイオ ミシガン	48.6 32.4 21.8	インディアナポリス シンシナティ デトロイト 内陸第 2 次 5 市場 東海岸 3 市場	57.7 69.2 28.0 25.9 24.0
	平　均	40.7	平　均	25.4

注：1) 本表は，都市市場への出荷分のうち，販売方法を回答したものについての集計である．
　　2) ガルフ（メキシコ湾岸）2 市場は，ニューオリンズ，ガルベストン，内陸第 2 次 5 市場は，バッファロー，ルイビル，トレド，クリーブランド，ピッツバーグ，東海岸 3 市場は，バルティモア，フィラデルフィア，ニューヨーク．
資料：FTC Report Vol. I, p. 150, pp. 342-343, より作成．

連邦取引委員会報告書では，産地出荷業者サイドからの販売方法調査について産地別集計と出荷先市場別集計を行なっているが，両者を市場圏別にまとめたのが表3-9である．表の左半分からわかるように，出荷元の産地別に委託販売率に大きな地域差がある（ただし上述のように委託販売にはライン本部による販売も含まれる）．もっとも高いのがミネアポリス市場圏の諸州であるが，これは表の右半分からわかるようにその大半の出荷先であるミネアポリス，ダルース両市場における委託販売率の高さゆえである．同様に，委託販売率がもっとも低いのは東部圏諸州であるが，これはその主要出荷先市場での委託販売率の低さに規定されている．

このような集散市場の担い手および取引構造と取引方法（市場サイドから見れば集荷方法）との関連の検討は次項にゆずり，穀物別の委託販売率の差について確認しておくと，14州カントリーエレベーター出荷分合計について，大麦の91％がもっとも高く，以下ライ麦82％，小麦78％，オーツ麦71％，トウモロコシ63％と差がある．

しかしこのうち大麦とライ麦が高率なのは，全ての穀物で委託販売率が同様に高い南北ダコタ，ミネソタ，ウィスコンシン各州にほとんどの出荷が集中しているからである．また小麦の場合も平均的には高いが，ミネアポリス市場圏91％に対して，シカゴ・セントルイス市場圏67％，カンザスシティ・オマハ市場圏63％，東部圏41％と地域によって大きな差がある．同様に平均的には委託販売率が一番低いトウモロコシも，地域別には同じ順序で89％，61％，66％，46％となっており，ミネアポリス市場圏では高くて東部圏では低い．

要するに，穀物それ自体の差よりも地域差，つまりどこに出荷したかに決定的に左右されているのである．

(4) ファイナンスとヘッジング

カントリーエレベーター等が生産者から穀物を買い付けるための資金調達の方法は，当該業者と集散市場業者との関係に深くかかわっている．まずラ

第3章　アメリカにおける穀物の集散市場型流通体系　　155

表 3-10　産地 CE・倉庫の穀物集買資金借入先およびヘッジングの有無

(単位：%)

産　地　州	集買資金借入先構成比				ヘッジングの有無・構成比		
	地元銀行	コミッションハウス	自社本部	その他	行なう	ある程度行なう	行なわない
ミネアポリス圏	18.3	24.3	49.4	8.0	76.1	6.5	17.4
シカゴ・セントルイス圏	59.6	4.1	21.1	15.2	15.8	17.4	66.8
カンザスシティ・オマハ圏	50.5	0.4	33.9	15.2	17.7	12.6	69.4
東部圏	63.8	―	18.8	17.4	4.2	7.6	87.9
14 州 CE 計	40.8	11.5	35.3	12.4	43.9	10.3	45.7
CE・倉庫計	41.6	10.4	35.0	13.0	40.2	9.6	50.1

注：借入先の「その他」には，農民（全体でのシェア 3.0%），その他地元住民（1.7%），都市銀行（2.2%），製粉企業（1.4%），株主（0.7%），コミッションハウス以外の市場業者（1.3%），その他（2.8%）が含まれる．
資料：FTC Report Vol. I, p. 350, Appendix Table 20, p. 214, Table 73, より作成．

インエレベーターの場合は当たり前のことだが，自社本部から資金手当を受けるのが圧倒的多数である（商業ラインエレベーターの場合で82%，製粉企業ラインエレベーターの場合で76%）．その他の種類のカントリーエレベーターでは，独立業者と製粉企業単独エレベーターにおいて地元銀行からの調達が多く（ともに70%強），農協ではコミッションハウスが27%と相対的に多いが（地元銀行が56%），これらについては種類差自体というよりも地域差である[28]．

そこで州別・市場圏別の資金調達先を見ると（表3-10の左半分），ミネアポリス市場圏の諸州で，まず自社本部の比率が高いのは明らかにこの地域でラインエレベーターの比重がもっとも大きいからである（それに次いでカンザスシティ・オマハ市場圏で自社本部比率が高いのも，そこでの商業ラインおよび製粉企業ラインエレベーターの多さによる）．しかしコミッションハウスの比率が高いのは，同市場圏で農協の比重が大きいことだけでは到底説明できない（農協比重ではカンザスシティ・オハマ市場圏の方が大きい）．つまりコミッションハウスによるカントリーエレベーターへの穀物集買資金ファイナンスは，ミネアポリス市場圏に固有の構造なのである．

その歴史的背景には，同市場圏は後発の入植・開発地域ゆえに地場の資本

蓄積が少なく（相対的資本不足地帯），地元銀行の利子率も高いことがある[29]．しかし利子率の高さからいえばカンザス州やオクラホマ州は北西部以上に高いが，コミッションハウスによるファイナンスはほとんどない．

　コミッションハウスが資金ファイナンスを行なうより能動的・主体的な理由は，コミッションハウス間やラインエレベーターとの集荷競争にある．すなわちコミッションハウスは自らへの受託集荷を維持・拡大するために，1業者当たり平均数人の巡回注文取り人（traveling solicitor）を雇って出荷業者まわりをさせる，私有電信を使って顧客に市場情報を提供するとともに受託の注文取りを行なうなどの独特の集荷競争手段を用いているが，ミネアポリス市場圏ではさらに産地出荷業者へ穀物集買資金を事前に貸し付けて，当該業者からの受託集荷を確保しようとしているのである[30]．

　コミッションハウスは，一般的に言って産地出荷業者に対して一種のファイナンス機能を有している．つまり当該ハウスに対して委託出荷された穀物について，それが市場で実際に売却される前に，期待価格の一定割合が「前払い」として産地出荷業者に支払われ，その後実際の販売が終了する毎に精算を行なうというのがそれである（こうした範囲でのファイナンスを受ける出荷業者は bill-of-lading shipper あるいは closed-account shipper と呼ばれた）．

　しかしここでいう集買資金ファイナンスとは，それよりずっと踏み込んだものである．すなわち「委託出荷穀物についての前払い」としてではなく，出荷以前，つまり集買プロセスでの貸し付けなのである．具体的には，コミッションハウスがその産地出荷業者のために，ある限度額までの手形振り出し勘定を開設してやる．産地出荷業者はその限度額の範囲までなら，実質的には担保なしで穀物集買用資金を借り出せるのである（こうしたファイナンスを受ける出荷業者は open-account shipper と呼ばれた）．この場合コミッションハウスは都市金融市場から調達した資金に1％前後のマージンを乗せて融資しているが，それでも産地の地場銀行金利よりは安い．

　そのかわりに，文書契約あるいは口頭了解にもとづいて，当該産地出荷業

者の一定部分以上の出荷を当該ハウスに行なうことを約束するのである．また十分な担保をおさえないままなされる資金融資にともなうリスク管理のために，産地出荷業者が投機的あるいは無謀な売買をしないよう監視が必要になる．そのために日々の取引レポートを提出させたり，さらに巡回注文取り人が帳簿をチェックしたり，あるいは帳簿の管理そのものさえ行なうのである．そしていずれにせよ買い集めた穀物については，必ず先物を売ることでヘッジをかけさせている（コミッションハウスが，産地出荷業者の売買取引に合わせて自動的に代行するケースもある）[31]．

つまりミネアポリス市場圏においては，ラインエレベーター形態での集散市場中継卸売商業者と産地出荷業者との直接統合とともに，市場のコミッションハウスによる資金貸し付けをつうじた産地出荷業者の一種の組織化が行なわれているのである．

さて産地出荷業者による先物取引を用いたヘッジングについては，平均では5割強の産地出荷業者は行なっていないが，種類別には商業ラインエレベーターで66％と実施率が高い．これは企業単位の取扱量が大きい分だけリスクも大きいので，基本的にヘッジングするからである．また地域別にはミネアポリス市場圏が他と比べて著しく高いが（表3-10の右半分），これは商業ラインエレベーターの比重が高いことと，上述の独特のコミッションハウス・ファイナンスのためである[32]．

2. 集散市場の構造と取引機構

(1) 取引機構からみた集散市場の性格

集散市場における穀物取引は，一般的には集荷，中継，分荷（域内実需向け，移・輸出向け）の3つの段階・機能から構成される．そこでこれらの機能がいかなる経済主体によってどのように担われているか（換言すると取引経路とその主体）を検討することによって，取引機構からみた市場の性格を規定できるだろう．

表 3-11　集散市場における穀物流通形態

		消費と移出[a]（5穀物計）		集荷方法構成比（5穀物計）				
				CE調査ベース[b]		市場業者調査ベース[c]		
		域内消費率	移出率	受託	買付	受託	買付	ラインElv.本部
移出型	ダルース	4.3	95.7	90.6	9.4	68.0	32.0	
	オマハ	8.6	91.4	71.1	28.9	57.5	42.5	
	カンザスシティ	22.6	77.4	80.7	19.3	67.7	32.3	
	シカゴ	24.4	75.6	77.3	22.7	57.4	42.6	
消費型	セントルイス	29.1	70.9	77.7	22.3	56.0	44.0	
	ミルウォーキー	32.8	67.2	90.1	9.9	82.5	17.5	
	ミネアポリス	44.3	55.7	91.4	8.6	65.3	7.0	27.7
	7市場平均	26.8	73.2	83.9	16.1	62.9	28.4	8.6

注：1)　流通主体の比重については，データの制約上，3穀物（小麦，トウモロコシ，オーツ麦）
　　2)　コミッションハウスの構成比には，当該業者による買付集荷分も含む．
　　3)　CEはカントリーエレベーター，TEはターミナルエレベーター，Elv.はエレベーター
資料：a)　FTC Report Vol. II, pp. 19-27.
　　　b)　FTC Report Vol. I, p. 147.
　　　c)　FTC Report Vol. III, p. 276.
　　　d)　FTC Report Vol. IV, pp. 171-179.

まず分荷が移出向けか都市域内消費向けかについて，既述のように市場間に一定の差があった．これに前項で検討した集荷についての取引方法（受託集荷と直接買付集荷）を組み合わせると，一応4つのタイプに分類することができる（表3-11参照）[33]．

すなわち移出率が平均以上に高い市場（移出市場型）のうち，受託集荷率が平均以上に高いのがダルースおよびカンザスシティ市場（受託市場型），また買付集荷率が平均以上なのがオマハおよびシカゴ市場（買付集荷型）となる．

反対に域内消費率が平均以上に高い市場（消費市場型）のうち，買付集荷型なのがセントルイス市場，受託集荷型なのがミルウォーキーおよびミネアポリス市場となる．ただしミネアポリス市場はラインエレベーター本部による集荷の位置が大きく，独特のタイプとなっている．なおこれら「消費市場型」とはあくまで相対的なことであって，もっとも域内消費率の高いミネア

および流通主体の構成（1913-17年計）

(単位：%)

流通主体の比重[d]（3穀物計）									
第1次取扱業者の構成比					取扱総量規模				
コミッションハウス	TE業者買付	ラインElv.本部	ディーラー買付	地元実需者買付	コミッションハウス	TE業者	ラインElv.本部	ディーラー	地元実需者
100.0					100.0	88.6		72.5	8.5
63.0	28.5		5.5	3.1	63.0	77.0		9.6	14.2
71.8	10.6		2.3	15.3	71.8	52.6		19.5	30.3
69.1	19.9			11.0	69.1	67.2		14.3	26.1
65.6	4.9		1.9	27.6	65.6	29.6		22.9	52.8
92.6	5.9		1.5	0.1	92.6	69.9		18.2	24.7
65.8	1.0	28.6	0.2	4.3	65.8	20.6	28.6	33.9	58.4
69.1	11.7	8.4	1.3	9.6	69.1	49.6	8.4	22.1	37.1

についてである．なおダルースのトウモロコシのデータは利用不能のため含まない．

の略．

ポリス市場でさえ絶対的には移出の方が多いことは再度確認しておく．

以上を出発点に，各取引機能の構造と担い手に立ち入りながら各タイプをより具体的に性格づけると以下のようになる．

① ダルース市場・カンザスシティ市場

まず移出市場・受託集荷型のダルース市場とカンザスシティ市場だが，集荷機能については基本的にコミッションハウスが担う受託集荷率が高いことに加えて，それらコミッションハウスが行なう買付集荷もある程度存在する．このため市場における第1段階の取り扱い（つまり産地からの集荷・受荷取引段階）におけるコミッションハウスのシェアは，ダルースが100％，カンザスシティが72％と高い．

コミッションハウスが受託集荷した穀物は，一般的に一部は実需者およびディーラー（ターミナルエレベーターを経営しない中間商業者）に販売されるが，主な部分はターミナルエレベーター企業に販売される．ターミナルエレベーター企業はこのほか自ら直接集荷するものも含めて，購入した穀物を

集積・保管・ブレンド等をした上で他の中間業者（ディーラー），域内実需者，あるいは移出業者に中継あるいは分荷する．そこで市場を通過する穀物総量のうち，ターミナルエレベーター企業を経由する率（以下 TE 経由率と略称する）は，同企業の中継機能におけるプレゼンスの大きさを示すものと考え得る（これに対しコミッションハウスのシェアとこの TE 経由率の差は，コミッションハウス自体が中継機能を果たす範囲を概略示すものと考え得る）．

この点でダルース市場は TE 経由率が 89% と高く，中継機能におけるターミナルエレベーターの主導性が明らかである．加えて同市場では，コミッションハウスはミネアポリス市場との集荷競争に対応するため産地出荷業者に対する集買資金融資を行なっているが，そのコミッションハウスが実はターミナルエレベーター企業にファイナンスを受けており[34]，この側面からもターミナルエレベーター企業が主導権を握っている．またカンザスシティ市場の TE 経由率は平均を若干上回っている程度であるが，同市場ではターミナルエレベーター企業が受託集荷に相当程度乗り出しているので，ここでの数値（受託集荷＝コミッションハウスという前提になっている）に示されている以上にターミナルエレベーターが主導権を握っている[35]．

以上から，ダルースおよびカンザスシティ両市場は，「移出市場・受託集荷・コミッションハウス／ターミナルエレベーター主導型」と表現できよう．

② シカゴ市場・オマハ市場

両市場はその規模はもちろんのこと，後者は移出の 3 割を前者に供給するいわば「シカゴ分場」的性格を持つ点でも性格を大きく異にするが，市場内部の取引機構上は一定の類似性を持っている（シカゴについては 3 穀物合計の取引経路を図 3-2 に示した）．つまり第 1 に買付集荷率が 4 割以上に達しており，それを反映して第 1 段階取り扱いにおけるターミナルエレベーター企業のシェアが 20%（シカゴ），29%（オマハ）と相対的に高い．第 2 に，TE 経由率もシカゴ 67%，オマハ 77% と平均を大きく上回ると同時に，コ

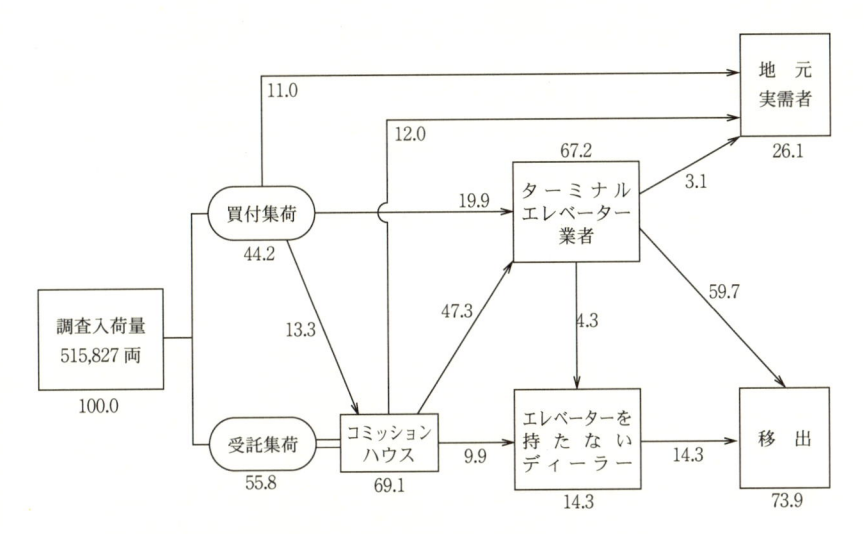

第3章　アメリカにおける穀物の集散市場型流通体系　　　　161

図 3-2　シカゴ市場における穀物取引経路
　　　　（小麦・トウモロコシ・オーツ麦の合計，1913-17 年計）

注：数字は入荷量 =100 としたときの比率（％）．
資料：FTC Report Vol. IV, pp. 171-179，より作成．

ミッションハウスの経由率に迫る（シカゴ）あるいは上回るほど（オマハ）である．さらに比重の大きい移出のうち，ターミナルエレベーター企業に直接担われる部分の比率も 8～9 割と高い．つまり集荷機能においてターミナルエレベーターの役割が相対的に大きく，中継・分荷機能においてはそれが決定的なのである．

　かくてシカゴおよびオマハ市場は，「移出市場・買付集荷・ターミナルエレベーター主導型」市場と言える．

③　セントルイス市場・ミルウォーキー市場

　セントルイス市場は移出率が平均より多少低い程度だが，買付集荷率は市場業者調査ベースで見るともっとも高い．しかしこの買付集荷率の高さは上述の移出市場型のようにターミナルエレベーター企業によるものではなく（第 1 段階取扱シェア 4.9％），地元実需者による直接買付のゆえである（同

じく27.6％).地元実需者はこのように直接買い付けるほかはコミッションハウスから購入していて,ターミナルエレベーター企業からはほとんど購入しない.加えてセントルイス経由で東部,南東部むけに移出される穀物も,ターミナルエレベーターに入庫されずにディーラーの手で再出荷されることが多い[36].このためTE経由率は著しく低く,ターミナルエレベーター企業は中継・分荷機能でもその地位は低い.

かくしてセントルイス市場は,「消費市場・買付集荷・実需者主導型」と言える.

いっぽうミルウォーキー市場は,大麦(ビール用)と小麦の消費型とオーツ麦の移出型がミックスしているわけだが,受託集荷率の高さ,第1段階取扱におけるコミッションハウスシェアの高さは両者に共通している.しかし大麦・小麦では実需者はほとんどをコミッションハウスから購入しているためTE経由率は低く,ターミナルエレベーターの中継・分荷機能上の役割は小さい.オーツ麦の場合は逆であるが,全体としては前者の傾向が勝っている.かくてミルウォーキー市場は,「消費市場・受託集荷・コミッションハウス主導型」と言える.

④ ミネアポリス市場

ラインエレベーターのプレゼンスがもっとも顕著なミネアポリス市場についてだけ,市場業者調査においてラインエレベーター本部が独立した項目として取り上げられている(3穀物合計の取引経路を図3-3に示した).それでも5穀物合計では,コミッションハウスによる受託集荷率が平均以上となっている.しかし同時に,集荷機能におけるライン本部のシェアの大きさが最大の特徴の1つである.この場合ライン本部の中にはターミナルエレベーターを経営する企業も少なくないので,ライン本部シェアの一定部分はターミナルエレベーター企業買付をも意味するだろうが,それでも後者のシェアは低いと考えられる.

というのは,当市場の実需者の大半を占める小麦製粉企業は,ターミナル

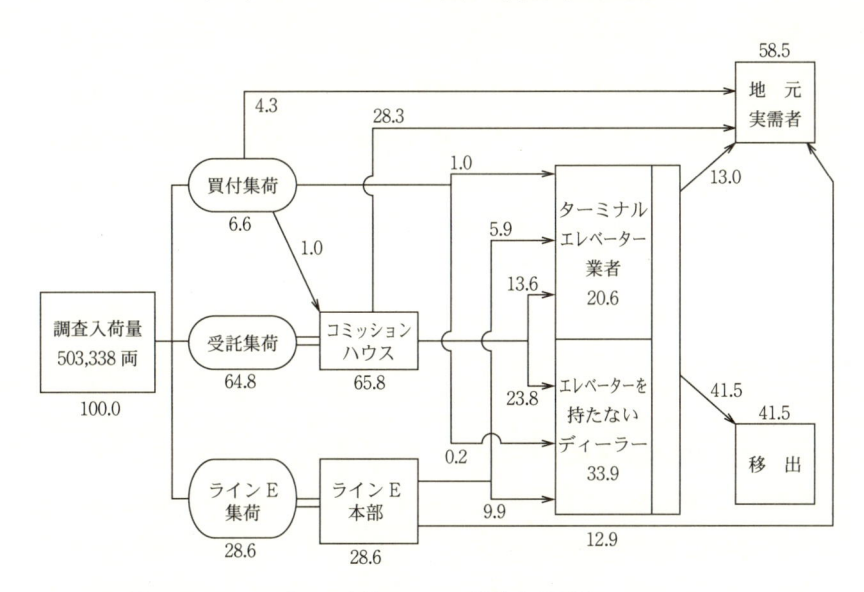

第3章 アメリカにおける穀物の集散市場型流通体系　　　163

図3-3 ミネアポリス市場における穀物取引経路
　　　　（小麦・トウモロコシ・オーツ麦の合計，1913-17年計）

注：1)　「ラインE」はラインエレベーター企業．
　　2)　数字は入荷量＝100としたときの比率（％）．
　　3)　ミネアポリスについては，ディーラーの販路データがないため，ターミナルエレベーター業者と一括扱いをしている．
資料：FTC Report Vol.IV, pp. 171-179，より作成．

　エレベーター企業によって保管・ブレンドされた小麦の購入よりも産地から出荷されたままの状態（country-run grain）のそれを選好する態度がとりわけ強く，だからこそ購入の最大部分はコミッションハウスからの見本取引で行なっている[37]．したがってライン本部から購入する部分（小麦入荷量の15.4％）についても，ターミナルエレベーターでハンドリングされたものがさほど多いとは考えられないからである．
　次に中継・分荷機能であるが，このうち分荷機能の担い手についてはミネアポリス市場のデータではターミナルエレベーター企業とディーラーの区別がされていないので不分明である．TE経由率は，3穀物合計で21％と集散市場の中で最低となっている．ラインエレベーター本部集荷量（入荷量の

29%）のうち約10％はディーラーに販売されているが，これがすべてライン企業のターミナルエレベーターを経由していたとしても，TE経由率は31％程度（21％プラス10％）でやはり最低水準である．つまり中継機能においてもターミナルエレベーター企業の役割は低く，その分をコミッションハウスやディーラーが担っている．

かくてミネアポリス市場は，「消費市場・受託集荷・コミッションハウス/ラインエレベーター/製粉企業主導型」と表現できる取引機構上の特徴を持っているのである．

(2) 集散市場型流通体系の基軸としてのシカゴ型とミネアポリス型

前節（第2節）末尾において，集荷圏という流通フローの空間的広がりの側面から集散市場型穀物流通圏はいくつかの市場圏から構成されること，その中でシカゴ市場圏とミネアポリス市場圏が二大市場圏＝基軸的市場圏をなしていることを析出した．

また本節（第3節）ここまでの検討では，それぞれの市場圏はそれを構成する産地と集散市場の両レベルにおける流通機構とその担い手の構造についても地域差があること，その中でシカゴ市場とその集荷圏内産地出荷業者，ミネアポリス市場とその集荷圏内産地出荷業者のそれぞれは，すこぶる対照的な流通機構の型を有していることが明らかになった．

そこでこれら両段の分析を総合すれば，集散市場型流通体系は量的に突出しているのみならず質的にも対照的でかつ代表的な，2つの市場圏＝流通機構上の類型を基軸としていることがわかる．

すなわちその1つである【シカゴ市場圏＝類型】は，「移出市場」＝「(相対的に)規格取引・直接売買取引」＝「大規模ターミナルエレベーター企業主導」を特質とするシカゴ市場を軸にして構成されている．シカゴを現物取引でも全米最大の市場に押し上げているのはトウモロコシとオーツ麦の突出した取扱量であるが，これらはいずれも飼料穀物であるため相対的に見本取引の必要性が小さい．またいずれも主としてターミナルエレベーター企業によって

行なわれる東部市場等への移出向けであるため，産地出荷貨車毎のアイデンティティを保持するのは非経済的であり，したがってやはり見本取引の必然性が相対的に小さい．これらのために，受委託取引の必要性も相対的に小さいのである．

こうした条件の上で，ターミナルエレベーター企業が産地からの買付集荷に積極的に乗り出すと同時に，移出ビジネスでも主要な役割を果たしている．これらを基礎に総取扱量でもコミッションハウスに匹敵する比率（TE経由率）に達しており，中継機能でも主導的な役割を果たしているのである．

しかしながら集荷段階において絶対値で優勢なのは依然として受委託取引であり，コミッションハウスである．若干のターミナルエレベーター企業がラインエレベーター化しているものの，それは集荷圏の一部にとどまっている．かくして産地集荷業者はシカゴ市場業者とは所有権上も金融上も独立的な関係にあるのが主流であり，その企業組織は独立系が主体となっているのである．

なお買付集荷率が相対的に高い1つの背景は，オマハおよびカンザスシティを自市場にとっての第2段階産地集荷市場（あるいは分場）的に位置づけ，そこから穀物買付を行なっていることにある．

これに対しもうひとつの基軸である【ミネアポリス市場圏＝類型】は，「（相対的に）消費市場」＝「見本取引・受委託取引」＝「コミッションハウス・ラインエレベーターおよび製粉企業主導」を特質とするミネアポリス市場を軸に構成されている．同市場入荷量の6割を占める小麦は他市場に比べて突出した取扱量であるが，最大の特徴はその域内消費率が7割近くに達していることである．その実需者であるミネアポリス大規模製粉企業は，自らの品質管理とブレンド利益確保のために，産地出荷貨車積み状態での見本取引による調達を強く選好する．移出型である大麦取引でも，見本取引が一般的である[38]．これらがミネアポリス市場で，ラインエレベーターの発達が他市場と比べて顕著であるにもかかわらず，なお受委託取引がもっとも優勢となる技術的基礎である．

かくてミネアポリス市場では第1にコミッションハウス, 第2にラインエレベーター本部が主導権を握るが, これらは相互に集荷競争を繰り広げる中で集散市場と産地出荷業者を独特の形態で組織化しているのが大きな特徴であった. すなわち前者が産地出荷業者に対する優遇的な集買資金ファイナンスであり, 後者は言うまでもなく産地業者そのものの統合化である. そして当市場集荷圏で農協カントリーエレベーターのシェアがもっとも高いのは, それがラインエレベーターによる産地市場での競争制限的協調行動への農民的対抗形態であると同時に, コミッションハウスにとっても農協をファイナンス等で支援して受託集荷を確保することが, 対ラインエレベーター競争上の重要手段だったからである.

コミッションハウスとラインエレベーターの主導性は中継段階にも反映しており, ターミナルエレベーター企業の役割はこの段階でも小さい. その基本的要因は上述のように同市場が基本的に消費型・見本取引型であること, その需要主体である製粉企業がターミナルエレベーターがハンドリングした穀物の購入を嫌うことにあった. こうした意味でも, ミネアポリス市場の取引機構上の特質には, 小麦製粉企業の存在の重みがある.

3. 2つの類型の編成プロセス

(1) シカゴ型の編成プロセスとその位置

第1節2で触れたように, 1880年代後半を境に本章でいうところの集散市場とその集荷圏における取引機構に構造的な変化が進行し, ほぼ世紀末までに新たな構造を持った全国統一的な穀物流通体系が成立したというのが先行研究の結論であった.

連邦取引委員会報告書でもこの「1880年代後半からの構造変化」が注目されているのだが, それは基本的にシカゴ市場で進行した事態としてとらえられている. また, わが国先行研究でもしばしば重要資料として援用される連邦議会の産業委員会報告書が, この連邦取引委員会報告書でも利用されて

第3章　アメリカにおける穀物の集散市場型流通体系　　　167

いる．

　両報告書で「構造変化」への契機として共通して重視されているのは，市場間集荷競争の展開と1887年州際通商法制定のインパクトである[39]．既述のように1870年代以降，市場間競争と鉄道間競争が一体的に展開するが，後者は一般的運賃率の引き下げに加えて特定大口利用者への差別的特恵運賃やリベートの供与，輸出用特別割引運賃率の導入などの形態をとった．これらは1880年代には「破滅的運賃競争の時代」と呼ばれるほどにエスカレートし，投機の破綻をともなって1883-86年には大量の鉄道会社倒産が発生した[40]．

　1887年州際通商法は，一面で個別の地域や事業者に対する差別的特恵運賃等の禁止，鉄道会社による収益プールの禁止といった，アライアンス農民運動等で掲げられた鉄道の非公正・独占的行動への規制を織り込んではいた．しかし他面では地域別共通運賃制度の法認（国内を3ないし5つのテリトリーに区分し，その内部で貨物種類別に鉄道会社間で運賃率を共通化），テリトリー内の異なるルートあるいはターミナル都市を経由する長距離通し運賃をルート間で均衡するよう調整する（proportional rate），またそうした場合に経由するターミナル都市での取引のための荷下ろしと再出荷にチャージをかけない運賃制度（transit privilege）の公認など，鉄道間・市場間の競争制限を法認する性格も有していた[41]．そして後者の基礎過程に，1880年代の地域毎の会社間協調および1890年代の資本統合という2段階の鉄道統合があった[42]．

　かかる州際通商法の「構造変化」へのインパクトは，それが個別的・差別的な特恵運賃やリベートを一応禁止したため，それにかわる集荷獲得手段として通し運賃（through rate）の導入が促迫されたことが最重要視されている[43]．

　すなわち東部の穀物バイヤー達が通し運賃を使って，シカゴ市場を経由しない産地直接買付に乗り出した．そのため，それまで受委託取引される穀物のもっぱら物流ハンドリングを担当してきた一般用ターミナルエレベーター

業者 (public warehouse) の経営は, 極めて困難になった. そこでまず第1段階の対応として, シカゴ・ターミナルエレベーター企業が穀物の自己取引に乗り出し, 産地からの直接買付に進出した[44]. さらにその延長線上の第2段階として, 産地カントリーエレベーターを自ら取得・経営するラインエレベーター企業化していった[45]. そしてこうした過程で鉄道会社がターミナルエレベーター企業に, エレベーター施設の格安リースや事実上の運賃リベートなどの支援・優遇措置を与え, 両者は結託した[46].

かくして1880年代後半以後のシカゴ市場の取引機構はターミナルエレベーター企業・ラインエレベーター企業が支配するものに大きく様変わりし, 従前の受委託取引とそれを担うコミッションハウス・ビジネスは縮小あるいは排除されたというのである[47].

以上の「構造変化」過程の簡潔なトレースをふまえて, 第1節2であげた論点 (先行研究の問題点) に本章の検討結果から一応の結論を与えると, 以下のようになる.

第1に「コミッションハウスに介された受委託取引から, ターミナルエレベーター企業による直接売買取引への移行」については, 1910年代後半で見た場合シカゴ市場での買付集荷率が43%, 7集散市場平均で28%であるから, そうした方向への変化が進行し, 特にシカゴではそれが相対的に顕著にあらわれたことは確認できる (前掲表3-11の市場業者調査値).

しかしそのシカゴ市場でも買付集荷が過半には達しておらず, まして集散市場全体で一般化したとは言えない (CE調査値ではなおさらである).

第2に「ターミナルエレベーター企業が直接買付への進出の延長線上でラインエレベーター化し, その影響力が中西部全般で支配的になる」という点である. 1918年時点で, 主要産地14州平均の商業的ラインエレベーターの構成比はカントリーエレベーター数で37%, 穀物推計買付量ベースでは28%であった. またシカゴ市場圏の中核部 (イリノイ州とアイオワ州) においては, エレベーター数ベースで29〜30%にとどまっていた (前掲表3-7).

第3章　アメリカにおける穀物の集散市場型流通体系　　　169

表3-12　主要路線毎の産地エレベーター種類別構成の事例（1900年時点）

ターミナル都市	鉄道会社・路線名	産地エレベーターの種類別数と比率				
		総数	ライン	独立ディーラー	農民組織	その他
シカゴ,ミネアポリス	シカゴ・アンド・ノースウェスタン	1,186 100.0	521 43.9	577 48.7	28 2.4	60 5.1
ダルース	シカゴ・セントポール・ミネアポリス・アンド・オマハ	345 100.0	218 63.2	116 33.6	11 3.2	—
ミネアポリス,ダルース	ノーザン・パシフィック	743 100.0	430 57.9	286 38.5	27 3.6	—
シカゴ,セントルイス	シカゴ・アンド・アルトン	160 100.0	—	158 98.8	2 1.3	—

資料：Industrial Commission, *Report of the Industrial Commission on the Distribution of Farm Products* (Report Vol.VI), 1901, p.50, p.55, and p.66, より作成。

では1890-1900年の時期にはどうだったか。

まず産業委員会報告書から，数値のあげられているものをピックアップすると表3-12のようになる。ラインエレベーター比率が支配的と言えるほど高いのは，ダルース，ミネアポリスを出荷先とする路線・産地であって，シカゴ市場圏の例ではそうなっていない。

また当時の著名なラインエレベーターとして名前があがっている中でシカゴへ乗り入れている路線沿いのものは，シカゴ・ロックアイランド鉄道沿いのカウンセルマン社，シカゴ・ノースウェスタン鉄道沿いのバートレット社とピービー社，シカゴ・ミルウォーキー・アンド・セントポール鉄道沿いのアーマー社である[48]。このうちシカゴ・ロックアイランド鉄道はシカゴからほぼ真西にイリノイ州，アイオワ州を横断する路線であるが，他はウィスコンシン州，アイオワ州北部，ミネソタ州，南ダコタ州，つまり本来のシカゴ市場圏というよりは主としてミネアポリス市場圏に属する（あるいは接する）地域=産地を通過する路線なのである[49]。逆にイリノイ・セントラル鉄道やシカゴ・バーリントン・アンド・クィンシィ鉄道といったイリノイ州，アイオワ州のど真ん中を貫く路線上については，例証されていない。

また以前は支配的だったものが，1910年代後半までに減少したとも言えそうにはない．すなわち連邦取引委員会のカントリーエレベーター等調査のうち，建設時点の判明したもの（9,906事業所のうち4,634）についてそれを遡ることで各年代の種類別構成比を推計したところ，調査全地域合計で1905-10年に商業ラインエレベーター数の構成比が29.4〜29.5%でピークとなっている．1918年時点の同構成比について9,906事業所分（35.4%）と4,634事業所分（28.4%）の間に見られるマージンを加味しても，このピーク時においても商業ラインエレベーターが「支配的」存在であったとは言い難いからである（後掲表4-2参照）[50]．

以上を要するに，「受委託取引とそれを担うコミッションハウス」から「直接売買取引とそれを担うターミナルエレベーター」への移行傾向は，集散諸市場の台頭と相互競争の展開を背景とする集散市場型流通体系の形成プロセスがシカゴ市場圏でとった形態として確かに存在し，それがまた同体系のうちの「シカゴ型」を構成したのだった．

しかしシカゴ市場圏ではラインエレベーターの影響力増大は限られていたし，逆にシカゴ市場圏以外では受委託取引率はかえって高いのであった．そしてこれら（ラインエレベーターの強い影響力と受委託取引率の高さ）を体現するのは，他方の基軸であるミネアポリス市場圏であった．

(2) ミネアポリス型の編成プロセスとその確立

ミネアポリス市場にとっても，1880年代後半は重要な意味を持っていた．すなわちこれを画期に，大規模穀物市場ミネアポリスはその消費市場段階から消費・移出市場（つまり集散市場）段階に移行するからである．

ミネアポリスの小麦製粉センターとしての発展は1823年の官営製粉所設立，1854年の最初の民営製粉所創業から，ミネソタ州での第1次鉄道ブーム（1867-73年）による小麦生産の拡大，春小麦製粉の技術革新にもとづくミネアポリス製粉所の大型化・集中化をへて，1880年に全米最大の製粉集積都市となるに至った[51]．

この段階ではミネアポリスの小麦入荷量のほとんど全てが域内製粉企業によって消費されており，同市場はほぼ完全な消費市場型であった．またこの市場圏における取引機構は，主としてラインエレベーターの展開（その第1段階）と製粉業者協会によって担われており，とりわけ後者の影響力が支配的であった．

すなわち1870年代初め頃までは，新規鉄道開設と地域内資金不足の後発開発地帯に典型的な形態として鉄道会社直営ラインエレベーターが形成されたが，鉄道会社は1873年恐慌等を契機に撤退した．かわって1870年代から1880年代前半頃までは，鉄道会社に支援を受けた商業ラインエレベーターが形成されていった[52]．

しかしこれら商業ラインエレベーター以上にミネアポリスへの製粉原料小麦集荷に重要な役割を果たしたのが，ミネアポリス製粉業者協会 (Minneapolis Millers' Association) であった．当時のミネソタ州小麦産地は主として州の南部・南西部であり，そこでは地元製粉業者およびシカゴ市場，ミルウォーキー市場との激しい集買競争があり，これに対応するための買付組織として1867年に設立された．すなわち会員製粉企業9社からなる同協会は，主要鉄道路線沿いに30人の買付人を配置して現地で集買を行ない，それをミネアポリスで直営するターミナルエレベーターに搬入した上でメンバー企業に配分したのである[53]．

そして1876-85年期には，強力な商業ラインエレベーターをも上回る最強の買付集団として活動した．すなわち，ミネアポリス市場圏における取引ルール（格付けや価格付け）は同協会が作成し，産地市場に代理人を送り込んで買付を行なった．さらに現地カントリーエレベーター業者との間で買付・供給契約を締結したり，メンバー製粉企業が直接にカントリーエレベーターを取得・経営するといった形態で，産地市場を掌握していったのである[54]．やがては商業ラインエレベーターからも協会が買い付けるようになった[55]．

このように1880年代半ば頃までのミネアポリス市場は，製粉業者協会・第1段階商業ラインエレベーターの主導による，製粉センター＝消費市場段

階にあった．

　しかしそれ以後，小麦入荷量が域内製粉消費量を確実に上回るようになり始め，市場とその取引機構に性格変化が現れる．

　その背景として，第2次鉄道ブーム（1877-95年）が小麦生産の西北進・急拡大の基礎となり，北西部諸州産地の生産量がミネアポリス製粉需要を上回るようになった．鉄道発達は同時に，それら新産地とミネアポリスおよびダルース，シカゴ，ミルウォーキー諸市場を複数路線で結びつけ，小麦集荷をめぐる諸市場間集荷競争を本格化させた．製粉技術革新の浸透にともなう春小麦の全国的な製粉価値上昇がこれに拍車をかけた．

　かくてミネアポリス市場は，大消費市場であると同時に移出機能を担う集散市場化し，かつ他の市場との集荷競争が本格化する段階へ移行したのである．そのことを端的に示すのが，ミネアポリス取引所（Minneapolis Chamber of Commerce, 後のMinneapolis Grain Exchange）の設立（1881年）であり，製粉業者協会の小麦買付活動終焉（1886年）であった．つまり小麦消費専一市場を前提とした製粉業者協会とラインエレベーターによる小麦取引の支配に抗して，コミッションハウスを中心とする穀物業者がよりオープンな取引の実現を目指して取引所を設立したのだった．当初の製粉業者協会の反対にもかかわらず取引所は成長し，協会の方がその役割を譲る結果に至ったのである．製粉企業自体は世紀末合同運動で集中化しつつ，製粉ラインエレベーターの方は縮小・解体していった[56]．

　こうした製粉協会・製粉ラインエレベーターの勢力後退にかわって，市場間競争に対応すべく成長した商業ラインエレベーターの影響力が強化された．それは1890年代後半から1905年頃に最盛期に達するが，産地集荷ポイント，すなわち産地市場レベルにおけるラインエレベーター企業間の露骨な競争制限＝協調的市場分割をもたらした．その形態は，集買価格協調のほかにも，集荷シェアを割り当てる取扱量プール，カントリーエレベーターが過剰な場合に特定企業のものを閉鎖し他企業がそれを補償する協調閉鎖など，多様であった[57]．

第3章　アメリカにおける穀物の集散市場型流通体系　　173

　これらはただちに，史上もっとも強力な対抗的農民エレベーター運動を惹起し，農協カントリーエレベーター事業が興隆していく．この場合集散市場レベルでラインエレベーター本部と対抗するコミッションハウスは農協や独立系出荷業者に対して，しばしば集買資金のファイナンス，巡回注文取り人による経営指導，あるいは農協の組織化自体を主導するなど，積極的なテコ入れを行なった[58]．こうしてコミッションハウスが主導する受委託取引が増大し，ラインエレベーターの比重は漸次低下し始めるのである．ミネソタ州の場合，1906年のカントリーエレベーター総数1,731のうちラインが1,199（69%）を占め，独立業者が381（22%），農協が151（9%）であったが，その後ラインの比率が低下し，1910年には総数1,458のうちラインが871（60%），独立業者が363（25%），農協が224（15%）と報告されている[59]．

　このように集散市場型流通のミネアポリス型においては，農協エレベーターが歴史的・質的にも重要な構成要素となっている．その農協エレベーターが本格的に増大するのが1900年以降であることを勘案すると，ミネアポリス型の確立は1900年以降にずれ込んでいたと言えるだろう[60]．

第4節　集散市場型流通体系の衰退への展望

1. 穀物流通における集散市場の地位低下

(1) 集散市場経由率の低下

　以上において再構成してきたおおむね最盛時における穀物流通の集散市場型体系は，第2次大戦後になって明瞭に衰退傾向をたどり，1970年代までをもって基本的に消滅するのだが，本章ではそのプロセスを全面的に分析する準備はない．本節の狙いは，そうした衰退の基本的方向を展望し，かつその衰退・消滅の主な要因についての論点を提示することで集散市場型流通体系の存立条件を逆に照射しようということにある．

集散市場の地位を穀物流通量(小麦とトウモロコシで代表させた)のうちの集散市場経由率で見ると,大恐慌で生産量・流通量ともに収縮した1930年代,第2次大戦中の大増産がなされた1940年代前半をはさんで,1940年代後半から明確に低下している(表3-13).

表3-13 穀物流通の集散市場等経由量の推移(1940年以降)

(単位:百万ブッシェル,%)

	年 次平 均	市場経由量		農場外販売総量 C	7市場以外の流通量 C−A	第1次市場外流通量 C−B	輸出量	市場経由率	
		7集散市場合計 A	15第1次市場計 B					集散市場 A/C	第1次市場 B/C
小麦	1940-44	417	516	762	345	246	11	54.7	67.7
	1945-49	502	638	1,038	536	400	230	48.4	61.5
	1950-54	437	545	963	525	418	285	45.4	56.6
	1955-59	397	536	1,012	615	476	347	39.2	52.9
	1960-64	385	592	1,159	774	567	588	33.2	51.1
	1965-69	422	601	1,339	917	738	636	31.5	44.9
	1970-74	434	614	1,452	1,018	837	835	29.9	42.3
	1975-79	312	454	1,949	1,637	1,494	1,074	16.0	23.3
	1980-84	243	315	2,589	2,346	2,274	1,480	9.4	12.2
トウモロコシ	1940-44	204	274	572	368	299	13	35.7	47.8
	1945-49	269	353	748	479	396	74	36.0	47.1
	1950-54	277	358	879	602	521	102	31.5	40.7
	1955-59	272	355	1,323	1,052	969	286	20.5	26.8
	1960-64	358	458	1,680	1,322	1,222	435	21.3	27.3
	1965-69	378	451	2,326	1,948	1,875	577	16.3	19.4
	1970-74	398	453	3,014	2,616	2,562	982	13.2	15.0
	1975-79	308	339	4,206	3,899	3,867	1,944	7.3	8.1
	1980-84	228	242	4,924	4,695	4,682	1,989	4.6	4.9

注:1) 7集散市場とは,シカゴ,ミネアポリス,カンザスシティ,セントルイス,ダルース,ミルウォーキー,オマハ.
2) 15第1次市場とは,集散市場に加えて,ピオリア,インディアナポリス,セントジョセフ,スーシティ,ウィチタ,ハッチンソン,エニード,サリーナ.ただしエニードについての1957年まで,サリーナについての1957年までと1970年からはデータを欠く.
3) 「農場外販売量」について1980年以降は統計が表出されなくなったので,小麦は生産量で,トウモロコシは農場外販売率の一次回帰式から推定した値で,それぞれ代用した.

資料:Chicago Board of Trade, *Statistical Annual*, various issues, およびUSDA ERS, *Situation and Outlook* series.

第3章　アメリカにおける穀物の集散市場型流通体系

小麦の場合，集散市場経由量は1940年代後半に5.02億ブッシェルでピークを形成し，その後減少傾向に入るが，1960年代後半から70年代前半には4億ブッシェルに盛り返すなど，70年代半ばまではドラスチックな減少ではなかった．しかし集散市場を経由しない流通部分が一貫して増大するため，経由率は継続的に低下したのである．

そして70年代輸出ブームからは経由量も急速に減少し，かつ経由しない部分が激増したため経由率は決定的に落ち込み，集散市場流通はほぼ終焉したのである．

いっぽうトウモロコシの場合，集散市場経由量は1920年代前半に戦前ピークを形成した後落ち込んだ．しかし第2次大戦後は1970年代前半のピークまで増え続け，その後10年間で半減した．もともと小麦と比べると市場経由率が低かったのだが（ピークの1920年代前半でも43.4%），戦後は経由しない流通量が一貫して急速に増大し，経由量ではピークをなす1970年代前半にかけても経由率は一貫して低下していった．

(2) 集散市場向け出荷の減少と取引形態の変容

以上はあくまで集散市場の物流上の経由率低下を示したものだが，これを産地サイドからの出荷状況や取引形態にまで立ち入って検討するための体系的な資料，とくに1910年代の連邦取引委員会報告書ほどのものはその後公刊されていない．そうした中で，北中部地域共同研究プロジェクト19号の穀物主産地11州調査結果にもとづくライト (Bruce Wright) の論文は，連邦取引委員会調査と一定の比較をゆるす希有なレポートとなっている[61]．調査対象期間となった1955/56作物年度（以下1956年と略記）は，前掲表3-1からもわかるように連邦取引委員会調査から約40年をへて，集散市場経由率の低下がようやく明白に現れ始めた時期である．

その1956年のカントリーエレベーターの出荷について，まずトラックによる出荷率が26%に達しており，鉄道による独占は明らかにくずれている（鉄道出荷率69%）．

出荷先構成についてだが，1956年調査では個別市場毎の集計がなされておらず，本章でいう集散市場だけを取り出すことができない．そこで連邦取引委員会報告書での都市市場（前掲表3-8参照）とおおむね一致すると判断

表 3-14 穀物主産地11州カントリーエレベーターの出荷先構成・穀物計（1955/56作物年度）

（単位：千ブッシェル，％）

| | | 総出荷量 | 純出荷量 | 出荷先別構成比（対純出荷量） | | | | | |
| | | | | 都市市場へ | | 直接加工業者へ | 内陸ディーラー | トラッカー | 直売対総出荷 |
				小計	うち委託				
産地州別	北ダコタ	205,236	200,451	93.5	72.2	1.3	2.4	2.8	2.3
	南ダコタ	164,481	134,493	66.8	96.3	—	0.1	33.1	18.2
	ミネソタ	185,044	153,098	43.0	68.6	0.6	13.6	42.9	17.3
	ウィスコンシン	27,890	15,097	81.5	74.9	2.4	6.1	10.0	45.9
	アイオワ	182,350	70,754	28.0	5.6	5.4	10.0	51.7	61.2
	イリノイ	455,484	418,189	34.9	2.2	2.9	44.8	16.0	8.2
	ミズーリ	93,117	79,062	80.8	60.6	3.4	1.0	6.0	15.1
	ネブラスカ	184,718	88,284	70.3	75.8	6.3	0.2	23.2	52.2
	カンザス	115,532	103,140	71.8	39.8	15.3	6.1	6.8	10.7
	インディアナ	155,051	121,483	45.3	8.2	8.3	40.6	5.7	21.6
	オハイオ	165,826	139,235	20.7	14.9	8.7	63.1	7.6	16.0
	11州合計	1,934,729	1,523,286	52.8	50.3	4.3	24.0	14.5	21.3
市場圏別	ミネアポリス圏	554,761	488,042	70.3	77.9	0.7	5.3	23.7	12.0
	シカゴ・セントルイス圏	758,841	583,102	41.5	21.6	3.3	33.6	18.8	23.2
	カンザスシティ・オマハ圏	300,250	191,424	71.1	56.2	11.2	3.4	14.4	36.2
	東部圏	320,877	260,718	32.2	10.5	8.5	52.6	6.7	18.7

注：1) 小麦，トウモロコシ，オーツ麦，大麦，ライ麦の合計である．
2) 「純出荷量」は，総出荷量から近隣農場等への直売（「直売」）を除いたもの．
3) ここでの「都市市場」出荷とは，鉄道によるターミナル市場への委託販売，同じくターミナルエレベーターへの直接販売，同じくターミナル市場ディーラーへの販売，トラックによるターミナルエレベーターないしサブターミナルエレベーター（本文第4節2.(1)を参照）への直接販売，の合計である．
4) 「内陸ディーラー」は，都市市場以外で活動するエレベーターなしの穀物商業者．
5) 「トラッカー」は，トラックを用いてカントリーエレベーターから買い集める業者．
6) 構成比の「直売」だけは，総出荷量に対する比率である．
7) 「市場圏」のグルーピングはこれまでと同様だが，表にない3州は除く．

資料：Bruce Wright, *Pricing and Trading Practices for Grain in the North Central Region*, (unpublished master thesis), University of Illionis, 1959, より作成．

される項目群を「都市市場」としてまとめ，集計したのが表3-14である．

　表3-8の1910年代調査結果を11州について集計し直すと都市市場向け出荷が80.7%（うち第1次市場70.3%，7集散市場64.7%）となるのに対し，1956年段階では52.8%へと約28ポイント低下している．そしてこの分を喰っているのが，内陸ディーラーの24%とトラッカーの14.5%，合計38.5%である（連邦取引委員会調査での内陸ブローカーは5.3%であった）．さらに，都市市場向け出荷のうちの委託販売率は1910年代には74.5%だったものが，50.3%にまで低下している．

　要するに，都市市場向け（したがってまた集散市場向けも）の出荷率が低下し，そうした市場では活動していない商業者の手に，中間卸売機能が相当程度移行したのである．また都市市場・集散市場に送られた場合も受委託取引が減って直接売買取引が増えており，したがって取引所での取引ではなくなっていく傾向が示されている．

　これらを地域的に見ると，ミネアポリス市場圏では都市市場向け出荷率，委託販売率ともに1956年でもなお高い水準にある（ただしミネソタ州は小麦以上にトウモロコシの主産地化したが，トウモロコシは都市市場出荷率が極端に低いため様変わりしている）．

　対照的にシカゴ市場圏（イリノイ州・アイオワ州）では，都市市場出荷率が激減して3割前後までに落ち込み，逆に非都市市場業者（イリノイ州では主として内陸ディーラー，アイオワ州では主としてトラッカー）が6割以上を流通させるようになった．東部圏も，都市市場出荷率・委託販売率がいっそう落ち込んだ．

　1910年代と1956年との変化を穀物別・地域別にもう少し立ち入ってみると，まず都市市場出荷率は穀物間の差が大きくなった（表3-15）．つまり小麦と大麦では高水準のままほとんど変化してないが，トウモロコシとオーツ麦では著しく低下したのである．そしてどの穀物でも同じように率の低い東部圏を除けば，地域差よりも穀物差の方が顕著になった．例えばミネアポリス市場圏でもトウモロコシの都市市場出荷率は30%台にまで低下し，シカ

表 3-15 穀物主産地 11 州の市場圏別カントリーエレベーターの都市市場向け出荷率，およびそのうちの委託販売比率（1913-17 年と 1956 年）

(単位：%)

出荷元		穀物計		小麦		トウモロコシ		オーツ麦		大麦・ライ麦計	
		1913-17	1956	1913-17	1956	1913-17	1956	1913-17	1956	1913-17	1956
都市市場向け	11 州計	80.7	52.8	75.5	72.5	79.4	34.1	86.6	47.7	93.6	96.1
	ミネアポリス圏	88.0	70.3	84.2	95.4	85.9	33.7	93.5	59.1	95.8	96.2
	シカゴ・セントルイス圏	88.4	41.5	82.6	63.7	88.1	34.6	90.7	37.7	86.2	96.4
	カンザスシティ・オマハ圏	60.7	71.1	62.6	78.1	55.7	28.1	60.7	24.6	79.4	—
	東部圏	62.3	32.2	51.0	29.1	65.6	34.1	67.3	28.8	72.9	52.3
委託販売率	11 州計	74.5	50.3	80.1	55.3	63.4	26.5	71.6	52.8	90.5	92.9
	ミネアポリス圏	91.4	77.9	91.5	71.3	88.6	71.2	91.6	79.1	92.1	93.3
	シカゴ・セントルイス圏	66.5	21.6	75.0	36.5	60.7	14.9	68.9	6.4	86.0	80.7
	カンザスシティ・オマハ圏	66.3	56.2	65.2	55.9	66.4	66.1	74.1	13.9	85.0	—
	東部圏	43.0	10.5	41.5	11.3	46.6	10.0	39.9	12.2	46.0	8.0

資料：1) 1913-17 年の都市市場向け出荷率は，FTC Report Vol. I, p. 130, Vol. II, pp. 40-41, Vol. IV, pp. 194-205, より作成.
2) 1913-17 年の委託販売比率は，FTC Report Vol. I, pp. 342-343, より作成.
3) 1956 年は，いずれも Bruce Wright, *Pricing and Trading Practices for Grain in the North Central Region*, University of Illinois, 1959, より作成.

ゴ市場圏などと変わらない水準になっている．

また都市市場出荷率のもっとも低いトウモロコシの流通比重が著しく高まったことが，穀物流通全体としての同比率低下に大きく寄与したのである．

いっぽう都市市場向けのうちの委託販売率については，大麦を除けば逆に全体としてどの穀物でもかなり低下している．ところがそれは実は地域差が決定的に拡大したことの反映である．つまりシカゴ市場圏ではどの穀物でも委託販売率は1桁のパーセンテージまで劇的に低落し，ほとんど消滅した．逆にミネアポリス市場圏やウィスコンシン州，ミズーリ州，ネブラスカ州では多くの場合委託率の低下幅も小さいし，穀物間（小麦とトウモロコシ）の差も拡大していない．

以上を要するに，小麦（および大麦）では，地域をあまり問わず都市市場には出荷されている．ただミネアポリス市場圏（つまりミネアポリス市場，

ダルース市場)では委託販売,したがって見本・取引所取引がなお主流であるが,シカゴ市場圏ではほぼ完全に直接売買,したがって規格・取引所外取引へ移行している.つまり小麦においては,1910年代の実態から析出された2つの「型」の分化がいっそう進行しつつ,全体として集散市場経由率は着実に低下しはじめていたのである.

いっぽうトウモロコシ(およびオーツ麦,戦後の三大品目になる大豆)では,どの地域でも非都市市場型流通が主流となるに至っている.そして都市市場に出荷された場合でも,流通量の圧倒的部分をなすコーンベルトにおいて委託販売,したがってまた見本・取引所取引がほぼ消滅したことが,全体の動きを規定している.つまりトウモロコシにおいては,かつての2つの「型」がともに,したがって集散市場型流通全体が,すでに1956年段階で明確に衰退しているのである.

そして穀物全体としては,以上の1956年段階までの趨勢の延長線上で事態は推移していくことになる.つまりミネアポリス市場におけるモルト用大麦,ディラム小麦,および一部硬質春小麦について委託販売=見本・取引所取引を残しながら,それ以外の大半部分について物流・商流の両面において集散市場型流通は衰退していくのである.

2. 集散市場型流通体系衰退の基本要因をめぐって

(1) アメリカ穀物流通研究における把握

上述のような集散市場型流通体系の衰退の構造的要因について,アメリカにおける穀物流通研究での認識として,ダールによる次のような総括的な把握がある.

すなわち第1に,コミッションマーチャントに担われていた,集散市場における貨車単位の見本取引・委託販売は,to-arrive型の直接売買取引(本章第3節1.(3))に取ってかわられた.このタイプの事前契約・直接売買取引は規格取引であり,かつ実際に引き渡された穀物の品質が公定規格からず

れていた場合のプレミアムないしディスカウントも契約に盛り込まれている．こうしてモルト用大麦，デュラム小麦などの公定規格では品質評価が非常に困難な一部の穀物を除いては，取引所における現物受委託取引は事実上消滅に向かった．そして穀物商業者や加工業者は，産地出荷業者に対して電話等によって直接買付ビッドを出すようなった，とする[62]．

　見本・受委託取引でなくなれば，穀物現物自体が特定の市場都市に集散しなければならない必要性が希薄化するのは確かである．

　第2が，輸送システムの技術的・経済的変化という要因である．1930年代になると中・長距離穀物輸送における鉄道の独占状況は崩れ始める．とくに第2次大戦後になると，トラックとバージ（内陸水運用大型はしけ）輸送システムの整備・展開は顕著となった[63]．

　これに対して鉄道側は，州際通商委員会（Interstate Commerce Commission．前出の1887年州際通商法で設立された，鉄道等公共輸送の規制を司る連邦機関）による容認もあって，1935年から58年にかけての時期は収益減少への対応として断続的な運賃値上げを行なった．しかしそれがさらなる輸送量の減少と収益の低下を招くにいたって，それ以後鉄道会社はトラックやバージに対してより競争力のある運賃設定を行なう方向へようやく転換を始めた．当初は従来型運賃体系の中での個別的・断片的な引き下げだったのが，2地点直結・大量一括型運賃へと方向づけられていく契機になったのが，1962-63年のサザン鉄道と州際通商委員会の間で争われた穀物運賃訴訟である．

　すなわち貨車の底に設置されたホッパーから大量に穀物等の貨物を荷下ろしできる大型有蓋ホッパーカーを5両程度連結して，出荷地点と最終目的地を経由地なしの最短距離で直結した場合に，従来比最大60％引きという大幅な低料金で輸送するという革新的な運賃（multi-car point-to-point rate）がサザン鉄道会社から申請された．それは一定の範囲内でルートを問わず均衡的な運賃が設定されるproportional rateや，集散市場都市での積み下ろしサービスが追加チャージなしで組み込まれているtransit privilegeといっ

第3章 アメリカにおける穀物の集散市場型流通体系　　　181

た，伝統的運賃原則を根底から覆す点で革新的だった．しかしそれゆえに集散市場に基盤をおく穀物企業，市場都市の市役所，競合するバージ会社などが強く反対し，州際通商委員会はこの申請を却下した．これを不服とするサザン社が裁判に訴えた結果，翌1963年に同社の申請を認める決定が下されたのである[64]．

　これ以後，貨車50両あるいは100両という1列車編成単位での一括発注・2地点直結の場合にさらに安い運賃を提供するユニット・トレイン運賃，ユニット・トレインを数カ月あるいは年間を通して利用契約するレンタ・トレイン運賃といった発展形態の登場もともないながら，大量一括・2地点直結型運賃が普及し始めた．

　これらは1970年代には主としてコーンベルトで普及したが，それはこの地域で輸出向け穀物輸送をめぐるバージとの直接的な競争圧力が強かったからである．また70年代後半には鉄道の運賃競争力を高めようと州際通商委員会による規制が部分的に緩和されて，割引運賃の導入もしやすくなったが，なお鉄道会社の収益悪化と倒産多発の歯止めとはならなかった．こうして1980年の州際通商法大幅改正（The Staggers Rail Act of 1980と呼ばれる新法によった）によって，それまでの州際通商規制の根幹部分についての大幅規制緩和，すなわち非公開・個別的契約運賃導入の容易化，鉄道会社間の運賃協調・合併に対する大幅規制緩和，および路線廃止の容易化，がなされた[65]．

　集散市場型流通と照応的だった州際通商委員会型鉄道運賃体系のこのような変革は，一方で産地から最終目的地（加工地点あるいは輸出港）への直結型物流を一般化させるよう作用した．また他方では，カントリーエレベーター企業をして，大量一括出荷が可能な大規模化へと駆り立てた（従前のカントリーエレベーターとは桁違いの，ターミナルエレベーター並みの保管容量とユニット・トレイン積み込み能力を持つ産地立地のエレベーターを，サブターミナルエレベーターと呼ぶようになった）[66]．

　前者は，確かに集散市場を経由しない物流をもたらした．また後者，つま

り産地出荷業者の大型化は，それが相当程度の業者数の減少をともなう構造変化をもたらすならば，理論的には商流上でも収集卸売過程の段階収縮作用をもちうるものである．

　第3は，第2の要因と重なるが，穀物流通における輸出比率の増大にともなうミシシッピ水系バージ輸送型の流通フロー（典型的にはカントリーエレベーター→トラック→バージへの積み替え拠点のリバーエレベーター→バージ→メキシコ湾岸輸出港ポートエレベーター）そのものが，そもそも従来の集散市場を経由しない[67]．つまり集散市場とは東西幹線鉄道拠点都市に成立していたわけだが，それが前提とする伝統的な東西流通フローそのものの根本的変化を意味していたのである．

　このようにダールは第1～第3の要因でもって集散市場型流通は衰退し，その結果物流上は産地と消費地ないし輸出港が直結される流通となった，としている．また商流上は，産地出荷業者から直接に加工業者ないし輸出業者に販売されるか，あるいは産地出荷業者から中間商業者に販売されるという構造に変わった．いずれにせよ産地出荷ポイントにおいて取引交渉や価格決定がなされており，その意味で商取引は分散化（decentralize）した，と総括しているのである（要するに「物流における直結化」「商流における分散化」）．

(2) 集散市場型流通体系の存立・衰退の条件をめぐる基本視点

　以上を手がかりに，集散市場型流通体系が衰退する構造的要因，したがってまた同体系の存立条件を把握するための基本視点を提示して，本章の結びとしたい．

① 「商物一体」的集散市場の存立条件とその変化

　まず集散市場型流通では，商流と物流が一体的に集散市場に集積し，そこで中継され，分散していくという基本的特質を有していた．こうした「商物一致」をもたらしていた条件を整理すると，第1に見本取引であったことが

あげられる．つまり産地から出荷された貨車積み状態のままの穀物を見本によ
る品質評価にもとづいて価格決定を行なうということが，穀物現物もまた
集散市場に集積される必要性をもたらしていたのである．またこの見本取引
が受委託取引と取引所取引を主要形態とさせる要因でもあった．

　第2に，集散市場都市に立地するターミナルエレベーターの保管機能が大き
く，穀物全体の在庫調整＝時間的需給調整機能の重要な部分を担っていた
ことがあげられる．例えば連邦取引委員会調査によると，1918年時点の調
査全9,906カントリーエレベーター等の総保管容量が2.56億ブッシェルであ
ったのに対して，輸出港を除く内陸都市市場のターミナルエレベーターの総
保管容量が1.69億ブッシェル（うち7集散市場分が1.65億ブッシェル）に
達していた．カントリーエレベーター調査の代表性を勘案しても，これを今
日的水準，すなわち1994年のカントリーエレベーター・サブターミナルエ
レベーター推計総保管容量66億ブッシェルに対して，ターミナルエレベー
ター総保管容量10.3億ブッシェルという比率と較べると，ターミナルエレ
ベーターの地位がはるかに大きかったことが推察できる（加えて今日では農
場内保管容量が115億ブッシェルもある）[68]．

　つまり集散市場型流通時代には，集散市場自体が在庫保有上の重大な役割
を果たしていたから，穀物現物が集中していたのである．

　第3の条件は，伝統的集散市場は，穀物の東西流通フローを前提とした，
鉄道輸送体系における拠点都市であったことである．第1，第2の条件が集
散市場が商物一体的な集散拠点として成立する一般的条件であるのに対し，
第3のそれはシカゴ，ミネアポリス等といった特定の都市に歴史・具体的な
集散市場が成立する条件と言える．

　第2次大戦後の三大商品穀物はトウモロコシ，小麦，大豆であるが，その
輸出比率は小麦を先頭に1950年代以降飛躍的に高まっていった．農場外販
売量に対する輸出量の割合は，3品目合計で1940年代後半平均の16％が60
年代前半に34％，70年代後半には48％にまで増大したのである．こうした
輸出向け販売への穀物流通のドラスチックなシフトによって，上述のように

ミシシッピ水系をへてメキシコ湾岸輸出港（ニューオリンズ周辺等）へ向かうフローが主体となっていった（副次的には太平洋岸からの輸出，したがって逆東西フローも増えた）．加えて戦後は畜産＝飼料穀物需要のコーンベルトおよび南部諸州への立地集中が進行した．だから，穀物流通はますます東西フローから南北フローへと比重を移し，第3の条件を喪失させていくことになったのである．

ただもしそれだけなら，新しい流通フローに沿って新しい集散拠点が形成されたかも知れない．しかし上述のように見本・受委託取引は一部を例外として規格・直接売買取引に移行したし，また穀物在庫保有機能の圧倒的部分は農場および産地出荷業者の段階で担われるようになった．つまり第1，第2の条件もまた喪失したから，物流上の拠点機能を果たすような集散市場そのものが一般的に衰退・消滅していくことになるのである．物流における「直結化」の論理的因果関係は，このように整理されるべきだろう．これら3つの条件の変容・喪失が，集散市場型流通が衰退していく物流面での基本的・能動的な要因であって，鉄道における大量一括・2地点直結型運賃への移行そのものは，それを現実化していく契機であったと考えられる．

② 中継卸売商業段階としての存立条件とその変化

では商流・商取引が，集散市場に集中化される条件についてはどうか．これは集散市場の概念規定そのものにかかわる（本章第1節3）．つまり生産者（または出荷業者）と消費者（または需要者）がいずれも零細・多数・分散である場合に，段階的に分化した収集卸売過程と分散卸売過程が接合するポイントに中継卸売商業段階としての集散市場が成立したのだった．そして穀物集散市場における具体的な構造を検討した結果，この中継卸売機能はコミッションハウスとターミナルエレベーター企業のどちらかが主導権を握りながら担っていたのである．

したがって産地出荷業者段階と需要者（加工業者あるいは輸出業者）段階のどちらか，あるいは両方において，その「零細・多数・分散性」に構造的

な変化が生じれば,卸売商業の段階分化のあり方にも当然変化をもたらすことになる.

両段階の構造変化についてごく簡単に趨勢を見ておくと,まず産地出荷業者についてビジネス・センサスによって把握されたカントリーエレベーター数は,1929年9,457,1939年9,084に対して,戦後は1948年8,549,1958年7,000,1963年7,653と推移している[69].つまり数の減少は確認できるし,上述ダールの指摘にもあったように個々のカントリーエレベーターの大型化やサブターミナルエレベーター化が進行したものの,多数・分散の構造が基本的に変わるほどではなかった.ちなみにイリノイ州の全カントリーエレベーター・サブターミナルエレベーターを1980年について集計すると,企業ベースの保管容量集中度は上位5社で3.5%,10社で6.4%,50社でも16.3%であり,この時点でもきわめて分散的な構造であった[70].

次に需要者段階の構造である.輸出部門について長期的推移を示すデータではないが,その集中度(ポートエレベーター保有状況にもとづく推計輸出量ベース)は1975年時点で上位5社で56%,10社で73%であった[71].このように他の流通段階と比べて少数企業への集中度が高い輸出部門への仕向率が,前述のようにますます高まっていったのである.

ついで各種の穀物加工部門であるが,主要なものをあげると小麦製粉は,零細・多数・分散の構造が大規模・少数・集中のそれへ長期的に移行した典型的な部門である.すなわち1919年に「小麦・その他の穀物製粉」(標準産業分類SIC 2041)部門の工場数は10,708にも及んでいた.それが1947年に工場数1,243・企業数1,084,1967年に工場541・企業438,1982年に工場360・企業251へと急速に減少した.これにともなって上位企業による集中度(出荷額ベース)も8社で1935年37%が1954年に52%,1982年60%へと高まってきた.

トウモロコシ化工は,企業数と上位4社集中度が1947年ですでに47社・77%であったが,その後も企業数は減少し続け1977年には24社となっている.

大豆破砕部門は戦後に発展した部門であるが，1947年の企業数105社，上位4社集中度44%であったものが，1967年に60社・55%，1982年には52社・61%など，大規模・少数・集中的な構造がいっそう深化している．

これに対し依然として小規模・多数・分散的な構造が継続しているのが，飼料製造部門である．その企業数と上位8社（かっこ内20社）集中度は1947年に2,372社・27%（40%）であったものが，1967年1,835社・31%（42%），1982年1,245社・30%（48%）と変化はしているが基本的な性格はなお維持されている[72]．

このように第2次大戦後の需要者段階は，元来集中度の高い輸出部門が販路としての重要性をもっとも増したのを始め，飼料製造を除く主要加工部門でも大規模・少数・集中的な構造への移行が着実に進展したことがわかる．

このように流通過程のうち産地出荷段階は小規模・多数・分散性が基本的には維持されているのに対し，需要＝最終販売段階では大規模・少数・集中化への構造変化が全体としては確実に進行していた．このことから展望される集散市場型流通体系の変容の方向は，商取引の単なる「分散化」なのではなく，商業段階の縮小をともないながら流通過程全体が収集過程に性格を変え，したがってまた従来の集散市場は中継卸売段階としては消滅する（形式として存続する場合もその実質は収集卸売の一小段階に変容する），と性格規定することができる[73]．

1980年代以降に進展する「垂直的組織化型流通体系への移行」（第2章参照）とは，このように全体として収集過程化した流通諸段階を，今度はその末端＝需要段階を拠点とする大規模多角的穀物関連企業が，後方に向かって統合化あるいは組織化していく過程として位置づけることができるだろう．

注
1) 磯田（1996）．
2) 例えば本稿でも後に検討するWright（1959）や，Heid（1961）．
3) 中西（1972），272-277頁．
4) 中西（1972），277-294頁．

第3章 アメリカにおける穀物の集散市場型流通体系　　187

5) 中西 (1974), 299-337頁, および中西 (1988), 60-72頁.
6) 小澤 (1990). この段落の引用は同324頁および326頁.
7) 小澤 (1990), 282-283頁.
8) 小澤 (1990), 283-284および297-298頁.
9) 小澤 (1990), 288-292, 299-302, および322-326頁.
10) 全6巻の報告書であるが, 本章で利用するのは以下の4巻である.
　　Federal Trade Commission, *Report of The Federal Trade Commission on The Grain Trade Vol. I : Country Grain Marketing*, 1920, 350 p. (以下, FTC Report Vol. I, と略記).
　　do., *Report of The Federal Trade Commission on The Grain Trade Vol. II : Terminal Grain Markets and Exchanges*, 1920, 333 p. (FTC Report Vol. II)
　　do., *Report of The Federal Trade Commission on The Grain Trade Vol. III : Terminal Grain Marketing*, 1922, 332 p. (FTC Report Vol. III)
　　do., *Report of The Federal Trade Commission on The Grain Trade Vol. IV : Middlemen's Profits and Margins*, 1924, 215 p. (FTC Report Vol. IV)
11) 農務省および連邦農務委員会が1932年時点でファイリングした, 事業活動中および事業撤退した穀物農協5,352についての事業開始・停止年次の集計によれば, 1895年までの各年の事業開始農協数は1桁であったものが1900年代に入ってから増大し始め, 特に1905年に128農協と3桁を突破してから1919年 (580農協)・1920年 (450農協) までの時期に, もっとも急激に展開した. 活動中農協数も1900年に初めて3桁に乗って122, 1905年に469, 1910年に2,153と急増し, 1921年に3,917のピークに達している. Elsworth et al. (1932), pp. 1-4, 71-73.
12) ここでの「穀物」は小麦, トウモロコシ, オーツ麦, 大麦, ライ麦の合計についての1913-17年平均値で, FTC Report Vol. II, pp. 30-37による. また人口は1910年と1920年の平均値で, USDC Bureau of the Census, *Historical Statistics of the U.S. Part 1*, pp. 24-37より.
13) USDC Bureau of the Census, *Historical Statistics of the U.S. Part 1*, pp. 511-513, およびFTC Report Vol. II, p. 188, より算出.
14) 後にも触れるように, 小麦についてはミネアポリス, カンザスシティといった製粉センターに代表される製粉用消費集積地域が形成されている. しかしこれら地域の対全米製粉集中度は包括的に見ても4割強であるから (ミネアポリスを含むNorthwestとカンザスシティを含むSouthwestの合計), 当該地域の消費人口比を著しく上回るほどではない. したがって小麦としての流通も, 基本的に本文でのべたフローをたどると考えてよい. データはMalott and Martin (1939), pp. 244-245から.
15) 輸出商や輸出ブローカーは多くの場合ヨーロッパのディーラーにオファーを出して, それが成約してから穀物の買い揃えを行なうが, この買い揃えは主として

西部の市場から直接買付によって行なうので，売買取引としては東海岸市場を経由しない．こうしてもっとも安価な方法で内陸市場から調達した穀物を，もっとも適当な輸出港を選んで積み込むのが通例であり，各都市別輸出量はそれらの商取引センターとしての比重を示しているわけではない，とされている．FTC Report Vol. II, pp. 188-189.

16) FTC Report Vol. II, p. 185，および pp. 75, 143, 176, 186 に掲載の各取引所会員構成より．

17) FTC Report Vol. I, p. 32.

18) Malott and Martin (1939), p. 227，より．原資料は U.S. Bureau of the Census, *Census of Distribution*, 1929.

19) 集散7市場自体の年平均入荷量データ（表3-5）を貨車換算した上で5倍すると（5カ年換算），376.8万両相当になる．したがってこのカントリーエレベーター等出荷調査は，全体の半分弱をカバーしていることになる．なお貨車換算率は，小麦，トウモロコシ，ライ麦が1,100ブッシェル/両，オーツ麦が1,600ブッシェル/両，大麦が1,250ブッシェル/両とした（Grain Dealers' Association が 1920年に定めた規定によるもので，FTC Report Vol. III, p. 153, に掲載）．

20) ちなみに，集散7市場にピオリア，インディアナポリス，シンシナティを加えた10市場について，この市場業者調査で把握された入荷量（1913-17年合計）は穀物5品目で223万両であるのに対し，3品目では195万両である．そして後者のうち移出先が判明したものは，38.4万両にとどまる（そしてミネアポリスについては具体的移出先は全く不明である）．

21) FTC Report Vol. II, pp. 167-169.

22) カントリーエレベーター主要種類別の穀物買付量構成（1913-17年平均）は商業ライン28％のほか，農協30％，独立業者31％，製粉企業エレベーター11％であった．以上の経営組織種類構成は，FTC Report Vol. I, pp. 40, 62, 117, and pp. 328-329 より算出．

23) 以下，販売方法についての一般的説明は，FTC Report Vol. III, pp. 2-6, 39-41, 61-70, などから要約した．

24) FTC Report Vol. I, pp. 129, 150, より集計．

25) 例えば東海岸市場でも，1860年代までは見本取引が行なわれていた．Hill (1990), p. 18.

26) Clark and Weld (1932), pp. 106-109. なお同書 pp. 110-111 では，こうした一般的傾向にもかかわらず依然として受委託取引が優勢を占める農産物流通として，家畜，生きた家禽とならんで穀物をあげている．

27) Hill (1990), pp. 14-31 より．

28) 数値は，FTC Report Vol. I, pp. 234, 349 より作成．

29) カントリーエレベーターの借入資本利子率は，ミシシッピ河以西の方が以東よりも明らかに高い．例えば1916-17年の調査値でオハイオ，インディアナ，イリ

第3章 アメリカにおける穀物の集散市場型流通体系　　189

ノイ，ウィスコンシン州といった以東・先発開発地域では最低が 6.4～6.59%，最高が 6.45～6.62% であるのに対して，ミネソタ，南北ダコタ，モンタナ州では最低が 6.69～7.71%，最高が 7.12～7.73% というように，後者の方が高い．FTC Report Vol. I, p. 241, Table 85, より．

30) FTC Report Vol. I, p. 236, および Vol. III, p 2.
31) FTC Report Vol. I, pp. 237-242, および Vol. III, pp. 185-188.
32) FTC Report Vol. I, pp. 217-218.
33) なおここでは市場業者に対する調査から集計した集荷方法構成比も掲げ，分類はこれによった（カンザスシティ以外はカントリーエレベーター等の産地出荷業者調査の場合と同じだが）．連邦取引委員会によれば，この場合に一般的に買付集荷率が高くなっている一番の理由は，同調査では産地出荷業者以外からの集荷（つまり他市場からの買付）も含まれるからである．FTC Report Vol. III, p. 276, Appendix Table 2, の注記参照．
34) FTC Report Vol. II, p. 155.
35) FTC Report Vol. II, pp. 160-164.
36) FTC Report Vol. II, p. 172.
37) これら製粉業者は，自社小麦粉の各ブランド毎の品質を安定化することを追求している．そのためには様々な品質・属性を持った小麦の各ロットを製粉して，自らブレンドすることが重視される．このことから，ターミナルエレベーターによって無差別にブレンドされた小麦ではなく，見本取引をつうじた産地出荷貨車状態での購入を選好するのである．FTC Report Vol. I, p. 148.
38) モルト用大麦では，色と全般的外観が決定的に重要な品質属性をなすが，いずれも公的な規格には全く反映されていない．このためビール醸造業者が直接の買手として登場する消費市場だけでなく移出市場でも，見本取引が一般的なのが特徴である．FTC Report Vol. I, p. 148.
39) The Act to Regulate Commerce of 1887, あるいは通称 Interstate Commerce Act of 1887 と呼ばれる．
40) FTC Report Vol. I, p. 42, および中西 (1988), 61 頁．
41) Milner (1970), pp. 108-110. なお proportional rate や tarnsit privilege は，明らかに集散市場型流通を支える性格を持っている．本文第 4 節 2.(1) も参照．
42) 中西 (1988), 64-66 頁．
43) Industrial Commission, *Report of the Industrial Commission on Transportation*, Volume IV of the Commission's Report（以下，IC Report Vol. IV, と略記），1900, pp. 78, 383.
44) IC Report Vol. IV, pp. 82, 383, など．
45) IC Report Vol. IV, pp. 383, 393, 396, 400, など．
46) Industrial Commission, *Report of the Industrial Commission on the Distribution of Farm Products*, Volume VI of the Commission's Report（以下，IC

Report Vol. VI, と略記), 1901, pp. 70-72.
47) IC Report Vol. IV, pp. 409-410, など.
48) IC Report Vol. IV, p. 372.
49) 図示は省略したが, IC Report Vol. VI, pp. 44-45, に掲載された主要鉄道路線図で確認できる.
50) データは FTC Report Vol. I, p. 44, Table 9, より算出した.
51) FTC Report Vol. II, p. 140, および Larson (1926), pp. 61, 128-130.
52) Larson (1926), pp. 86-90, 140-144.
53) Larson (1926), p. 91.
54) Larson (1926), pp. 133-135, 149-151.
55) FTC Report Vol. I, p. 78.
56) Larson (1926), pp. 134-135, 228-234, および FTC Report Vol. II, pp. 141-142.
57) FTC Report Vol. I, pp. 83-86, および同書第11章 (pp. 243-312) はそうした競争制限的行動の豊富な例証に満ちている.
58) FTC Report Vol. I, pp. 87-91, および do. Vol. II, p. 144.
59) Refsell (1914), p. 989.
60) 本章第1節末尾および注11参照.
61) Wright (1959). アメリカでは連邦政府と一定地域内の州立大学(土地贈与大学)がタイアップした共同研究プロジェクトが頻繁に組織されている. ここで取り上げたプロジェクトの名称は, North Central Grain Marketing Project NCM-19 であり, その重要な調査としてセンサス区分でいう北中部地域 (North Central Region) のうちミシガン州を除く11州について, 合計97の「作柄報告地区」(Crop Reporting District) 毎にカントリーエレベーター数の約10%をランダムに抽出して, 聞き取り調査を行なっている.
62) Dahl (1991), p. 16.
63) これらはいずれも連邦政府の運輸政策によるところが大きい. トラック輸送については, 1944年連邦助成ハイウェイ法 (Federal-Aid Highway Act of 1944) で総延長4万マイルの州際無料高速道路 (Interstate Highway) を計画し, さらに1956年法ではこれに国防上の意義づけも付加されて建設が促進された (以上, Milner (1970), p. 212, より).

またバージ輸送については, ミシシッピ水系 (ミズーリ川やオハイオ川など支流を含む) の水運はかつて「ダウンリバートレイド」(本章第1節2参照) を担っていたが, 一旦衰退した. それが20世紀に入って, 蒸気船方式から強力なディーゼルエンジン装備のトウボート (towboat) で押す10隻以上の鉄製大型バージ方式への転換によって再興する. こうしたバージ船団の航行を可能にするための「水深9フィート航路」を, セントルイスからミネアポリスに至るミシシッピ河上流部分で構築するプロジェクト (陸軍工兵隊が施工および管理) が1930年に連邦議会で承認された. これは小規模なダムによって階段状に水位差をつけ

第3章　アメリカにおける穀物の集散市場型流通体系　　　191

ることで水深を確保し，その間を遮断水門によって船を上下させる26 ものロック・アンド・ダム機構を設置するという大プロジェクトであった．これが1940年までにほとんど完成し，最下部の難所であったチェーン・オブ・ロックス流区についても1953年に運河掘削とロック・アンド・ダム設置が完了した．かくてコーンベルト東部（オハイオ川流域），同中部（イリノイ川流域，ミシシッピ河流域），大平原北部（ミズーリ川流域，ミシシッピ河上流域）という主要穀物産地が，いずれもバージによって直接メキシコ湾岸輸出港まで低コスト輸送で結ばれる体制が整備されたのである（以上，U.S. Army Corps of Engineers, *The Nine-Foot Channel Navigation Project on the Upper Mississippi River*, 1992, より）．

64) Milner (1970), pp. 150-151, 200-202. この訴訟は，新型ホッパーカーの愛称 (Big John covered hopper car) にちなんで，Southern Railway's "Big John" Grain Rate Case と呼ばれた．
65) McDonald (1989), pp. 4-11. なお州際通商委員会自体は，最終的に1995年一杯をもって廃止される．
66) Dahl (1991), pp. 16-17.
67) Dahl (1989), p. 119.
68) Sosland Publishing Co., *1995 Grain and Milling Annual*, より集計．
69) Malott and Martin (1939), p. 227, および Bakken ed. (1968), p. 37, より．いずれも原資料は *U.S. Census of Business*.
70) Illinois Department of Agriculture, *List of Licensed Warehouses*, 1984, Grain and Feed Associasion of Illinois, *Annual Directory*, various issues, およびイリノイ大学農業経済学科 Lowell Hill 教授と筆者の共同調査から集計．
71) 磯田 (1996), 6頁, より．
72) 以上の加工諸部門のデータは基本的に USDC, *Census of Manufacturers*, より．
73) もし産地出荷と需要の両方の段階において大型化・少数化・集中化が進行すれば，双方が中間的な商業段階を抜きに直接に取引するという流通構造に変化することもありえただろう．

第4章 流通体系の歴史的推転と穀物農協の展開

はじめに

　アメリカの穀物販売農協は1980年代以来大きな再編の過程にある．農協だけでなく，穀物流通関連産業全体が再編をとげてきているのだが，その中でも穀物農協，とりわけ単協の連合組織である地域穀物農協は，全体としての地位縮小をともないながらもっともドラスチックにその組織と事業を再編させているように見える．そのことを示す象徴的な事態としては，地域農協数の激減，その内容をなす倒産・買収・合併，そして穀物市場におけるシェアの低下をあげることができる．

　本章の課題はこの再編過程の実態を明らかにすることだが，その場合穀物市場の構造変化に対して農協システムがいかに対応したのか，という視点から接近したい．単協とその連合体である地域農協という組織段階性は，前者が産地集荷機能を，後者が中継卸売機能をそれぞれ分業的に担うということを前提としていた．つまり穀物流通の集散市場型体系を前提とし基礎としていたが，その体系自体が変容し，さらに新しい体系へ移行しつつあるというその歴史的な過程との照応性ないし非照応性の中に，地域農協にもっとも激しくあらわれた穀物農協システム再編の基礎があるように思われるからである．

　こうした問題意識のために，課題そのものはすぐれて現代的であるが分析と叙述の構成は，以下のように歴史過程をも重視するかたちをとった．すな

わち，まず穀物農協システムが集散市場型流通体系に照応的に自らを形づくって行ったプロセスを整理し，そこでの位置を確定する（第1節）．第2次大戦後は集散市場型流通体系が長期的に変容・衰退する歴史過程をたどる．穀物農協が自らが前提としていた流通体系自体の変容にいかに対応したかを，第1の段階としての輸出事業への傾斜，1980年代穀物輸出不況期に生じたその輸出事業の経営的な破綻をふまえた第2の段階としての穀物農協システム全体の縮小再編，という二段にわたって明らかにする（第2節）．

しかしながら再編は一方的な縮小だけだったわけではなく，穀物流通・加工セクターの構造変化に前進的に対応しながら自らの事業展開と組織再編を進め，生き残りを果たしてきた農協もまた存在する．そうした動きについて「流通・加工部門にまたがる多角化」と「流通諸段階における垂直的整合の強化」という2つの視点から実態分析を行ない，その性格と意義や展望を考える．そのひとつが地域農協による取り組みであり（第3節），いまひとつが農業生産者によるより直接的な取り組みとしての新世代農協である（第4節）．最後に本章の検討を要約し，残された課題を含めた若干の展望を与えたい（第5節）．

第1節　集散市場型穀物流通体系と穀物農協

1. 産地集荷段階における穀物農協の展開

前章で明らかにしたようにアメリカにおける穀物流通はほぼ1890年代に，中西部の中核的諸都市に立地する中継卸売現物市場（ターミナルマーケット）を集散ポイントとする集散市場型流通体系を確立させた．この流通体系において，中西部諸産地で生産された穀物は幹線鉄道沿いに立地するカントリーエレベーター業者が産地集荷を行なった上で，幹線鉄道の発着拠点地である中核的諸都市に向けて出荷される．これら諸都市には，産地からの出荷穀物を受け，当該都市の実需者または遠隔の消費地市場（または海外市場）

への中継・分荷を行なうという集散現物市場機能が集積していた．このように中西部産地から各集散市場をへて東へ向かうのを基本とする穀物の流通フローが出揃い，互いにしのぎを削る形で確立するのが，1890年代なのであった．

生産者が協同で穀物出荷を行なう事業は，集散市場型流通の形成・確立の過程とともに展開した．したがって基本的にはその市場構造に照応した組織構造（その段階性）を形成していくことになるが，まず集荷段階＝産地市場における単位農協（local grain cooperative）の展開を要約しておこう．

表4-1に穀物農協（米農協は除く）全体の長期的推移の概要を示した．

表 4-1 穀物農協の長期的推移概要

年次	穀物販売を主要事業とする農協			農協による穀物販売高（ネット，百万ドル）	同左シェア（%）
	農協数	組合員数	販売高（百万ドル）		
1900	122	n.a.	n.a.	n.a.	
1910	1,201	n.a.	n.a.	n.a.	
1915	1,637	166,726	289.7	n.a.	
1921	2,458	n.a.	n.a.	n.a.	
1930	3,448	810,000	690.0	n.a.	
1940	2,462	365,000	390.0	n.a.	
1950	2,191	792,000	1,953.0	1,361.5	31.1
1960	2,002	1,049,635	n.a.	2,104.5	34.5
1970	1,894	1,120,105	n.a.	3,005.7	40.2
1980	1,792	1,173,999	n.a.	17,789.7	46.0
1990	1,400	913,494	n.a.	14,259.2	42.8
1995	1,104	814,399	n.a.	19,839.0	43.5

注：1) 1910年までのデータは1931年の調査によるもので，正確を期すことはできない．なお1950年までは米農協を含む．
　　2) シェア＝農協販売高/農場販売額，
　　　農場販売額＝商品化量×(生産物価額/生産高) とした．
　　　集計対象品目は小麦，トウモロコシ，大豆，ライ麦，オーツ麦，大麦，グレインソルガム，亜麻仁，ひまわりである．
　　　1980年以降の商品化量は推定した．
資料：農協数の1910年までは Elsworth (1932)，それ以降1990年までは Kraenzle and Adams (1993)，1995年は USDA News, Release No. 0448.96，シェアに関しては USDA, *Agricultural Statistics*, various issues.

集散市場型流通の形成・確立期の穀物農協の全体像を統計的に把握することは困難である．「アメリカにおける最初の本格的農民組織」[1]グレンジ運動の一環として1870年代にイリノイ，アイオワ，ミネソタをはじめとする中西部のいくつかの州で農民カントリーエレベーターが急速に設立された．しかし1875年以降1885年までエレベーター数は急速に減少したとされる[2]．

　その後再び増勢に転じた農協カントリーエレベーターは，とくに1890年前後から爆発的に増加した．生産者が直面した穀物市場問題としては，次の点を重要な背景としてあげることができる．

　すなわち1880年代後半頃から，それまで独立業者エレベーター，商業ラインエレベーター，製粉業者エレベーターが相互に競争していた産地集荷市場において，とくにミシシッピ河以西において漸次協調的な競争制限が行なわれるようになった．1890年代後半から1905年頃までの時期には，集荷業者間の価格協定や集荷量割当という露骨な競争制限行動も多数見られた．これらはミネソタ州・南北ダコタ州などの北西部（ミネアポリス市場の集荷圏）では発達したラインエレベーター企業同士で，ネブラスカ州・イリノイ州などシカゴ市場集荷圏では独立系業者とラインエレベーター業者が州の穀物取引業者協会をつうじて，そのような競争制限を実行していたのである[3]．

　こうした中での農協エレベーターの建設・経営には，既存業者からの反発と反撃が加えられた．その一般的な手段のひとつが，農協よりも相当に高い集買価格を提示して，資金力に乏しく経営的にも未熟な農協エレベーターをその立ち上がり期で廃業に追い込もうとする方法であった．これに対して農協側は，組合員が組合エレベーターに出荷しなかった場合に出荷穀物単位当たり一定額の賦課金を徴収する「維持条項」(maintenance clause または penalty clause) を設けて対抗した[4]．

　既存業者による反撃のもうひとつの手段は，自分達が組織する州穀物取引業者協会が農協エレベーターを「非認定業者」(irregular dealer) に指定し，集散市場のコミッションハウス（荷受業者）や買付業者にこれら「非認定業者」の荷は受け付けないよう迫るというものだった（農協の荷を受け付ける

表 4-2 カントリーエレベーター(および穀物倉庫)の時期別タイプ別構成

	1880 年		1890 年		1900 年		1910 年		1918 年	
	数	構成比	数	構成比	数	構成比	数	構成比	数	構成比
商業ラインエレベーター	19	14.3	97	22.8	291	26.7	908	29.5	1,317	28.4
独立業者エレベーター	83	62.4	224	52.7	484	44.4	1,147	37.2	1,643	35.5
農民(農協)エレベーター	9	6.8	39	9.2	133	12.2	558	18.1	990	21.4
単独エレベーター	9	6.8	38	8.9	127	11.7	529	17.2	939	20.3
ラインエレベーター	—	—	1	0.2	6	0.6	29	0.9	51	1.1
製粉業者エレベーター	22	16.5	63	14.8	176	16.1	458	14.9	672	14.5
単独エレベーター	19	14.3	40	9.4	95	8.7	202	6.6	274	5.9
ラインエレベーター	3	2.3	23	5.4	81	7.4	256	8.3	398	8.6
その他	—	—	2	0.5	6	0.6	10	0.3	12	0.3
集計エレベーター合計	133	100.0	425	100.0	1,090	100.0	3,081	100.0	4,634	100.0

注:このデータは,1918年に連邦取引委員会(FTC)が,当時約3万と推定されたカントリーエレベーターおよび穀物倉庫のうち約9,900事業所から回答を得た調査にもとづいている.そのうち施設の建設時期が明らかな4,634事業所の建設時期をもとに,各年次における存在状況を逆算したのが本表である.したがって各年時の絶対数を正確に示すものではなく,種類別構成の傾向を見る目安という位置づけにとどまる.

資料:FTC, *Reropt of the Federal Trade Commission on the Grain Trade Vol. I : Country Grain Marketing*, 1920, p. 47, より作成.

ディーラーに対する出荷ボイコットを準備した)[5]. しかしこの戦術は,それに応じない市場ディーラーの存在と,そしてより基本的には農協カントリーエレベーターの前進そのもの(市場ディーラーもそれを無視しては穀物を十分確保できなくなる)によって,効果を発揮しえなかった.

すなわち表4-2に見るように,農協カントリーエレベーターの普及は20世紀に入ってからますます勢いをまし,1910年代には完全に穀物流通の集散市場体系の一環をなすにいたった(なお1913-17年平均の主要14州におけるカントリーエレベーターの穀物買付量構成を見ると,農協のシェアは30%となっている.本書第3章の注22参照)[6].

2. 集散市場への進出

以上のように農協は産地出荷業に地歩を築いていくが,その販売先である集散市場では次のような事態が進行していた.一言でいうとターミナルエレ

ベーター経営の集中と，その買手としての強化である．

もともとターミナルエレベーターは，鉄道会社が自社路線の輸送量確保を目的に建設し，それを倉庫業者にリースする形が多かった．初期には鉄道会社とターミナルエレベーター経営との1対1の排他的な関係を背景とする高額の保管・利用料金や詐術的ブレンド（ないし差し替え）が問題となったが，いったんはそれが各取引所や州の倉庫法（それによる public warehouse としての指定）の規制によって抑制された．1870-80年頃には，受託販売業者等が荷受けし，その穀物を指定エレベーターに委託保管する，実需者ないし移出業者は荷受業者から買い付けて指定エレベーターから穀物を引き出す，という三者の分業体制（ターミナルエレベーター業者は，専門的な倉庫業者）が典型的だった．

しかしヨーロッパ向け輸出需要の増加，それらを含む東部市場への移出業者（しばしば東部市場に本拠を置く）による鉄道一貫運賃を利用した産地出荷業者からの直接買付への進出（これらはターミナルエレベーターへの保管をバイパスする）を契機に，ターミナルエレベーター企業自体による穀物取引への進出（産地業者からの買付とその転売，移出）が，1885年頃から増加した[7]．元来ターミナルエレベーター部門は比較的少数の経営によって担われていたから，これらが商取引に進出することは集散市場における中継卸売買付の集中化をもたらしていくことになった（ターミナルエレベーターの保管容量ベースでの市場毎の集中度は，1920年でシカゴが上位5社で75%，上位10社で92%，ミネアポリスが同じく41%と64%，カンザスシティが同じく79%と97%となっていた）[8]．

こうした事態に直面して，農協の集散市場への進出が図られる．それは1880年代の端緒的な試みを別にすると，1910年前後から大恐慌前までと，大恐慌・ニューディール期を含むそれ以降の2つの段階に大別できる．

(1) 1920年代まで

第1の段階には，共同販売代理組織（terminal agency）型のものと，集中

第4章 流通体系の歴史的推転と穀物農協の展開　　　199

共販と共同計算を行なう小麦プール（wheat pool）型のふたつの流れがあった．

　前者のタイプは，すでに形成された産地単協が集散市場に出荷・販売するに際して，従来のコミッションハウスに替わってもっぱら農協の利益を代表するものとして荷受・取り次ぎを担当し，ターミナルエレベーター企業をはじめとする買手への販売代理業務を行なうものであった．組織形成を主導・支援した農民組織の諸系譜によって一定の差異はあっても，買取を行なわない受託販売が基本で，またほとんどの場合ターミナルエレベーター施設を持たないという点では，共通の性格を持っていた[9]．

　後者のタイプは，1910年代にカリフォルニア州の様々な特産品において隆盛した自治統制的共同販売の組織と方式が，ワシントン州を皮切りに，1920年代になって小麦生産地帯に広がったものである[10]．その理念は，各品目毎に大半の生産者を組織して高いシェアを基礎に自治統制的販売（orderly marketing）を行なって価格を管理しようとするものだった[11]．また基本的内容は，生産者がこの集中販売組織に直接に販売委託契約を行ない，一定の前渡し金を受け取り，集中販売組織は年間を通じた平均的販売を行なって，収益は期間プール計算によって契約生産者に後払いされていくというものである．組織的にも，販売代理組織型が単協の出資とそれらによる基礎的意思決定という連合体の形（federated organization）を整えていくのに対し，小麦プール型は生産者の直接加盟による集中型組織（centralized organization）であった．

　小麦プールは，顕在化する第1次大戦後農業不況に対する危機感，それへのより有効な対策としての期待によって，1920年以降急速に成長した．

　表4-3は1920年代の両者の実績を示している．これによると，小麦プールは1924年まで急速に伸び，また販売代理組織型を上回っていた．その後主導権を後者に移しつつ，全体としては大恐慌前は停滞傾向であり，シェアもごく限られたものだった[12]．これは上述のように集散市場ではターミナルエレベーター企業が主導権を握っていたのに対して，農協サイドはターミナ

表 4-3　1920 年代の地域穀物農協の取扱実績

(単位：千ブッシェル，%)

年産	共同販売代理組織型				小麦プール型				合　計				小麦流通量	
	集計組織数	穀物受荷量	対流通総量シェア	対集散市場シェア	集計組織数	穀物受荷量	対流通総量シェア	対集散市場シェア	穀物受荷量	対流通総量シェア	対集散市場シェア	農場外販売総量	集散市場入荷量
1921	1	4,000	0.6	0.9	3	11,373	1.6	2.7	15,373	2.2	3.6	690,125	421,206
1922	4	11,580	1.6	2.9	10	20,294	2.9	5.1	31,874	4.5	8.1	704,426	395,066
1923	6	13,165	2.2	3.7	11	24,447	4.0	6.9	37,612	6.2	10.6	606,652	355,651
1924	7	22,593	3.2	5.0	10	27,967	4.0	6.2	50,560	7.2	11.2	700,310	452,777
1925	7	15,357	2.8	4.9	9	16,824	3.0	5.4	32,181	5.8	10.3	556,282	313,173
1926	9	23,749	3.4	7.2	9	17,495	2.5	5.3	41,244	5.8	12.6	708,303	327,797
1927	11	38,544	5.2	12.0	8	12,336	1.7	3.8	50,880	6.9	15.8	736,935	321,404
1928	12	52,690	6.8	11.7	7	14,851	1.9	3.3	67,541	8.8	14.9	770,450	452,210
1929	17	111,025	16.4	27.1	8	17,574	2.6	4.3	128,599	19.0	31.4	677,025	409,962
1930	21	175,000	27.3	47.1	9	24,207	3.8	6.5	199,107	31.1	53.6	641,273	371,418

注：1) 販売代理組織型の集計組織数は，存在数よりも各年 3 前後少ない．
　　2) 対流通量シェアは小麦農場外販売総量に対する比率，対集散市場シェアは集散市場入荷量に対する比率．なお集散市場とはシカゴ，ミネアポリス，カンザスシティ，セントルイス，ダルース，ミルウォーキー，オマハである．
資料：地域穀物農協のデータは Elsworth (1932)，小麦流通量関係のデータは，Chicago Board of Trade, *Statistical Annual*, Minneapolis Grain Exchange 資料，Kansas City Board of Trade 資料，USDA, *Agricultural Yearbook*, 1923, and 1931．

ルエレベーター経営にまでほとんど進まなかったこと，および買付を行なうだけの資金力を持ちえなかったことがあげられよう．

(2)　大恐慌・ニューディール期

1929 年に成立した農産物販売法（Agricultural Marketing Act of 1929）によって，穀物農協販売は新たな局面を迎えた[13]．

同法は，政府が設置する連邦農務委員会（Federal Farm Board）の下で，(1)販売農協の育成・強化とその全国中央販売組織の設立を指導し，(2)そうした農協系統組織による自治統制的共販に対して農務委員会管理下の回転基金から融資支援を行なう，(3)農協中央販売組織の余剰調整保管を行なうために安定化公社を設立することができ，それに対しても融資が行なえる，というのが基本的内容であった．

これにもとづいて最初に設立された全国中央販売組織が，Farmers

National Grain Corporation（FNGC）であった．既存の共同販売代理組織型と小麦プール型の地域穀物（小麦）農協は，結局ほとんどがその出資会員となり自らの機能をFNGCに付託した．

　生産者・単協からFNGCへの販売方式には，次の3つが用意された．第1が現金即時販売，第2が穀物を農協エレベーターに保管させ前渡し金を受け取った上で，後に生産者の希望する期日に販売してもらう，そして第3が小麦プールを継承したプール方式であった．これに照応して，FNGCは自己勘定で買い付けた上で保管して販売するか，受託販売かの2つの販売方式をとった．こうした販売機能のために不可欠となるターミナルエレベーターを農務委員会の回転基金からの融資で積極的に取得し，子会社のFarmers National Warehouse Corporationが運営した[14]．

　しかし，既存の地域農協のほとんどが参加したとはいえ，その地域農協自体がそもそも生産者や単協に対する組織率・利用率は高くなかったのであり，FNGCによる共販も穀物市場をコントロールするにはいたらなかった．また設立直後の大恐慌下の膨大な過剰と価格暴落によってただちに大量の販売不能在庫を抱え，1930年にはそれを買い支える穀物安定化公社が設立された．しかし同公社もわずか1年余りで資金を枯渇させて買付停止に追い込まれた．過剰対策・価格支持対策としての穀物農協共販は終焉し，国家による価格支持と生産調整の政策体系に道を譲ったわけである．

　このように全国穀物中央共販の試みはそれ自体としては失敗に終わり，FNGCは1938年に最終的に解散した．しかしこの過程は，FNGC解散後再び独立した事業組織となった地域穀物農協に，次のような変化をもたらした．

　すなわち，FNGCはそれまでの地域農協に欠けていたターミナルエレベーター経営を目的のひとつに掲げて実践した．FNGCが保有した保管容量で約4,000万ブッシェルのエレベーターのうち自己所有施設1,800万ブッシェル分を，18のうち9つの地域農協が購入した．その後もターミナルエレベーターを取得する地域農協は増え，1945年までに12農協が容量3,600万

ブッシェル強を経営するようになった．このことが，資金供給システムの整備とあいまって，地域農協の多くを共同販売代理組織から買取・再販売事業体に変化させたのである[15]．

こうして穀物農協系統は，両大戦間期の過程をへてようやく集散市場型流通体系のもつ構造に照応した段階性を整えるにいたった．

第2節 穀物流通体系の変容と穀物農協システムの再編

1. 流通体系の変容と農協の穀物輸出事業

(1) 穀物農協シェアの趨勢

ところが集散市場型流通体系の方は，第2次大戦後になると長期的衰退の局面に入った．そして第3章で検討したように，従前の集散市場は1970年代には一部を除いて中継現物卸売市場としての役割をほぼ終えたのであった．さらに第1章，第2章で分析したように，1980年代に進展した寡占的少数企業による穀物流通・加工産業をつらぬく垂直的統合は，市場構造の歴史的変化をさらにもう一段階進めている．すなわち現段階のアメリカ穀物市場は，そのような多角的・寡占的垂直統合体という集積形態がより一般化していくにつれて進行する，垂直的組織化型流通体系への移行期ととらえられるのであった．

こうした歴史的推転を含む長期間にわたって，穀物市場における農協のシェアを一貫した統計で把握するのは困難であるが，表4-4は，いくつかの統計をつないで傾向を見ようとしたものである．

農務省農協局が把握した穀物を取り扱う全農協の穀物販売総額のうち，農協間販売額を除いたものが「ネット販売額」である．販売総額には単協だけでなく地域農協や広域農協連合による販売も含まれ，いっぽう農協間販売額には単協から地域農協へ，地域農協から広域農協やその他の農協への販売額も含まれる．またそれぞれの販売段階でのマージンもカウントされている．

表4-4 穀物農協のシェアについての諸推計

(%)

年次	穀物取扱農協穀物販売額[1]		年度の終わる年次	単協	地域農協		広域農協連合
	ネット販売額	農協間販売額		数量[2]	数量[3]	販売額[4]	数量[5]
1950	31.1	15.9	1951		11.4		
1955	32.8	17.4	1956		10.3		
1960	34.5	18.0	1961		14.5		
1965	36.8	21.7	1966		18.9		
1970	40.2	24.7	1972	43.3	17.3		3.4
1975	39.8	25.5	1976		22.5		4.6
1980	46.0	27.7	1980	42.8	23.4	26.7	8.8
1981	51.4	33.3	1981		30.2	36.3	8.1
1985	45.2	14.5	1986	40.6		13.1	
1990	42.8	12.0	1988			15.5	
1994	41.4	8.5	1991	43.7			

注と資料：いずれも農場による農場外販売に対する割合である．筆者推計値の場合はUSDA, *Agricultural Statistics*, によって農場販売量（額）を得た．空欄は利用可能データなしである．
1) 穀物を取り扱う各種農協による穀物販売額で，ネットは販売総額から農協間販売額を除いたもの．いずれも米を除く数値で，筆者の推計値．
   Kraenzle and Adams (1993), and USDA Rural Business/Cooperative Services (1995).
2) 米を除く穀物（小麦，トウモロコシ，大豆，ライ麦，オーツ麦，大麦，亜麻仁，ひまわり）についてで，筆者推計．1972年は，調査による回答数を標本母数の数値に割り戻した．
   Kraenzle and Yager (1975), Yager and Hunley (1984), Hunley (1985), Hunley (1988), and Hunley and Cummins (1993).
3) 1966年までは米を含み，それ以降は含まない．1972年までは筆者推計値で，その後はUSDA ACSによる推計値．
   Thurston and Meyer (1972), Thurston (1979), and Thurston and Cummins (1983).
4) 米を含まない．USDA ACSによる推計値．
   Wineholt (1990).
5) 米を含まない．筆者推計値．
   USDA FCS/ACS, *Regional Grain Cooperatives*, various issues.

したがって正確ではないが，おおまかには「ネット販売額」が生産者の販売に占める単協（一部は地域農協による直接集荷）のシェアの，また「農協間販売額」が中間流通段階における地域農協のシェアの，それぞれ傾向を示すと考えられる．

表の右側部分は，年次に限定があるが単協，地域農協，広域農協連合にそれぞれ分けて推計されたシェアである．

これらから次の傾向を読みとることができる．第1に1950年以降各段階

の農協シェアは高まっていき，1980 ないし 81 年にピークをなした．第2に，このうち単協段階のピークまでの伸びは比較的緩やかだったが，その後は必ずしも目立った落ち込みを確認できるほどではない．第3に，これに対し農協間販売・地域農協のシェアはピークまではより速く伸びていった反面，その後の落ち込みは非常に激しく，近年は多めに見積もってもピーク時の3分の1前後になっていると見られる（なお広域穀物農協連合は1958年に最初のものが結成されてから，1985年に全て消滅した）．

次に穀物流通の輸出段階における農協シェアについては，年次や細かい連続性がさらに限定されるが表 4-5 で傾向を検討すると，次のことがわかる．

第1に輸出ブーム下の1970年代後半から80年前後にかけて農協のシェアはほぼ高原状態にあったが，その後の落ち込みは激しい．品目によって差はあるものの1990年には数パーセントから10％にまで低下した（その後多少

表 4-5 農協による穀物等輸出のシェア（価額ベース）

(単位：%)

暦年	品目別			直接輸出・間接輸出別					
	小麦	飼料穀物	大豆	穀物類			油糧作物類		
				直接輸出	間接輸出	合計	直接輸出	間接輸出	合計
1976	22.7	11.4	16.7	8.6	8.1	16.6	8.1	6.1	14.5
1980	22.5	14.8	16.9	7.0	12.0	19.1	6.6	7.9	14.5
1985	11.8	20.7	5.8	n.a.	n.a.	14.9	n.a.	n.a.	8.7
1990	9.7	2.6	4.5	3.6	7.3	11.1	1.0	3.1	4.1

注：1) 小麦の1985，1990年には小麦製品を含む．
　　2) 飼料穀物の1985，1990年はトウモロコシ．
　　3) 穀物類は穀物（米を含む）と飼料を含む．
　　4) 油糧作物類の1976，1980，1990年は油糧作物，同油，同ケーキ，同ミールを含む．1985年はケーキ，ミールは含まない．
　　5) 直接輸出の1976，1980年は農協が「自ら，または自らの在外代表を通じて，直接に外国の買手またはその在外代理人と取引を行なった」もの．1990年は①「自らのスタッフが直接外国の買手に販売」，②「国内の輸出ブローカーを通じた販売」と「外国の貿易ブローカーを通じた販売」のそれぞれ5割，とした．
　　6) 間接輸出の1976，1980年は「別のアメリカ企業，外国企業のアメリカ代理人，または国際貿易商社を通じて販売」のもの．1990年は上記②の残り5割，アメリカ貿易商社への販売，およびその他とした．
資料：Hirsch (1979), Kennedy (1982), Kennedy and Bunker (1987), and Spatz (1992).

回復しているとは見られる).第2に,農協が基本的に直接輸出販売を行なう「直接輸出」のシェアはピーク時でも7〜8%にとどまっていた.

以上を要約すると,1970年代および80年代以降は農協の穀物市場における地位が大きく変動したが,この中で産地集荷段階における地位(主として単協の地位)は比較的安定的に推移したのに対し,中間段階における地位(主として地域農協)および輸出段階(地域農協と広域農協連合)における地位は1980年代初頭までの上昇が速かった反面,その後は激しく低落したということである.

そこで以下では,主として穀物流通の中間および輸出段階(組織的には地域農協と広域農協連合)に焦点をあてて,穀物農協システムの再編過程を分析する[16].

(2) 穀物農協による輸出段階への展開と特質

前項で述べたように,第2次大戦後になって穀物流通の集散市場体系は構造的な変容過程をたどり,特に内陸水運によるバージ輸送や大量一括直結型鉄道運賃が展開しはじめる1960年代になると,商流・物流両面で旧来の集散市場の経由率低下は顕著となった.これは集散市場での中継卸売を主たる業務としてきた地域農協の存立基盤を揺るがす事態である.例えば地域農協の穀物総取扱量は1960年代をつうじて約1.7倍に増加したにもかかわらず,穀物単位当たり利益は急激かつ連続的に低下した.この結果利益総額は1960・61年平均の2千万ドルから1968・69年平均の410万ドルにまで落ち込んでいる.流通マージンの急速な圧縮によることは明らかである[17].

1960年代から開始されていた地域農協による輸出段階の業務への進出は,こうした構造的な隘路からの転換の模索であった.集散市場型流通体系がほぼ終焉するのと相前後して始まった1970年代穀物輸出ブームは,その延長線上でのいわば「起死回生の機会」という側面を有していたのである.輸出ブームに刺激された投資と事業の拡張は,穀物流通産業全体に一般的なことであるが,農協系統による輸出向け流通事業の場合次のような特質があっ

た[18].

第1に，輸出向け販売とそのための集出荷能力の拡張が，借入金に依存しながら急速に行なわれたことである．表4-6に見るように地域農協は1960年代に輸出用ポートエレベーターの取得を中心にエレベーター能力をかなり拡張しており，とくに60年代前半は長期借入金依存のものだった．1970年代初めにいくつかの穀物事業兼営地域購買農協の撤退や旧型エレベーターの廃棄などがあり，他方穀物市場の急拡大によっていったんは財務体質も改善されかけた．しかし残った地域農協は前期の好況に刺激されて70年代後半にもっとも急速な施設の新・増設を，しかも自己資本増強をはるかに上回る，かつてない規模の借入金によって実施したのである．

第2の特質は，各々の地域農協による独往的展開である．これにはいくつかの含意があり，1つめは自らの集荷エリア（1州ないし2～3州が中心）を

表4-6 地域穀物農協のエレベーター保有と財務の推移

(単位：千ブッシェル，百万ドル，%)

年次		地域農協数	保有エレベーター容量	ポートエレベーター数	財務状況			
					固定資産	長期負債 A	自己資本 B	負債比率 A/B
実数	1960	28	268,714	8	105	35	145	24.1
	1965	24	341,593	11	138	81	167	48.5
	1970	23	384,364	12	205	124	236	52.5
	1974	16	339,646	7	469	361	765	47.2
	1981	16	419,624	9	979	890	1,115	79.8
	1984	14	402,440	8	811	826	1,009	81.9
	1989	8	330,829	8	598	482	888	54.3
	1995	7	302,731	8	n.a.	n.a.	n.a.	n.a.
期間変化	1960-65	−4	72,879	3	33	46	22	
	1965-70	−1	42,771	1	67	43	69	
	1970-74	−7	−44,718	−5	264	237	529	
	1974-81	0	79,978	2	510	529	350	
	1981-84	−2	−17,184	−1	−168	−64	−106	
	1984-89	−6	−71,611	0	−213	−344	−121	

注：1）広域農協連合は含まない．
　　2）エレベーター容量は，カントリーエレベーターを除く．
資料：Thurston and Meyer (1972), Wineholt (1990), and Sosland Publishing, *Grain Directory*, various issues.

第4章 流通体系の歴史的推転と穀物農協の展開　　207

後背地として,ほとんどの場合1輸出拠点だけにポートエレベーターを配置し,相互に独立（無関係）に輸出ビジネスに進出したことである.

　アメリカからの穀物輸出拠点は,太平洋岸地区（春小麦地帯を後背地とする北部＝ワシントン州・オレゴン州と,南部＝カリフォルニア州）,メキシコ湾岸地区（冬小麦・グレインソルガム地帯を後背地とし主として鉄道依存のテキサス・ガルフと,ミシシッピ水系のバージ輸送に依存するがゆえに広く南部～コーンベルト～北部大平原のトウモロコシ・大豆・小麦地帯までを後背地とするミシシッピ・ガルフ）,大西洋岸地区（コーンベルト東部を後背地とする）,および五大湖地区（北部大平原およびコーンベルト東部を後背地とする）に大別できる.「穀物メジャー」と称される大規模多国籍穀物企業は普通複数の輸出拠点を有していた.そのことによって輸出穀物の品目を多様化すること,各種内陸輸送手段間および外航船航路間の需給・運賃関係の変化に柔軟に対応することが可能になるのである.

　2つめは,地域農協のシェアは（広域農協を含めても）全体でようやく「穀物メジャー」1社なみであったから,個別地域農協では「穀物メジャー」の有するスケールメリットを発揮することが困難だった.そのため世界大の情報網・オフィス網を展開しえず,直接輸出率を増加させることも困難だった.

　3つは,地域農協間の協力・協調関係が希薄なままだったことである.つまり同一輸出拠点における重複・競合を回避または調整する,あるいは特定の拠点にポートエレベーターを経営する農協とそうでない農協との協力関係の欠如などである.

　第3の特質は,穀物農協の系統をつうじて,段階間の垂直的なコミットメント（日本流に表現すれば系統共販）が希薄,ないし欠如していたことである.戦後の穀物農協（米農協を除く）においては委託販売がほとんど存在しない買取共販で,しかも農協段階間で公式の販売契約ないし協定も存在しなかった.流通の後段階組織に「第1選択権」が留保されることすらほとんどなかったといわれる（「第1選択権」とは,売手が最初のオファーは必ず特

定の買手に提出し，買手の側がそれを受けるかどうかの選択権を持つという，流通段階間の垂直的整合様式．the first right of refusal 等と呼ばれる）[19]．

以上のような特質は，輸出ブームによって関連流通施設・機能のキャパシティが不足気味に推移する状況下では，弱点として顕在化しなかった．しかし輸出ブームがピークを過ぎ，同時に極端な高金利経済に転換する1980年代になると，深刻な矛盾として噴出することになった．輸出部門で発生した破綻が契機となって，地域農協（広域農協を含む）の大規模な再編が進行するのである．

2. 穀物農協システムの縮小再編

(1) 穀物輸出広域農協の崩壊

上にあげた穀物農協の輸出事業展開上の特質は，地域農協自身によってもその制約を乗り越える模索はなされていた．

そもそも1958年に19という多数かつ多品目の地域穀物農協が設立したPEC（Producers Export Company）には，個別農協の独往的輸出進出の限界を克服しようとする企図が含まれていた．この事業は次のような特徴を有していた．すなわち，(1)自らはポートエレベーターを保有・経営しないブローカーまたは業務組織であり，物流ハンドリング（取引ロットへの集積，ブレンド，荷役等）は他社またはメンバー農協の施設に依存しており，(2) 1960年代までは穀物輸出の主体が公法480号による戦略的「援助」型であり，したがって取引相手が外国政府（または政府企業）であり，FOB（輸出エレベーター庫前渡し）の比較的小口取引であったこと，に照応して，売り先を確保してから集荷するという保守的な取引方法（back-to back FOB sales）を主体としていた．

PECが解散に追い込まれた主要因もこれらと関連している．すなわち，(1)公法480号の対象になることの少なかった飼料穀物や大豆の輸出で実績があげられなかったため，メンバー地域農協間で利用に大きなアンバランス

を生じた，(2)そうしたことのためメンバー農協間およびメンバーとPEC経営陣の間の意志統一や調整が恒常的に不十分であった，(3)直営のポートエレベーターを持たないため，本船荷積の遅れやブレンドマージンを取れないなどのデメリットを生み，(4)漸次商業ベースの輸出が増えていくことにともなう取引形態の変化（買手の民間企業化，取引ロットの大型化，着港CIF取引の増加など）に対応できなかったこと，などである[20]．

1968年にPECの解散と相前後して設立されたFEC (Farmers Export Co.) は，このような弱点の克服，とりわけポートエレベーターの直接経営（まずは飼料穀物・大豆の主要輸出拠点であるミシシッピ・ガルフ）による商業的輸出力の強化を目的としたものだった．

FECはコーンベルト，南部，大平原諸州の7地域農協によって設立されると同時に，ルイジアナ州アマにポートエレベーターを建設した．1970年代後半には輸出ブームに刺激され，またメンバー地域農協の増加（79年には12農協に）を受けて，ポートエレベーターを追加取得した．こうして1980年には太平洋岸，テキサス・ガルフ，ミシシッピ・ガルフの3拠点から直営エレベーターによって多品目輸出可能な，全米第4位規模の輸出ビジネスにまで拡張したのである．しかしこの事業規模ピークの1980年に大規模な損失を計上して，翌年からリストラ過程に入り，1985年にはついに解散に追い込まれた[21]．

このFEC崩壊の要因のうち重要なのは，借入金依存による脆弱な財務体質と，メンバー地域農協との間での垂直的な統合ないし連携の欠如である．前者については，設立後10年ほどの間に4つのポートエレベーターを建設・取得するという急激な拡張は，歴史的蓄積基盤を持たないがゆえに借入金に依存せざるをえなかった．1970年代のインフレ下では実質金利は極めて低かったが，80年代の高金利によって利払いが急膨張して収益を圧迫した．実際，この圧力のために投機的な取引ポジショニングに走ったことが経営破綻の直接の引き金となったのである．

後者については，前者のような財務体質ゆえに常に施設のフル稼働が要請

されるにもかかわらず，メンバー地域農協の対FEC出荷率は高まらなかった．これは両者の間の輸出穀物流通にかかわる垂直的な意志決定機構を最後まで確立できなかったことを意味する．メンバー農協は従前から保有していた各自のポートエレベーターを引き続き独自に経営し，さらにFECの拡張と並行して競合的な地区に新たな自己エレベーター取得さえ行なっていたのである．

要するに，1960年代の地域農協の輸出事業やPECが持っていた特質＝弱点のうち，複数拠点でのポートエレベーター直営という物理的な側面以外は結局克服できなかったことが，崩壊の基本的要因だったのである．

(2) 地域穀物農協の再編過程

輸出ブームの終焉は，その下で輸出・内陸の流通ビジネスを拡張していた多くの地域農協に深刻な反動をもたらした．またFECの巨額の損失はメンバー農協にも重い負担を与えて，それら自身の再編の引き金ともなった．

地域穀物農協の大規模な再編過程を，組織面を中心に表したのが図4-1である．1980年代に入ってからの組織再編は，主として3つの形態に分類できる[22]．

第1は，倒産あるいは経営不振で事実上倒産状態となったものである．この中には，穀物企業に施設が取得された場合と，他の地域農協に買収または吸収された場合とがある．

テキサス州（主要事業地域．以下同じ）のプロデューサーズ・グレイン（Producers Grain Corp. 1981年当時メンバー単協数187，経営エレベーター容量による全米穀物流通企業ランク11位）が前者のケースであり，1982年に解散し，5つのリバーエレベーターは一時アイオワ州の地域農協アグリ・インダストリーズ（AGRI Industries）がリース取得したものの，結局84年にコンチネンタル・グレインが取得した．

後者のケースとしては，地域穀物農協中最大であったファーマーコ（Far-Mar-Co. カンザス，ネブラスカ，テキサス，コロラド州）は1977年に全

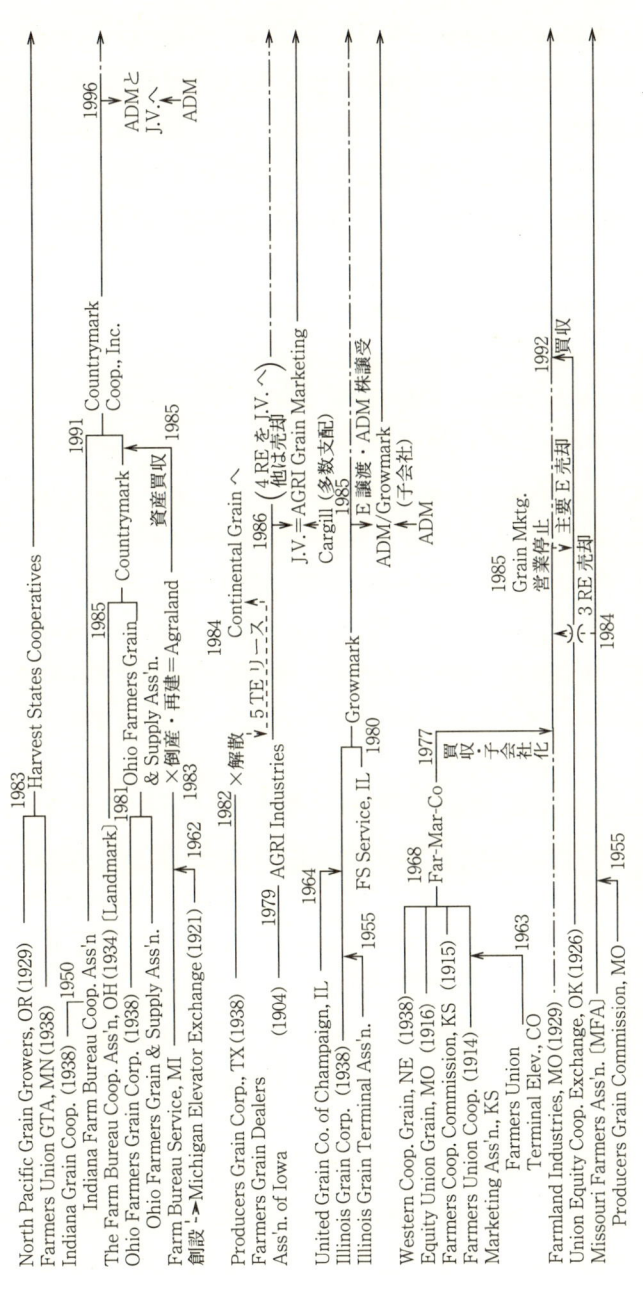

第4章 流通体系の歴史的推移と穀物農協の展開　211

図4-1 地域穀物農協（Regional Grain Cooperative）の主な再編経過図

注：1) 実線が穀物事業の継続、継承を表し、一点破線は農協としては継続していることを表す。
2) （ ）内は創設年次。
3) 州名を表す略記は以下のとおり、OR（オレゴン）、MN（ミネソタ）、OH（オハイオ）、MI（ミシガン）、TX（テキサス）、IL（イリノイ）、NE（ネブラスカ）、MO（ミズーリ）、KS（カンザス）、CO（コロラド）、OK（オクラホマ）。
4) エレベーター（E）の種類を表す略記は、TE（ターミナルエレベーター）、RE（リバーエレベーター）。

米最大の生産資材供給地域農協ファームランド・インダストリーズ（Farmland Industries）の子会社となった後も積極的な事業拡張を行なった（1981年のメンバー単協数819，穀物企業ランク2位）．しかし81年のFECからのポートエレベーター購入などが負債を膨張させ，82年に1,190万ドル，83年に760万ドルの連続大幅損失を出して事業縮小に取り組んだ．しかしファームランドは85年にファーマーコの営業を停止し，主要エレベーターはユニオン・イクイティ（Union Equity Cooperative Exchange. オクラホマ，テキサス州）に売却，残りはバンギ等に譲渡した．

かくて最大地域穀物農協となったユニオン・イクイティだが，これも1990年に1,220万ドルの損失（売上10億ドル）を計上し，92年にファームランド（当時メンバー単協数19州・1,820，売上36億ドル）に買収されることになる（被買収時点のメンバー単協数480，穀物企業ランク6位）．

またミシガン・ファームビューロー・サービス（Michigan Farm Bureau Serviceが子会社Michigan Elevator Exchangeによって穀物事業を経営．1981年のメンバー単協数71，穀物企業ランク49位）も83年に倒産してアグラランド（Agraland）としていったん再建された後，結局85年に下に見るカントリーマークに買収された．

組織再編の第2の形態は，地域農協同士の合併である．コーンベルト東部は1980年以来，地域農協の合併が相次いだ．すなわちまずオハイオ州内で，1981年に穀物農協オハイオ・ファーマーズ・グレイン（Ohio Farmers Grain Corp. 同年のメンバー単協数105，穀物企業ランク52位）が，生産資材供給農協オハイオ・ファーマーズ・グレイン＆サプライ（Ohio Farmers Grain & Supply Association）と合併した後，州内のもうひとつの穀物関連地域農協ランドマーク（Landmark. メンバー単協60，穀物企業ランク33位）と85年に合併してカントリーマーク（Countrymark, Inc.）を形成した．この時あわせて上記アグラランドの資産を買収し，また以上3農協による穀物輸出広域連合であったミッドステイツ（Mid-States Terminals）を吸収してこれらの穀物事業を一本化した．

第4章　流通体系の歴史的推転と穀物農協の展開　　　213

　その後, 1991年秋にカントリーマーク（当時メンバー農協数130, 穀物企業ランク17位, 年間売上9.3億ドル）は, インディアナ・ファームビューロー・コープ（Indiana Farm Bureau Cooperative Association, 同55農協, 第23位, 売上11億ドル）と合併し, カントリーマーク・コープ（Countrymark Cooperative, Inc.）を形成した. これによってコーンベルト東部一円をカバーする大型地域穀物農協（94年穀物企業ランク8位）が成立したのである.

　いっぽう北部大平原諸州をカバーするファーマーズ・ユニオン・グレイン・ターミナル・アソシエイションと北西太平洋岸地域をカバーするノース・パシフィック・グレイン・グロワーズが, 1983年に合併してハーベスト・ステイツ（Harvest States Cooperatives）を形成した（第1章第2節参照）. 誕生したハーベストは, 北中西部, 北大平原, 山岳部から北太平洋岸までにわたって春小麦, デュラム小麦, トウモロコシ, 大豆の各主産地をカバーし, 太平洋岸, 五大湖, ミシシッピ・ガルフの3地区にポートエレベーターを有し, 加えて国内穀物加工部門にも多角化した, 全米最大級の穀物関連地域農協となった[23]. さらに1998年には同じく北部大平原諸州を拠点とする生産資材供給地域農協のセネックス（Cenex, Inc.）と合併して, 年間総売上高85億ドル（1998年度両農協合計）の巨大規模農協セネックス・ハーベスト・ステイツ（Cenex Harvest States Cooperatives）となっている.

　この時点で複数の州にまたがって事業を行なう穀物販売地域農協は, 南部の米農協等を除けば基本的にセネックス・ハーベストとファームランド・インダストリーズの二大農協だけとなった. そして遂に2000年初めにはこの両者の合併によるメガ農協形成が計画されるに至り, したがって穀物販売部面における地域農協の再編はその単一化という究極の局面を迎えようとしている.

　話が前後したが, 地域穀物農協組織再編の第3の形態は, 穀物関連巨大アグリフードビジネスとのジョイントベンチャーという形式を取った事実上の穀物流通事業からの撤退であり, その結果メンバー単協の多くは前者への穀

物供給源となっている．

　イリノイ・グレイン（Illinois Grain Corp.）は1980年に同じイリノイ州の生産資材供給地域農協FSサービスと合併してグロウマーク（Growmark, Inc.）を形成した．しかしFECの経営悪化による損失負担や輸出向け穀物販売の低迷によって経営不振を脱せず，結局85年にADMに穀物流通部門を譲渡することになった（85年時点のメンバー単協数235，穀物企業ランク43位）．すなわちグロウマークの全7リバーエレベーターをADMの株式と引き換えに売却し，ADMはそれらを自社直営エレベーターと併せて新設完全子会社ADMグロウマークが運営するというものである．同社はFECのポートエレベーターも買収しており，ADMグロウマークはADMの膨大な加工原料穀物調達および輸出担当部門となり，グロウマーク自体は若干の手数料と配当を受ける株主と化した（生産資材供給事業は従前どおり）．またそのメンバー単協は，事実上ADMへのサプライヤーという位置づけに変わった．

　また上述のカントリーマークも，1996年にこれと類似したジョイントベンチャー形成をつうじて事実上ADMの穀物流通・加工システムの一環に包含された．すなわちジョイントベンチャーADMカントリーマークにADMが現金と株式を，カントリーマークが穀物流通施設を現物出資し，後者の穀物集出荷機能がADMの加工および輸出販売機能に結合されたのである．

　いっぽうアイオワ州および一部ネブラスカ州をカバーするアグリ・インダストリーズ（1981年のメンバー農協数330）も，86年に主要リバーエレベーターをカーギルが多数支配するジョイントベンチャー，アグリ・グレイン・マーケティング（AGRI Grain Marketing）にリース譲渡して，穀物流通事業から事実上撤退するに至った．

　アグリ・インダストリーズは1970年代の輸出ブームをつうじてもっとも積極的に事業拡張を進めた地域農協のひとつであり，FEC設立時からのメンバーであるにもかかわらず自社独自の輸出ビジネスを追求していた．すな

わち FEC がポートエレベーターを経営するルイジアナ州，テキサス州それぞれにおいて独自のポートエレベーター取得を行ない，それへの供給体制も強化した．これらは FEC 崩壊の一要因を作り出すとともに，輸出ブーム終焉後は過剰投資＝負債膨張となって自らの経営を極度に圧迫することになった．すなわち 1984 年度 983 万ドル，85 年度 2,130 万ドルの連続大損失を計上して倒産寸前となり，大幅な事業縮小に追い込まれたのである．

以上の諸形態をとって進められた再編の結果を，穀物エレベーター経営状況として見ると表 4-7 のようになる．1981 年をピークに，エレベーター総

表 4-7 地域農協・広域農業連合の穀物エレベーター経営の推移

(容量：千ブッシェル)

	エレベーター種類	1974 年		1981 年		1984 年		1989 年		1995 年	
		数	容量	数	容量	数	容量	数	容量	数	容量
地域農協	ポート	7	49,194	9	62,894	8	56,549	8	57,800	8	58,042
	リバー	19	35,608	27	48,535	29	54,313	15	33,250	18	40,031
	ターミナル	39	256,540	46	299,834	43	285,617	29	234,588	32	200,203
	サブターミナル	4	4,948	8	8,361	7	5,961	4	5,191	7	4,455
	カントリー	258	48,441	250	54,110	169	48,557	157	51,829	237	161,335
	小計	327	394,731	340	473,734	256	450,997	213	382,658	302	464,066
広域農協	ポート	2	10,000	3	14,700	3	17,500				
	リバー	3	11,851	2	4,537						
	ターミナル	4	7,694	3	3,408						
	サブターミナル										
	カントリー										
	小計	9	29,545	8	22,645	3	17,500				
合計	ポート	9	59,194	12	77,594	11	74,049	8	57,800	8	58,042
	リバー	22	47,459	29	53,072	29	54,313	15	33,250	18	40,031
	ターミナル	43	264,234	49	303,242	43	285,617	29	234,588	32	200,203
	サブターミナル	4	4,948	8	8,361	7	5,961	4	5,191	7	4,455
	カントリー	258	48,441	250	54,110	169	48,557	157	51,829	237	161,335
	合計	336	424,276	348	496,379	259	468,497	213	382,658	302	464,066

注：1) カントリーエレベーターのみの地域農協（1974 年の Gold Kist，1981 年の Gold Kist，Southern States Cooperatives，1989 年・1995 年の Gold Kist）は除いた．
2) 1974-1990 年の Riceland Foods のカントリーエレベーターは除いた．メンバー単協を吸収合併した後の 1995 年には含む．
資料：Thurston (1976), Thurston and Cummins (1983), and Susland Publishing, *Grain Directory*, various issues.

数・総容量ともに1989年まで大きく減少した．このうち，ポートエレベーター～サブターミナルエレベーターについて見ると，その数は1981年の98基から89年の56基と半分近くに減少（若干の取得もあったのでこの数字は純減）している．グロスで減少した57基のうち大規模穀物関連企業に取得されたものが23，その他企業が7，他の地域農協が4，単位農協が5となっており，その多くが上述の第1，第3の形態をつうじて大規模企業に吸収されたことを示している．

これらを表4-4，表4-5で検討したシェアの低下と合わせてみるならば，1980年代に入ってからの地域農協（広域連合を含む）の構造変化の過程は，全体としては縮小再編であったと言わざるをえない．歴史的なパースペクティブからすれば，戦後とりわけ1960年代に顕著となった集散市場型穀物流通体系の変容とその1970年代における終焉という市場構造の推転に対する，穀物農協系統（とりわけ地域農協）による輸出需要依存の拡張に偏重した対応は，ひとまず失敗に終わったと総括できよう．

しかしその要因を，穀物輸出ビジネス自体における弱点にだけ帰すことはできない．

既述のように穀物関連産業総体が大きくその競争構造を変えてきていた．すなわち，より少数の大規模多角的穀物関連企業が輸出だけでなく内陸流通にわたる流通諸段階を垂直的に統合し，かつ加工諸部門でも各部門での寡占度を高めながら多角化を進め，穀物の流通と加工を一貫した多角的・寡占的垂直統合体が構築されている．こうした統合体の形成によって経営的には寡占度の高い加工部門からの高い付加価値・利潤を実現し，需給状況の変化に対して穀物使途・販路の最適選択肢を企業内に確保して安定させ，それらのためにも穀物流通については諸段階間の調整を企業内化あるいは系列化によって垂直的に組織化した整合形態に変化させていた．穀物輸出もこうした統合体の持つシステム内のひとつの事業部門・販路として位置づけられており，そうしたもの同士による競争部門になっているのである．

したがって地域農協の地位低下は，自らの事業と組織を穀物産業のこうし

た競争構造に照応した形態に再編する上で，全体としては立ち遅れたことにその基本的要因があったと考えるべきである．

第3節 大規模地域穀物農協による多角的垂直統合体化アプローチ

1. 流通・加工部門にまたがる多角化と市場プレゼンス形成

以上のように穀物市場構造の変化に直面して，地域穀物農協（広域連合を含む）は全体としてはその地位を縮小せざるをえなかった．しかしその中にあって，構造変化に照応的な事業と組織の展開ないし再編を行なって，これまでの過程を生き残り，あるいは台頭してきた農協も存在する．具体的にここで取り上げるのはセネックス・ハーベスト・ステイツとアグ・プロセシング（Ag Processing, Inc.,）である．

上述のように穀物関連産業での集積形態と穀物市場構造変化のポイントは，流通・加工部門にまたがる多角化とそこでの寡占的地位の形成，およびそうした寡占的統合体による穀物流通諸段階間における垂直的組織化，であった．ハーベストとアグ・プロセシングの，他の地域農協に比しての事業と組織の特質は，それら2つの点にかかわるからである．

(1) セネックス・ハーベスト・ステイツ

セネックス・ハーベスト（本部ミネソタ州セントポール都市圏のインバーグローブ・ハイツ）は既述のように北中部から太平洋岸北部までの諸州を事業地域とし，その概要は表4-8のとおりである．

まず加工部門への多角化についてはGTA時代，それも早い時期から進めてきている．すなわち穀物・油糧種子加工分野への参入・拡張史を簡単に見ると，1942年にアンバー社（Amber Milling Co.）を買収してデュラム小麦製粉に参入，1958年にマクコーブ社（McCobe）を買収して飼料製造に参入，

表4-8 ハーベスト・ステイツとアグ・プロセシングの組織と事業施設の概要

		ハーベスト・ステイツ 1998年度	アグ・プロセシング 1995年度
メンバー単協数		560	326
年間総売上高（億ドル）		55.1	21.3
穀物集荷量（億ブッシェル）		11.5	4.2
穀物エレベーター	総容量（千ブッシェル）	146,096	61,130
	総数	172	39
	ポート	3	1
	リバー	6	3
	ターミナル	3	4
	サブターミナル	―	5
	カントリー	160	26
穀物加工場	小麦製粉所	5	―
	大豆破砕工場	1	7
	食用油加工場	12/2	2
	飼料工場	10	55/2
	トウモロコシ加工場	―	1

注：1) ハーベスト・ステイツのデータは，セネックスとの合併（1998年6月1日）直前の1998年度（1998年5月31日まで）についてである．
2) 穀物集荷量には大豆などの油糧種子も含む．アグ・プロセシングの数値は概数．
3) ハーベストの「大豆破砕工場」は精油プラントを併設している．「食用油加工場」は1996年に発足した三井物産との合弁企業ベンチュラフーズ社の食用油加工食品工場を指す．
4) アグ・プロセシングの「食用油加工場」は大豆油精製工場を指す．「飼料工場」はADMとの合弁企業コンソリデイティッド・ニュートリション社の経営工場（カナダを含む）である．

資料：U. S. SEC Edgar Database, *Cenex Harvest States Cooperatives 10-K Report 1998*, Cenex Harvest States Home Page, Ag Processing, Inc., *1995 Annual Report*，アグ・プロセシング本部聞き取り調査（1996年8月），Sosland Publishing, *Grain Directory/Grain and Milling Annual*．

1960年にハニーメッド社（Honeymead）を買収して大豆破砕に参入，1961年にミネソタ亜麻仁油社（Minnesota Linseed Oil）を買収して亜麻仁・ひまわり搾油に参入，1965年にフロイドタート社（Froedtert）を買収してモルト製造に参入，1967年にマーガリン・ドレッシング・マヨネーズ・ソース等のメーカー・ホルサムフーズ社（Holsum Foods）を買収して植物油高次加工に参入，1990年に3社を買収してドレッシング，スープ部門を拡充，

1991-92年に2社を買収して飼料部門を拡充, 1992年に1社を買収してドレッシング部門を拡充, 1995-97年に3製粉所を新設して能力を3倍化すると同時に一般小麦製粉に参入, というように穀物・食品加工への多角的事業構成は1960年代末には形成されており, その後もそれを拡充強化してきている.

なおハーベスト・ステイツとセネックスとの合併に関しては, 「後者の生産資材供給事業, とくに種子, 肥料・農薬, および技術サービス事業がハーベストの穀物集荷, 販売, 加工事業と結合されることによって, 穀物セクターにおける投入段階から輸出や製品加工という産出段階にまで商品連鎖を縦断的に結合するシステム化を図る」ということに戦略的な目的のひとつが含まれているという. 現局面では穀物産業においても, 遺伝子組み換え品種を含めて, 品質・属性特定的な用途需要に応えるための「特定性保持」(identity preserved＝IP)穀物・油糧種子や同加工製品の流通と加工, そのための種子・栽培方式という, 投入段階から収穫後の集荷・流通, 加工にまでいたる垂直一貫的なIPシステムの構築と商業的利用が進展し始めているからである.

さらにファームランド・インダストリーズとの合併が実現したら, 生産資材供給や穀物集荷など両者がともに有する分野について水平的な規模が一挙に拡大するのは言うまでもない. 同時に, 穀物産業諸系列の中でも小麦－製粉系列, トウモロコシ－飼料系列, 大豆－食用油系列のそれぞれ川上・川中分野および穀物輸出分野に相対的な強さを有するセネックス・ハーベストと, 飼料－畜産・食肉加工系列の川中・川下分野に相対的な強さを持つファームランドとの結合は, 穀物関連産業の複数の系列にまたがりながら垂直的に多角化し, かつ主要な分野で寡占的な上位シェアを占有するという穀物関連アグリフードビジネスが主導してきた寡占的垂直統合体形成に, より接近することを意味しよう.

次に各分野での地位について見よう.
まず穀物流通では, 1997年時点でエレベーター総容量ベースで国内第8

位であり，種類別に容量シェアを見るとポートエレベーター10.4%，リバーエレベーター3.9%を占めている．また穀物総集荷量は1995年度11.5億ブッシェル，96年度16.9億ブッシェル，97年度12.8億ブッシェル，98年度11.5億ブッシェルとなっており（表4-9のA欄），ADMやカーギルという最上位の多国籍穀物企業に準ずる規模に達している（例えば第2章第2節で見たように，ADMの1992年推定総集荷量は12〜13億ブッシェルであった）．

また穀物輸出については，1997年の推計輸出量ベースで第1位カーギルの31.7%，第2位ADMの17.2%についで第3位・11.8%に達していた．なおセネックス・ハーベスト本部調べによれば，1998年度の穀物輸出シェア第1位はカーギルで32.1%，第2位ADM23.0%，第3位がセネックス・ハーベストで13.2%であった（さらに第5位ファームランドが3.2%であり，合併を想定して単純合計すると16.4%ということになる）[24]．

表4-9 セネックス・ハーベスト・ステイツの近年の穀物集買量，穀物販売額，原料使用量

(単位：千ブッシェル，%，百万ドル)

		年度		1994	1995	1996	1997	1998	1999
集買量		穀物等総計	A	816,421	1,148,952	1,692,439	1,280,557	1,145,852	1,169,393
	種類別	小麦	B	445,202	457,685	505,607	478,978	416,067	412,967
		トウモロコシ	C	185,121	342,832	777,631	425,851	347,494	406,616
		大豆	D	68,326	172,025	234,930	219,687	229,558	230,239
		その他	E	117,772	176,410	174,270	156,041	152,733	119,571
	メンバーからの比率		F	64.4	62.7	56.7	59.2	62.9	67.2
	ラインエレベーター経由率		G	17.3	13.9	12.6	15.6	18.7	n.a.
穀物販売総額			H	3,086.5	4,191.7	7,127.2	6,036.5	4,629.6	3,309.3
原料使用	小麦	加工原料使用量	I	16,930	17,696	22,389	28,104	31,363	36,375
		集買量に対する比率	J	3.8	3.9	4.4	5.9	7.5	8.8
	大豆	加工原料使用量	K	24,136	30,808	30,446	32,232	32,626	36,759
		集買量に対する比率	L	35.3	17.9	13.0	14.7	14.2	16.0

注：1) 年度末期日は1998年度までは当該年5月31日，1999年度は8月31日．
　　2) 「ラインエレベーター経由」は，Agri Service Centerによる取扱量．
　　3) 原料使用量には，この他に飼料部門でのトウモロコシ等使用がある．
資料：U. S. Securities and Exchange Commission Edgar Database, *Harvest States Cooperatives 1996 S-1 Report*, *1998 10-K Report*, and *1999 10-K Report*.

第4章 流通体系の歴史的推転と穀物農協の展開 221

次に穀物加工分野であるが，そのうちデュラム製粉では国内最大メーカーであり，1997年時点で能力ベースのシェアは25％強に達している．また1994年度から新製粉所の連続的な建設による製粉部門大増強計画に乗りだしており，1995年にウィスコンシン州新製粉所操業でパン用一般小麦製粉にも本格的に参入し，1997年にもテキサス州新製粉所が操業開始した．こうして1997年までで小麦製粉全体で5製粉所・日産能力60,000cwt，全米第7位・シェア3.9％となった．さらに1999年にペンシルベニア州で新製粉所（18,000cwt）が操業し，またフロリダ州でも14,000cwtの新製粉所建設計画が決定されており，これらの合計92,000cwtを97年ランキングに単純に当てはめれば第4位，シェア6％に相当することになる[25]．こうした能力増強の結果，1990年代半ば以降はセネックス・ハーベスト内部での小麦の製粉利用は量・比率とも高まり，1999年度では約3,600万ブッシェルで小麦集買量のうち8.8％となっている（表4-9のI，J欄）．

大豆加工のうち大豆破砕（搾油）および精油はハニーメッド事業本部が担当している．破砕は1工場・年間加工量約3,700万ブッシェル（1999年度）であるから，集買量のうち16％を農協内で加工しているが，それ自体としての規模・市場シェアともに大きくはない（表4-9のK，L欄）．しかし当農協の大豆加工系列の特徴は，川下，つまり最終小売製品にいたるまでの高次加工段階に展開していることと，その川下の特定分野で高い市場プレゼンス形成を図っていることである．すなわち子会社ホルサムフーズが担当する植物油高次加工部門は1994年までに4工場を経営してマヨネーズ，ドレッシング等の最終小売製品を製造していたが，さらに1996年には三井物産子会社ウィルゼイフーズ（Wilsey Foods, Inc.）との合弁会社ベンチューラフーズ（Ventura Foods, L.L.C.，ハーベスト40％，ウィルゼイ60％出資）に移行し，合計12工場を経営する全米最大の小売用包装食用油加工品メーカーとなったのである．

なおこのように大豆－食用油系列の川下部門が先行的に拡充するのに合わせて，1999年には大豆破砕・精油の第2工場の建設も決定している．

表 4-10 ハーベスト・ステイツとアグ・プロセシングの損益・財務指標推移

(単位：%)

年　度 平　均 期　間	総資本利益率			長期負債・自己資本比率		
	ハーベスト・ステイツ	アグ・プロセシング	地域穀物農協平均	ハーベスト・ステイツ	アグ・プロセシング	地域穀物農協平均
1972-74	8.3	—	8.1	26.9	—	46.2
1975-77	6.2	—	7.7	10.8	—	47.7
1978-80	4.1	—	4.1	35.2	—	65.2
1981-83	0.6	—	1.0	53.6	—	82.4
1984-86	−1.6	2.7	0.9	67.8	95.8	72.4
1987-89	4.5	17.2	4.0	32.4	50.1	56.4
1990-92	5.8	17.7	n.a.	23.4	26.8	n.a.
1993-95	5.6	10.6	n.a.	17.7	28.4	n.a.

注：1) 利益は，税引き前・配当前利益とした．
　　2) 地域穀物農協平均の1972-74年度欄は1971年度と74年度の平均値，1987-89年度欄は1987年度と88年度の平均値である．
　　3) ハーベストの1982年度まではファーマーズユニオンGTAの数値．
資料：Harvest States Cooperatives, *Annual Report*, various issues, Ag Processing, Inc., *1995 Annual Report*, Ingalsbe (1992), and Wineholt (1990).

　以上のように，ハーベストは非常に早い時期から加工諸分野への多角化とそこでの地位強化を開始しており，その利益構成は1990年代半ばには1位油糧種子搾油，2位飼料製造，3位デュラム製粉，4位植物油・食品加工，5位穀物販売となっていた[26]．

　穀物流通体系の変化に対してこうした多角化戦略をとってきたことが背景にあって，1970年代にも輸出ブームへの過度依存を避けることが可能になったといえる．すなわち地域農協が大幅にエレベーター拡張を行なった1970年代後半に，ハーベストの前身2組織は全体としてほとんど拡張していない．このため借入金による投資が抑制され，多角化自体による経営安定効果とあいまって，穀物関連地域農協の多くが破綻した1980年代農業不況期にやはり長期負債増加・財務体質悪化はあったものの，経営破綻にはいたらずにこれを食い止めて乗り切ることができた（表4-10参照）．そして全体として見れば，第1章第3節3で検討したように1980年代終盤以降は利益率の水準と安定性の両面で，収益性を目立って改善したのである（第1章の表1-6も参照）．

(2) アグ・プロセシング

1983年に創設されたアグ・プロセシング(本部ネブラスカ州オマハ)の母体となったのは,大豆破砕専業地域農協ブーンバレー(Boone Valley)と,ファームランド・インダストリーズおよび大型酪農地域農協ランド・オ・レイクスの大豆破砕部門であり,それぞれの破砕工場数は1,3,2であった.

大豆破砕部門はもともと相対的に集中度の高い産業であったが,1970年代後半からは上位企業による他企業買収をつうじた本格的な寡占化が始まっていた.加えて1980年代のドル高によって南米大豆破砕産業との国際競争力が低下し,上述3農協の各大豆事業は苦境におちいった.そこで個々では小さすぎるシェアと,互いに重複・競合さえしている状況の克服を目指して,それらを合同して設立されたのがアグ・プロセシングである.

これによってシェア9%程度を実現したが,さらに次のような事業と組織の再編が行なわれた.まず既存工場の一部閉鎖・縮小による過剰能力削減と人員の大幅削減によるリストラを実施し,さらにマネージメントおよび集買・販売(原料大豆集買,製品販売,ヘッジオペレーション)の集中化を行なった.また1985年には経営不振におちいったアグリ・インダストリーズの大豆破砕2工場を買収した.こうして現在では大豆破砕産業においてADM,カーギル,バンギに次いで第4位・シェア約12%と,寡占的地位の一角を占めるようになった(さらに1996年に新工場建設開始).

事業多角化という点では,大豆加工における前方統合を二様の形で進めてきている.まず1985年に大豆油の精製工場を新設し,さらに1991年の別の精製工場買収とあわせて,アグ・プロセシングが生産した大豆油の75%を自社内で精製する体制を構築した.

いっぽう大豆破砕のもうひとつの生産物・大豆ミールの高次加工としての,配合飼料製造に進出した.すなわち1991年に,ADMとのジョイントベンチャー企業AGP・LP(出資比率アグ・プロセシング80%:ADM 20%)を設立して,多国籍アグリフードビジネスであるマルチフーズ社(International Multifoods Corp.)の北米飼料事業を買収し,国内第9位の飼料メーカ

ーとした．さらに94年にはADMが同じくセントラル・ソイヤ（Central Soya, Inc., イタリア本拠のヨーロッパ最大級アグリフードビジネスであるフェラッツィの子会社）から買収した飼料部門を結合して新ジョイントベンチャー企業コンソリデイティッド・ニュートリションとし（Consolidated Nutrition, L.C., 出資比率アグ・プロセシング50％：ADM 50％），国内3位に拡大している．

さらに1996年にはトウモロコシ加工（ドライ方式のエタノール生産）にも進出した．アグ・プロセシングの末端生産者は大豆とトウモロコシの双方を栽培しており，したがってメンバー単協も両方を集荷している．このメリットを生かし，かつ同農協システム内でのトウモロコシの販路・付加価値形成を図るのがねらいである．

表4-10に見るように，アグ・プロセシングの経営は設立当初は大きな負債を抱えていたものの[27]，その後は非常に高い利益率をあげ，それによって短期間のうちに財務体質を改善・強化している．これらは，加工部門での一挙的な上位シェア獲得，その下でのマーチャンダイジングとマーケティングの集中によるバーゲニングパワー形成，加えて高付加価値部門への前方統合的多角化という一連の戦略的再編の重要性をものがたっていると言えるだろう．

2. 穀物流通における垂直的組織化

(1) セネックス・ハーベスト・ステイツ

セネックス・ハーベストの穀物流通事業における垂直的な組織化の特徴は，第1に輸出用ポートエレベーターを五大湖，太平洋岸北部，ミシシッピ・ガルフの3拠点で直営し，かつ後二者の後背地に複数のリバーエレベーターを配置してバージによる内陸部からの企業内供給体制を築いていることである．複数拠点からの輸出能力を有することの重要性は前述のとおりであるが，同時にポートエレベーターに対する内陸からの強力な供給体制も今日の穀物輸

出ビジネスにとって不可欠の競争条件となっている[28]．ハーベストはこの2つの条件を農協系で初めて併有することになったのである．またこの場合，自社輸出販売能力の拡充の1つの手法・ステップとして多国籍穀物企業とのジョイントベンチャーを積極的に活用していることも特徴であった（太平洋岸北西部からの輸出について，コンチネンタル・グレインとのトウモロコシ・大豆輸出ジョイントベンチャー TEMCO，および三井物産子会社 UGC との小麦輸出ジョイントベンチャー，ユナイティッド・ハーベスト．第2章の表2-10も参照）[29]．

第2の特徴は，以上のような中継ー輸出（最終販路）段階の統合だけでなく，産地集荷段階との垂直的組織化を進めている点である．そのひとつはファームマーケティング&サプライ事業本部（Farm Marketing & Supply Division）が統括する多数のラインエレベーター（直轄カントリーエレベーター）経営である．ラインエレベーターはその数が1994年度115から，95年度121，96年度144，97年度154，98年度160といっそう増強されている．その結果それらをつうじた集買量も一貫して増加し，増減幅の大きい総集買量に対する比率も上昇して19%に達している（前掲表4-9のG欄）．これはセネックス・ハーベストの輸出を含む穀物販売および加工事業にとってのより安定的で強力な調達基盤が（つまり同農協内穀物産業系列の川上段階が），さらに拡充してきていることを意味する．

このようにラインエレベーター網はもっとも安定的な集荷チャネルであるが，それでも同農協の総販売量に対しては依然としてマイナーな部分に過ぎない．いっぽうメンバー単協からの穀物集荷は総集買量の60~70%という大半の部分を占めるが，安定性の面では劣らざるをえない．さらにラインエレベーター経営とメンバー単協とは競合関係にも立ちうる．こうした地域農協と単協との矛盾的な諸側面を，単協（そのメンバー生産者）との合意を尊重しつつ統合しようとするのが1990年代に入って取り組まれている「地域経営統合化」プログラムである[30]．

その基本的内容は，(1)複数の単協とラインエレベーターが近接している

地区，あるいはそれら単協が経営上強力な支援を必要としているようなケースを主な対象とし，(2)それら複数のメンバー単協同士が統合し，同時にそれらが当該地区の直営ラインエレベーター事業と合併され，合併事業体ごとに新たな地域事業単位 (operating unit) としてハーベストの一部となる．この事業単位の所有権は直接には100％ハーベストに属する．(3)旧単協の組合員生産者は，いわばハーベスト本体を介して当該地域事業単位に出資所有権を有するようなものとも言えるが，法形式上はあくまでハーベストの直接組合員に転換する．

このように所有権上はメンバー単協がハーベストに吸収合併されることになるが，同時に一定のアイデンティティが保たれる．すなわち，(4)地域事業単位には生産者理事会 (farmer board) が設置され，一定の制限された権限を有する．具体的にはマネージャーの選定・雇用の権限を有し，日々の運営（集荷，販売，輸送，経理）はそのマネージャーと生産者理事会とが，ハーベストのファームマーケティング＆サプライ事業本部および穀物販売事業本部 (Grain Marketing Division) とのコミュニケーションに沿いながら執行する（マネージャーはしばしば本部からの派遣人員であったり，あるいは本部で教育・研修を受けた人材でもある）．重要な投資や事業変更については生産者理事会で決議した上でハーベストに上申され，後者が最終判断を下すのである．そして(5)利用高配当については各地域事業単位毎にファンドが設けられ，それぞれの業績に応じて配当される．

1992年にこのプログラムが開始され，1999年度までに17地区で実施されている[31]．恒常的な取引関係にあるメンバー単協数は350程度とされているので数の上ではなおマイナーにも見えるが，メンバー（単協および生産者）からの穀物集買量（前掲表4-9のF欄にあるように総集買量の6割強を占める）のうちの20％程度に達しているとのことなので，量的には相当の比重を占めつつある[32]．このうち南ダコタ州ミッドウェスト農協の事例を見ると，単協サイドからは1列車単位（ユニット・トレイン）でないと貨車の確保や有利な運賃を享受できないこと（その調達のためにはハーベストの持つ

スケールメリットが必要)が強い契機となり，また当初は単協の複数のエレベーターのうち一部をしかも経営だけを一体化するパートナーシップに取り組んだことで組合員の合意を獲得したという，段階的なプロセスを踏んでいる[33]．一般的にも，単協単位では配置するのが困難な穀物販売や営農技術サービス等の専門マネージャーを規模の経済効果によって雇用することができ，効率性が向上すること，ユニット・トレイン出荷能力の装備など施設の増強や更新が可能になることが狙いであり，効果であるとされている．

これは穀物農協システムにおける垂直的整合形態の再編・展開として，非常に注目される．というのは，この地域経営統合化が進展するほど，従前のメンバー穀物単協はセネックス・ハーベストに吸収・合併されて単協（集荷段階）－地域農協（中継段階および販売・加工段階）が垂直的に統合されること，穀物生産者はハーベストの直接組合員になること，したがってまたハーベストは連合型（federated）から集中型（centralized）の地域農協へ転形していくことを意味するからである．

以上のようなハーベストの穀物流通・加工事業の組織とそこでの流通フローを総括的に図示すると図4-2のようである．

1998年度の総集荷量11.5億ブッシェルのうち，約63%・7.2億ブッシェルがシステム内部（メンバー）から，残り37%・4.3億ブッシェルが外部から集荷された．前者のうち2.1億ブッシェルはラインエレベーターを介して集買されており，さらにそのうち約1.4億ブッシェルは上述のように経営統合化された地域事業単位をつうじたものということになる．5.1億ブッシェル程度は独立したメンバー単協からの集買となる．

以上によって買付・集荷された穀物の販路選択・販売は，穀物販売事業本部のトレーディング本部によって集中されており，1998年度ではそのうち約4.7億ブッシェル（集買量に対して約4割）が輸出販売された[34]．このうち太平洋岸北西部からの輸出は，上述のようにジョイントベンチャーを介しての輸出販売である．

ハーベスト内部加工原料として小麦3,100万ブッシェル，大豆3,300万ブ

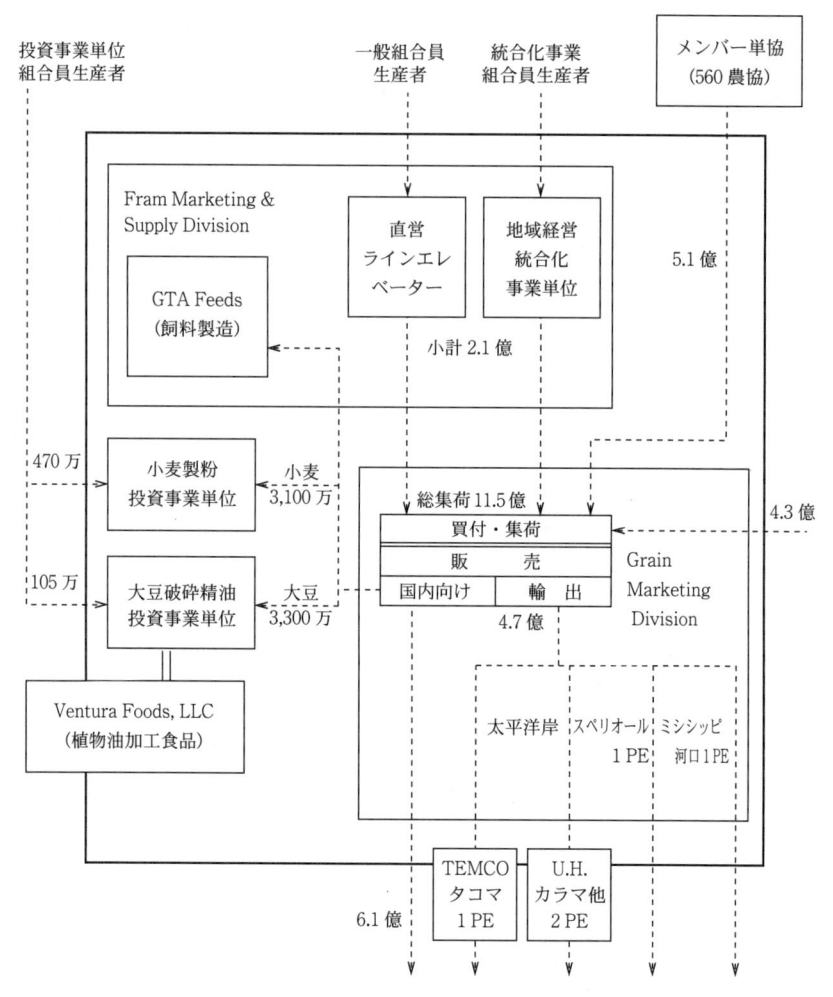

図 4-2 ハーベスト・ステイツ農協の事業組織と穀物流通フロー（1998 年度基準）

注：1) 太線の囲みはハーベスト・ステイツ農協の範囲を，その内部の細線の囲みは同農協内の事業本部，事業部，ないし投資事業単位（資本の一部を生産者からの出荷権利株方式直接投資に開放）を示す．
　　2) 太線をまたぐ事業単位は外部企業とのジョイントベンチャーであり，Ventura Foods と U.H.(United Harvest) は三井物産，TEMCO はコンチネンタル・グレイン（当時）が相手である．PE はポートエレベーターの略．
　　3) 点線矢印は穀物流通フローを示し，数字はその概数で単位はブッシェル．

ッシェルが使用され，残り約6.1億ブッシェルからハーベスト内部飼料製造用トウモロコシ等を除いた分が国内他企業に販売されたことになる．

このようにハーベストの穀物流通システムにあっては，まずラインエレベーターと地域事業単位からのチャネルにおいて産地集荷段階が所有権統合によって内部化されている．それぞれの事業単位のマネージャーに集買についての日々のオペレーション裁量は与えられているが，出荷・販売については穀物流通事業本部トレーディング本部の提示にもとづいて行なわれるから後者に集権化されていると判断される．したがってまた集買された穀物を，ハーベスト内部加工，輸出向け販売，および国内他企業への販売という諸用途・販路に配分調整し，かつ集中的に販売するという中継段階と最終販売・加工段階とが，やはり内部的に一体化されていることになる．

企業内加工分野の厚みや世界大の輸出販売機能という川下段階での内部化・垂直的統合化ではカーギルやADMになお及ばないものの，集荷チャネルの内部化・組織化ではむしろより強い整合化形態を取っており，全体としてそれら巨大規模の多国籍アグリフードビジネスに近似した穀物流通の企業内垂直的組織化を実現してきている．

(2) アグ・プロセシング

アグ・プロセシングの場合，AGP穀物農協（AGP Grain Cooperative）と子会社AGPグレイン社（AGP Grain Ltd.）の2つの穀物流通事業体を擁しているが，その成立契機はいずれも外部的なものだった．

1985年にアグ・プロセシングは経営不振のアグリ・インダストリーズから大豆破砕工場を取得したが，同農協は既述のように翌1986年には穀物流通事業を事実上カーギルに譲渡した．この結果，アグリ・インダストリーズのメンバー単協（主としてアイオワ州，ネブラスカ州）はアグ・プロセシングのメンバーとなって加工用大豆はアグ・プロセシングに販売するが，その他の大豆や穀物はライバルのカーギルに事実上販売することになってしまうので，新たな販路を模索していた．そこでこれに応えるために1991年AGP

穀物農協が設立されたのである．

　いっぽう同年に買収したマルチフーズの飼料事業にはミネソタ州オンタリオ湖岸ダルースのポートエレベーターを含む穀物エレベーター群（北ダコタ州，オハイオ州）が付随していたため，その受け皿として設立したのがAGPグレイン社であった．

　この両事業体を含むアグ・プロセシンググループの主要事業組織と穀物流

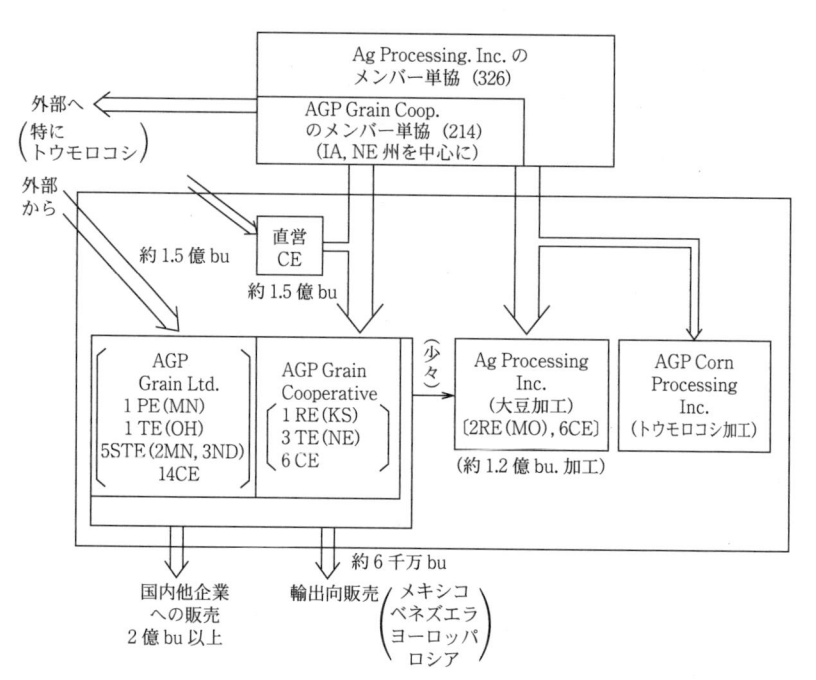

```
                    ┌──────────────────────┐
                    │  Ag Processing. Inc. の │
                    │   メンバー単協 (326)    │
外部へ ←────────────┤                      │
(特に               │ AGP Grain Coop.       │
 トウモロコシ)       │ のメンバー単協 (214)   │
                    │ (IA, NE 州を中心に)    │
外部                │                       │
から                └──────┬───────────────┘
                           │
         約1.5億bu      ┌──┴──┐
    ─────────────→    │直営  │
                       │ CE   │
                       └──┬──┘
                       約1.5億bu
  ┌─────────┐ ┌─────────┐     ┌─────────┐ ┌─────────┐
  │  AGP    │ │AGP Grain│(少々)│Ag Processing│ │AGP Corn │
  │Grain Ltd│ │Cooper-  │─────→│   Inc.   │ │Processing│
  │1 PE(MN) │ │ ative   │     │(大豆加工) │ │   Inc.   │
  │1 TE(OH) │ │1 RE(KS) │     │[2RE(MO),6CE]│ │(トウモロコシ加工)│
  │5STE(2MN,3ND)│3 TE(NE) │   │(約1.2億bu.加工)│ │         │
  │14CE     │ │6 CE     │     │          │ │         │
  └────┬────┘ └────┬────┘     └──────────┘ └─────────┘
       │           │        約6千万bu
       ↓           ↓        ┌メキシコ
   国内他企業  輸出向販売   ┤ベネズエラ
   への販売              ＼ヨーロッパ
   2億bu以上              ＼ロシア
```

図4-3　アグ・プロセシング（AGP）グループの事業組織と穀物流通フロー

注：1）　本図は1995年度基準で作成した．
　　2）　図下部の四角の囲みがアグ・プロセシング農協グループの範囲を示し，その内部の四角の囲みは同グループ内の各農協および子会社を示す．
　　3）　矢印が穀物流通フローを示し，数字はその量の概数で単位（bu）はブッシェル．
　　4）　州名の略記は，IA（アイオワ），NE（ネブラスカ），MN（ミネソタ），OH（オハイオ），ND（北ダコタ），KS（カンザス），MO（ミズーリ）．
　　5）　エレベーター種類の略記は，PE（ポートエレベーター），RE（リバーエレベーター），TE（ターミナルエレベーター），STE（サブターミナルエレベーター），CE（カントリーエレベーター）．

通フローの概念図を図4-3に示した．AGP 穀物農協はアグ・プロセシング本体（大豆加工のAg Processing, Inc.）のメンバーとは区別してそれ自体のメンバー単協からなっており，これらを主な集荷対象としている．またAGPグレインは発生史的に単協メンバーという基盤を持たず，本来の主要事業地域からも離れているため，それ自体は純粋の穀物流通企業である．そして現在までのところ，アグ・プロセシング内の他の事業との穀物流通上の連関はほとんど形成されていない．ただし両事業体が集荷した穀物の販売を一本化している．なお1997年になってAGPグレイン社のエレベーター群のうちアグ・プロセシング本体の事業基盤，したがってメンバー単協とのつながりがない東部地域（オハイオ州，インディアナ州）の9エレベーターはカーギルに売却している．

いっぽうAGP穀物農協とそのメンバー単協との間では，固有の流通段階間垂直的整合の様式が導入されている．それは「経営単一化パートナーシップ」(Partnership with Single Management Concept)と呼ばれるもので，基本的内容は(1)AGP穀物農協が単協の所有権を取得することはなく，組織上は別個のままである．(2)しかし単協側が施設（カントリーエレベーター）を提供し，AGP穀物農協側が運転資金，トレーディング，輸送サービス（鉄道会社との年間ユニット・トレイン契約を利用した安い運賃の貨車確保など）を提供する一種の共同事業であり，その経営は一本化（single profit-center化）される．(3)生産者からの買付価格やマージンはAGP穀物農協と単協との合議で決定され，利益の分配は単協70%，AGP穀物農協30%，というものである（1996年8月までで5件設立）．セネックス・ハーベストの「地域経営統合化」とは(1)と(3)の点で異なり，より緩やかな経営合同の形態であるが，これまでの一般的な単協・地域農協間の関係と比べれば明らかにより組織化された垂直的整合形態である．

第4節　新世代農協：加工進出と垂直的組織化のもうひとつの
アプローチ

1. 新世代農協の特質と検討視角

(1) 新世代農協の特質

　本節では，穀物セクターにおける農協が直面する加工分野への進出と流通諸段階間の垂直的整合の強化という課題に対する，もうひとつの，農業生産者によるより直接的なアプローチとして，新世代農協（New Generation Cooperatives）を取り上げる．新世代農協を差し当たり特徴づけると，それは事業内容および組織構造において以下のような顕著な共通の特質を有する農協群である．

　第1に，それらは先駆的，端緒的には1970年代・80年代に起点を持ち，1990年代に大量現象化した．地理的に北ダコタ州，ミネソタ州にもっとも集中し，一部その他の中西部やカナダにも波及しつつある．

　第2に，穀物地帯の従来の多くの農協（以下，主流派農協と呼ぶ）が未加工農産物販売と生産資材購買を主たる事業にしていたのに対し，新世代農協は農産物付加価値事業に専念している．それらは基本的には穀物をはじめとする農産物の加工であり，一部に特産品共同販売を含んでいる．

　第3に，従来の主流派農協が組合員資格に関して非常に開放的で，加入・退出が事実上無制限であったのに対し，制限的な組合員資格方式を取っている．具体的には(1)相対的に多額の出資を事前に行なうことを要件とする（主流派農協では加入に際しての出資は名目的なだけの少額で，多少とも農協と取引があればよい），(2)農協と組合員との間で，原料農産物について法的拘束力のある出荷権利・義務関係を結ばねばならない（主流派農協では農協は組合員出荷物を無制限に受け取らなければならないが，組合員の側には出荷義務はないという片務的関係），という形で制限的である．

第4に，組合員を農業生産者としてと同時に投資家的な利用者として位置づける所有および分配の方式を取っている．具体的には(1)出資持ち分は農産物出荷権利・義務量と比例的に結合しており，譲渡可能であり，かつその価値が農協の業績を反映して増減する（主流派農協では譲渡不可能で，償還もきわめて緩慢であり，それも額面ないし簿価の低い方でしか償還されない），(2)出資持ち分（それは利用高にも比例的に直結）に対して，利益のうち典型的には80％程度という高い割合の現金配当を行なう（主流派農協では配当のうち現金配当は典型的には20％程度であり，残りは各種形態の内部留保とされる．また出資高と利用高は切り離されているが，前者に対する配当は日本と同様に州法で典型的には8％までに制限されており，かつ大半の農協は配当していない），というのがそれである．

(2) 新世代農協を検討するための視角と限定

以上のような新世代農協を分析・検討するにあたっては，少なくとも3つの視角を設定する必要があると考えられる．

第1は，本章でこれまで行なってきたところの，穀物セクター（あるいはもっと広く農業・食料セクター）が構造変化する中で，農業生産者とその協同的事業体が直面する加工進出と垂直的組織化という課題への対応として位置づけ，その中で意義や制約を検討するという視角である．

第2は，そうした課題に応えようとする時に従来的農協が有する組織構造上の問題点の克服形態として新世代農協を位置づける，という視角である．上にあげた第3，第4の特質が生まれる背景と意義をどうとらえるかという点に関わる．

第3は，農産物市場遠隔地および条件不利地域における農村経済開発（ないし再生）の経路，あるいは戦略として位置づけ，その存立条件や意義を検討するという視角である．上にあげた第1の特質，つまり地理的に見て北部大平原地域に（少なくとも今までのところ）集中的に発生，立地している事実をどう理解するかという問題である．

本節では，主として第1の視角から検討する．ただし，農業・食料セクターの構造変化の下で農協が組織・所有構造上の革新や再編（株式会社化も含む）に直面しているという先進諸国共通の問題状況を念頭におくと，第2の視角を無視できない．そこで以下，この視角をめぐるアメリカでの理論上の論点を，最小限必要な範囲で摘要しておきたい．

新世代農協の理論的把握について注目すべき見解を提示して，アメリカ・カナダでの議論をリードしていると思われるのはクックや，ハリスとフルトンらであるが，その主張を端的に要約すると次のようである．すなわち(1)農業・食料セクターの工業化が不可逆的に進行しており[35]，それに農業生産者の協同組合が対応するには集約的投資のための資本調達が重大な課題となっている．(2)ところが従来的農協は「あいまいに措定された所有権」(vaguely defined property rights，以下「あいまいな所有権」と表現する）構造を持っているために，組合員に十分な出資をうながす誘因を欠いている．(3)その問題に対処するためには，農協は一般株式会社（投資家指向企業＝investor-oriented firm）への転換を含む，構造的再編の選択肢に直面している．(4)新世代農協の登場（あるいはそれへの転換）はそうした選択肢の中での協同組合的な再編形態である，というものである．

「あいまいな所有権」問題とは新制度学派の「組織の経済学」から援用された概念で，資産に対する所有権の不明瞭さ，保障の不十分さ，譲渡不可能性から発生する諸問題で，資産価値の正しい保全誘因の消滅，投資忌避や資産防衛的行動への傾注，資産とその最適利用者との乖離などが含まれる．従来型の主流派農協は，建前はともかく実質的には利用と所有（出資）とが（特に量的に見た場合に）著しく乖離していること，その上で所有に対する報酬（すなわち出資配当）が強く制限され，かつ所有権（出資持ち分）の譲渡が事実上不可能なので回収も困難であるために，「あいまいな所有権」問題が典型的に現れているという[36]．

具体的には，フリーライダー問題，受益期間問題，資産運用問題等が主なものである[37]．

第4章　流通体系の歴史的推転と穀物農協の展開　　　　235

　主流派農協では所有（出資）が事実上利用の前提になっていないほどに両者が乖離しているから，フリーライダーが生じざるを得ない．また組合員資格（出資）と出荷義務も結合していないので，組合員が自分の都合の良いときだけ農協に出荷するといった機会主義的行動も生じる．

　受益期間問題とは，ある資産から生み出される利益に対する組合員の剰余請求権が，その資産の生産的寿命より短く，かといってその請求権を譲渡しうる流動性も欠如することから発生する[38]．その結果，例えば組合員は自分が農協を利用するであろう期間内に元が取れる範囲でしか出資したがらず，客観的には農協にとっての成長機会を活かすための投資の機会が阻害されるのである．

　資産運用（ポートフォリオ）問題とは，剰余請求権の譲渡可能性（流動性）がなく事業体の業績を反映した増価メカニズムも欠如しているために，組合員は資産を自分達のリスク選好にマッチした内容で運用することを阻害されることを指す．例えば出資持ち分は大きいが組合の事業利用は少ない組合員（高齢者や兼業農民など）は，資産保全を第一義的に優先するから，リスクをともなうものの事業利益が増大する可能性を持つような投資を農協が行なうことに反対するだろう（逆は逆）．

　こうした従来型農協の「あいまいな所有権」問題に固有の制約を脱して，生産者等からの投資・増資を促進するための選択肢としては，一般株式会社（投資家指向企業）への転換をはじめ，株式会社型の事業子会社設立，他の企業とのジョイントベンチャー，従前型農協の枠内で利用と出資を実質的に比例原理で結合する資本調達方式の追求（基本出資金計画の現実的実施や事業部単位出資制などを含む），そして新世代農協への転換・創設が含まれるのである．

　新世代農協は所有（出資）が利用（農産物の対農協出荷）と比例的に直結され，かつ流動性を持つというところに所有権構造上の最大の特質を持っている．つまり「あいまいな所有権問題」を利用者所有事業体という枠内で最大限解決しようとしているという意味で，同問題克服の協同組合的形態と位

置づけうるのである．それを体現するのが農産物出荷の権利および義務と比例的に直結した出資持ち分株（delivery right share，以下「出荷権利株」と表現する）であるが，それは譲渡可能であり，譲渡の際には農協の業績を反映して増減価し，その保有者は法的拘束力のある出荷契約を締結し，かつ農協参加に先立って事前にその持ち分株を購入しなければならない．

この結果，(1)利用と出資が完全に直結しているのでフリーライダーや機会主義的行動が生じない，(2)利用高配当が同時に出資金配当となるので，農協法上の制限に抵触せずに高率の現金配当ができる，(3)事業設立に先立って必要な出資を組合員から募るので，加工事業等のための長期性投資基盤をあらかじめ確保できる，(4)出資株が譲渡可能なので組合員は利用以外の方法でも出資を回収しうるし，かつその場合に実質価値で回収できる，といった意義を生む．ただし相当程度の最小出資金が必要になるので，若い農民などにとっては参加障壁になりうる（そこで分割支払い方式や公的低利融資などの工夫が必要にもなる）[39]．

以上のような「組織の経済学」アプローチは，新世代農協の所有権構造上の性格と意義を検討するためには有力な理論枠組みとなりうるだろう．しかしながら，現実の新世代農協は「出荷権利株」方式の所有構造が純粋に実現されているものとそうでないものがある．また以上の理論的整理においては前提となっている「農業・食料セクターの工業化への対応としての加工・付加価値事業への進出」自体が，当該分野の商品性格や市場構造において多様である．したがって新世代農協の現実的な位置づけや評価は，実態に即して類型化しつつ，所有権構造視角を含む上述のような総合的な視角から進められなければならないだろう．

2. 穀物関連新世代農協の事例分析

(1) 新世代農協の構成・分布と検討事例の位置づけ

新世代農協の事業分野別の構成と地理的分布について概観したのが表4-

表4-11 文献，ウェブサイト，および調査で把握された新世代農協の分野構成

分野	\立地州	北ダコタ	ミネソタ	その他	合計
トウモロコシ加工	ドライ方式コーンエタノール	1	10	3	14
	トウモロコシ化工	1	1		2
動物飼養	採卵鶏		2		2
	養魚		1		1
	養豚	3	2		5
	肉牛	5			5
食肉処理加工	豚肉	1	1		2
	牛肉	1		1	2
	特産肉	2	1		3
小麦加工	パスタ製品	2			2
	冷凍ベイキング製品	2			2
	その他小麦特殊加工	1		1	2
その他	油糧種子搾油	1		1	2
	特産チーズ製造	1			1
	野菜・食用豆販売/加工	4	2		6
	有機農産物販売/加工	2	1		3
	甜菜糖製造	1	2		3
	その他特殊加工品		2		2
合計		28	25	6	59

注：1) 聞き取り調査では複数の関係者が「1999年時点で新世代農協の数は全米で100を超えているだろう」としているが，ここでは筆者が文献，ウェブサイトおよび訪問調査で把握できた範囲のものを集計した．
2) 集計に際して下記Patrie (1998) 文献の中で「活動停止」となっているものは除いた．
3) 立地州の「その他」は南ダコタ（合計3農協），カンザス(2)，ネブラスカ(1)．
資料：訪問聞き取り調査以外の主な情報源は以下のとおり．
1) 文献
Torgerson (1994), Egerstrom (1994), Parsons (1995), Campbell (1995a, 1995b, 1995c, 1995d), Koenig (1995), North Dakota Commissioner of Agriculture (1999), Patrie (1998), Johnson (1995), Farm Progress Co., Inc. (1995).
2) ウェブサイト
North Dakota Association of Rural Electric Cooperatives, Minnesota Association of Cooperatives, Sustainable Minnesota Ethanol and Biofuels Resources : Minnesota's Ethanol Plants.

11である（今のところ新世代農協に限定した公的統計は存在しないので，当面把握できた範囲で集計した）．地理的には大半が北ダコタ州とミネソタ州に存在している．ただし徐々にではあるが南ダコタ州，ネブラスカ州，カンザス州というように中西部を南下する兆しも見られる．

事業分野の構成については，各分野の商品性格および市場構造性格という点から見ると次のように言える．すなわちまず地域特産的的性格が強いものとして，バイソン肉パッキング，鹿肉パッキング，パスタ製造（原料のデュラム小麦生産は北部大平原地域に集中），メキシカンフーズ向け食用豆加工（同前），甜菜糖製造（同前）がある．また地域特産的とは言えないがニッチ的性格が強いものとして，麦わら加工による燃料製造，大豆による建材製造，アルファルファ特殊加工による飼料製造，有機農産物の販売ないし加工がある．

同時にこうした特産品やニッチ市場分野だけに限定されず，商品として差別化されていない一般的製品であり，市場構造としては巨大多国籍企業が活動する寡占的分野に属するものも少なからず存在している．すなわちウェットミリング方式のトウモロコシ化工，大豆搾油，豚肉・牛肉パッキングなどである．

筆者がこれまでに調査等を行なった主な事例を表4-12にピックアップした．これらをベースにすると，新世代農協の類型的把握の軸として次の3つを提起しうる．第1が農協の規模であり，差し当たりは主に組合員数で指標させる．第2はその所有構造であり，具体的には上述の出荷権利株の原理が純粋に実現されているか，その反対に農産物の出荷権利・義務とは切り離された単なる出資株となっているか，その中間的な形態かということがあるし，またジョイントベンチャー形式や事実上農協の所有権の一部が外部企業に取得されているケースも存在している．第3は事業分野の商品的・市場構造的性格である．

こうした軸から諸事例を類型的に関連づけると，次のような傾向が見られる．まず中小規模で特産品的，ニッチ市場的分野の農協は出荷権利株方式が名実ともに実行されている場合が多い．つまり出荷権利株を保有する組合員生産者が，自らの生産物を農協に出荷しているのである（表4-12の整理記号A, B, C, Eが典型）．

これに対して農協が大規模になり，また一般的製品分野，寡占的市場分野

になっていくと，まず所有は出荷権利株方式を取っているが，その行使は間接的になるケースが現れる．つまり個々の組合員は自らの生産物を当該新世代農協自体にではなく別の最寄り単協に出荷し，その単協と新世代農協との間で事前に結ばれた協定等にもとづくスワップが行なわれる（F）．さらには出荷権利・義務行使を当該新世代農協の提携相手に手数料を払って代行させるという形態も存在する．これは組合員が生産する原料農産物自体が一般的商品であれば，出荷・納品されるのが当該組合員自身の生産物である必要性は薄いし，あるいは大規模農協で組合員が非常に広範囲に分布する場合は直接出荷は費用的に非効率になるからである．

このような出荷権利株の形式と行使実態の乖離がもっと進行すれば，原料農産物は実態としては組合員内外からの通常の買付集荷となって，出荷権利株は空洞化して事実上単なる配当受け取り権＝出資株になる（G）．形式としてもそうなっているのが有限株式会社であるが，調査事例では株式非公開であった（本章注41のファーマーズチョイス社）．またこれも含めて取り上げたすべての事例で1人1票制を堅持している．

なお協同出資体としての農協は名実ともに出荷権利株方式を堅持しながら，加工事業そのものは技術補完または資本補完のためにパートナー企業とのジョイントベンチャー形式で行なうという二重構造方式は，規模や分野性格に必ずしも関わらず存在する（A, D）．

このような類型化フレームの中で以下に取り上げる穀物関連農協の事例を位置づけるなら，第1のダコタ・グロワーズパスタは中規模・特産品・出荷権利株実質化型，第2のチッペワバレー・アグラフュエルズは中規模・一般的製品・出荷権利株実質化でジョイントベンチャー型，第3のミネソタ・コーンプロセサーズは大規模・一般的製品・寡占分野・出荷権利株空洞化で外部企業資本注入型，となる．

表 4-12 北ダコタ州・ミネソタ州

記号	名称	①農協設立 ②事業開始	法人組織形態	事業種類・主要製品	売上規模	組合員出資者
A	クローバーデール農協/クローバーデール・フーズ社	①② 1999年	農協が食肉メーカーと肉豚供給契約	豚肉処理加工製品	4,500万ドル	生産者 23名
B	ハート・オブ・ザ・バレー農協/ハムコ社	①1994年 ②1997年	農協と製造メーカーのJV (50:50)	乾燥食用豆半調理製品製造	140万ドル	生産者 25名+2単協
C	北米バイソン農協	①1993年 ②1994年	農協単独	バイソン肉処理加工(ケミカル・ホルモン無)	1,200万ドル	生産者 334名 (カナダ含む)
D	チッペワバレー農協/チッパワバレー・エタノールLLC	①1993年 ②1996年	農協とプラント企業デルタのJV (83:17)	ドライ方式のコーンエタノール	2,630万ドル	生産者等 660名 +30単協
E	ダコタ・グロワーズパスタ農協	①1991年 ②1994年	農協単独	デュラム製粉・パスタ一貫生産	1.2億ドル	生産者 1,095名
F	スプリングウィート・ベイカーズ農協	①1996年 ②1999年	農協単独	冷凍生地・半焼き製品と小麦IP販売	4,200万ドル (計画1.7億ドル)	生産者 約3,000名
G	ミネソタ・コーンプロセサーズ	①1980年 ②1983年	農協, 1997年にADMが30%出資	トウモロコシ化工(スターチ、HFCS等)	5.99億ドル	生産者 5,300名

注:1) 法人組織形態のうちJVとはジョイントベンチャーの略で、カッコ内数値は出資比率を
  2) 発行株数と出資総額のカッコ内は組合員1名平均.
  3) 1株単位および原料使用量のbuとはブッシェルの略.
  4) チッペワバレー農協の発行株数は、当初460万株たったが株式スプリットを行なって507
  5) ダコタ・グロワーズパスタ農協の数値は、1988年度までのもの(本文のようにその後ども、本文参照のこと.
  6) スプリングウィート・ベイカーズ農協の事業種類のうち小麦IP販売とは、組合員生産小また同農協は製粉工場を経営していない。その原料調達は、組合員が最寄りの穀物単協自工場に近いカーギル製粉工場から相当量の小麦粉を購入する. 組合員が出荷した小麦そ

資料:訪問調査および同収集資料による(ただしダコタ・グロワーズパスタ農協は業務報告書お

第4章 流通体系の歴史的推転と穀物農協の展開

における新世代農協の事例概要

	出荷権利株と出資額			原料調達	
1株単位	発行単価	発行株数	出資総額	使用量	調達方式
2,000頭	250ドル	62.5万株 (2.7株= 5,400頭)	2.8万ドル (1.2千ドル)	肉豚 12.5万頭	純粋な出荷権利株の行使
100ポンド	20ドル	1.55万株 (500株= 5万ポンド)	31万ドル (1万ドル)	食用豆 200万(将来1,000万)ポンド	出荷権利株行使+超過買入
1頭	第1次250～第3次500ドル	12,500株 (39.6株= 39.6頭)	425万ドル (1.3万ドル)	バイソン 1.25万頭	純粋な出荷権利株の行使
1 bu	2ドル	460万→507万株 (6,800株= 6,800 bu)	920万ドル	トウモロコシ 600万 bu	出荷権利株行使500万+デルタ社100万 bu
1 bu	第1次3.85～第2次5ドル	736万株 (6.7千株= 6.7千 bu)	3,688万ドル (3.4万ドル)	デュラム小麦 700万 bu	プール機構を介した出荷権利株行使
1 bu	6.3ドル	380万株 (1,300株= 1,300 bu)	2,400万ドル (8千ドル)	春小麦 130万 bu+販売250万 bu	出荷権利株間接化(最寄りCEへ出荷)、相当量小麦粉を外部購入
1 bu	1.8ドル	19,556万株 (うちADMが5,870万株)	2.47億ドル	トウモロコシ 1.3億 bu	出荷権利株空洞化(15%のみ行使分、85%は購入)

表す.

万株になった.
らに拡張して第3次募資も行なっている).なお同農協の原料調達における「プール機構」について

麦を需要者の注文に応じて特定性保持販売(Identity Preserved Sales)するもの.
等に出荷権利株相当量を出荷する.その当量小麦がカーギルにスワップされた形を取り,同農協は
のものが製粉されて,同農協工場で使用されるのではないのである.
よびホームページのみによる).

(2) 穀物関連新世代農協の事例分析

① ダコタ・グロワーズパスタ[40]

北ダコタ州中東部のキャリントン市 (Carrington) に本部をおくダコタ・グロワーズパスタ (Dakota Growers Pasta Co.) は，1991年末にデュラム小麦生産者がそのデュラム小麦を原料に乾燥パスタを製造することを目的に創設し，1994年1月から小麦製粉・パスタ製造一貫工場のフル操業を開始した新世代農協である．組合員はすべて生産者で創設時1,085名（その95％以上が北ダコタ州内．また1998年11月時点組合員数1,095名），出資形態は1株がデュラム小麦出荷権利・義務1ブッシェルに対応する純粋な出荷権利株方式である．

出資募集は創設以来3次にわたっている．まず1992年に創設時出資募集（equity drive と呼ばれる）が行なわれたが，それは標準能力ベースでデュラム小麦年間300万ブッシェル使用の工場をキャリントンに建設し操業するのに必要な投資額の35％・1,200万ドルを調達する目標を立てて1株3.85ドルで募集した結果，311.6万株・1,200万ドルの応募があった（1,085名について1人平均2,870株，約1.1万ドル）．

操業開始後の業績は，1995年度売上高4,120万ドル（純利益144万ドル），96年度5,050万ドル（262万ドル），97年度7,070万ドル（693万ドル），98年度1億1,960万ドル（937万ドル）と好調で，早くも1996年に第2次出資募集を行ない，1株5ドルで約180万株を発行して970万ドルが増資された（発行済み株総数は1997年度までに490.4万株へ）．合計2,050万ドルの投資でキャリントン工場を製粉・パスタ製造ともに増強し，年間能力製粉700万ブッシェル，パスタ2.7億ポンドに達した．この原料使用能力の拡張に合わせるために発行済み1株を1.5株に分割する出資株分割を行ない，発行済み総株数は490.4万株の1.5倍・735.6万株となった．

さらに1998年に入るとミネソタ州のパスタメーカー・プリモピアット社を800万ドルで買収し，パスタ製造能力は年4.7億ポンドへ拡大した．これに合わせてキャリントンの製粉工場も1,050万ドルをかけて拡張することに

なった．これらの資金調達と原料収集基盤拡充のために，第3次の出資募集（募集367.9万株＝ブッシェル，募資額2,760万ドル，既組合員に対する募集価格は1株7.50ドル）を実施し，発行済み総株数は1,103.5万株となった．

原料調達は出資した組合員からのみ，かつ出資額＝出荷権利株数に比例して行なわれており，つまり名実ともに出荷権利株の行使に依っている．なお1999年度からは原料デュラムの納品プール機構（非営利組織で名称はNorthern Grain Institute, NGI）を使った出荷義務行使方式に移行している．そこでは(1)組合員に対しては農協から1期4カ月（年3期）の販売期間毎の出荷指示量，および各期の集買予定価格（農協が提示する予想固定価格）が提示される．(2)組合員は各期の集買予定価格の10％にあたる「農協保留控除金」をNGI経由で農協に納め，また納品手数料をNGIに支払う．NGIはプール集荷されているデュラム小麦を使って各組合員名義で農協に対して納品し，農協から当初払いを受け取る．他方，組合員はNGIとの協議にもとづいて各自の生産したデュラム小麦をNGIに出荷する（それがプールされるわけである）．(3)当該販売期間終了の45日後に農協は上の「保留控除金」を組合員に払い戻す．ただし実際のデュラム小麦市価動向等の事情をふまえて農協が利益を実現できる範囲での払い戻しとなる（逆に保留控除金を全額払い戻した上にさらに利益が出れば，配当金となる）．またNGIに対しての出荷を完遂すれば手数料も組合員に返還される．

このように農協自体は原料の上方価格変動リスクを相当程度組合員に負担させつつ，必要な原料デュラム小麦を確実に調達できるシステムとなっている．

出資＝出荷権利1株当たり配当額についても1995年度の20セントから増加し続け，98年度は1ドルにも達している．これは組合員生産者にとって出荷した原料小麦が，基本的に市価並の集買価格にこの配当分がプラスされた手取り価格になったことを意味する．

あるいはこの配当は農協出資という投資への報酬という側面も持つ．1998年度までで組合員の払い込み出資額は第1次と第2次の合計2,170万ドルで

あり，1株当たりでは2.95ドルだった．これとの対比で配当を見れば相当高い利回りである．また資産表上の組合員資本は農協業績の好調を反映して同年度末までに3,690万ドルまで増価しており，1株当たりでは5ドルになるが，それでも配当1ドルは利回り20%に達する．

1998年度時点で1組合員当たり平均持ち株数は約6,700株＝ブッシェルとなる．エーカー当たり収量を27ブッシェルと見れば作付面積250エーカー程度相当であるから，平均的に2,000〜3,000エーカー程度とされる組合員生産者の農場経営の一部分をカバーするにとどまる（同時に生産者は，それが当面業績好調な新世代農協であれ，自己経営生産物の大部分を特定販路に固定するほどのリスクは通常負わない）[41]．とは言え配当分に限っても，この新世代農協事業をつうじて1株＝ブッシェル当たり60セントとしても4千ドル（1ドルなら6,700ドル）のメリットを実現していることになる．また定量的な検証は困難だが，こうした加工事業の立地によって地域市場のデュラム小麦価格全体が底上げされるという間接効果も指摘しうる．さらに人口希薄地における常雇496名の雇用創出は，地域経済社会への効果も大きい．ちなみにキャリントン市の人口は1980年の2,641人から1990年の2,132人へと減少し，その後1997年までに2,950人へ増加している．

② チッペワバレー・アグラフュエルズ[42]

ミネソタ州西南部ベンソン市（Benson）にあるチッペワバレー・アグラフュエルズ農協（Chippewa Valley Agrafuels Cooperative）（以下，チッペワバレー農協と表記）は，1993年に組合員が生産するトウモロコシを利用したドライミリング式コーンエタノール工場を建設・経営するために設立された．それ自体は名実ともに新世代農協であるが，事業はトウモロコシ加工プラント企業デルタT社（Delta-T Corp.）をパートナーとして設立したジョイントベンチャー会社チッペワバレー・エタノール（Chippewa Valley Ethanol Co., L.L.C.）によって行なうという二重構造を取っており，1996年4月に操業を開始した．チッペワバレー農協組合員は個人660名と約30の穀物単協，

第4章　流通体系の歴史的推転と穀物農協の展開　　245

　出資形態は1株がトウモロコシ1ブッシェルの出荷権利・義務に対応する出荷権株方式である．組合員の約8割はベンソン市から半径30マイル以内に居住している．また組合員の性格別構成を株数ベースで見ると，農業生産者6割，非農業生産個人2割，穀物単協2割であるが，いずれも1株1ブッシェルのトウモロコシ出荷義務を負う．

　1994年に行なわれた農協の出資募集はトウモロコシ使用量ベースで年間600万ブッシェル規模の工場を建設する計画の下に，募集単価1株2ドル，1組合員最低5千株（＝ブッシェル）の条件で行なわれ，460万株の応募があった．1組合員平均約7千株・1.4万ドル，出資総額はその他も含めて1,000万ドルとなった．ジョイントパートナーのデルタT社が200万ドルを出資し，合計1,200万ドルの自己資本が造成された．これに借入金1,200万ドルを加えた総投資額は2,400万ドルである．チッペワバレー・エタノール社の所有権構成は83％が農協，17％がデルタT社となる．なお1997年10月に原料トウモロコシ調達基盤の拡大を目的として当初株を10：11で分割した結果，出荷権利株発行総数は507万株となった．

　1998年度の場合トウモロコシ600万ブッシェルを使用してエタノール1,900万ガロンおよび副産物飼料原料を生産した．エタノールの大半はガソリンと混合される自動車燃料用に販売される．販売額はエタノール1,700万ドル，飼料原料420万ドルだが，さらにミネソタ州政府はエタノール生産を奨励するためにガロン当たり20セント・1企業当たり上限300万ドルの助成金を事業開始10年間について支給しており，これらを加えた総収入は2,630万ドルである．

　原料調達は，まず上述のように株式分割後に約500万株となっている農協組合員持ち分の出荷権利・義務行使によって500万ブッシェルのトウモロコシが確保される．具体的には生産者組合員は自分の生産物を，非生産者組合員および穀物単協は農業生産者から買い付けた上で，いずれも直接工場へ納品することとなっている．さらにデルタT社も出資額200万ドルに相当する（つまり100万ブッシェルの）トウモロコシ現物を自ら調達して工場に持

ち込む義務を負っており，その意味では非生産者組合員と同様に扱われている．

　集買の価格については，年度（10月～9月）を3つの出荷期間に分割し，各期について事前に期間内単一の買付価格を設定する．この買付価格は連邦農務省農業安定・保全局が毎年決定するローンレートの80%以上の水準とすることになっており，これが納品時の当初払いになる．事後精算については，実際の出荷期間の市場価格が事前設定価格より高かったら，コーンエタノール事業利益の農協をつうじた配当である「付加価値支払い」と合わせて年度末に支払われる．逆に実際の市場価格が事前設定価格より低かった場合は，その差額分は付加価値支払いが前もって行なわれたものとして扱う（その分が本来の付加価値支払いから差し引かれる）．

　1996-98年度の3カ年の収支はいずれも純利益をあげ，付加価値支払いは1株（＝トウモロコシ1ブッシェル）当たり22～28セントでありほぼ順調である．例えば1998年度は，チッペワバレー・エタノール社の純利益が290.3万ドル，原料トウモロコシ1ブッシェル当たり48.7セントであった．同社はこのうち約半分の24.4セントを負債償還，自己資本強化，および新製品開発・商品化投資にあてつつも，付加価値支払い24.3セントを実現している．これらは原料トウモロコシの販売価格への上積みとして見て，あるいは1株当たり2ドル（株式分割後は1株1.82ドル）という払い込み出資額に対する配当として見ても，良好な比率と言えよう．ただし1組合員平均では出資持ち分7.7千株＝ブッシェル（当初分7千株の分割後）であり，やはりトウモロコシ生産農場にとってはその一部分をカバーするにとどまる．また平均配当額は2千ドル弱程度ということになる．

　なお操業初年度の1996年度はトウモロコシ価格高騰期と重なっており，一般的には多くの加工企業で悪影響が生じた．しかしチッペワバレーの場合は出荷権利株が名実ともに効力を有しているために原料確保に支障をきたさなかったこと，加えて同年度は製品であるエタノールも高価格であったことから，経営的にはむしろ好結果となり高水準の付加価値支払いも実現したこ

第4章 流通体系の歴史的推転と穀物農協の展開　　　247

とは注目に値する．

③　ミネソタ・コーンプロセサーズ[43]

　ミネソタ州西南部のマーシャル市（Mershall）に本部をおきトウモロコシ化工事業を行なうミネソタ・コーンプロセサーズ（Minnesota Corn Processors, Inc.）は，1980年に創設されて83年から操業を開始しており，1990年代の本格的興隆期以前の先行的段階に属する新世代農協である．ミネソタ州西南部には，同地域の特産物である甜菜生産者による製糖事業のための先駆的新世代農協が1970年代に登場しており，コーンプロセサーズが創設される際にはそれからコンセプトを継承したのだった．

　すなわちミネソタ州南部は合衆国トウモロコシ主産地の北側縁辺部に属し，中核主産地＝コーンベルトを中心として基本的には南方向へ向かうトウモロコシ流通フローからすると，もっとも市場遠隔地に位置する．したがって現物価格は主産地の中でもっとも低い部類に属し，またほとんどが未加工のまま他地域へ移出されるため付加価値部分が域内に留保されることもなかった．かくて1970年代末に生産者出資にもとづくトウモロコシ加工事業の創設が提起され，コーラ等の清涼飲料メーカーが甘味原料を砂糖からHFCS（果糖とブドウ糖の混合液糖）へ本格的に転換し始めたという情勢を背景に，トウモロコシ化工場計画が浮上した．しかし詳細な事前調査の結果，投資規模5千万ドルの一般コーンシロップおよびスターチ生産工場に計画を変更してスタートすることになった．

　当初出資募集は投資総額の40％を目標として，1株＝トウモロコシ1ブッシェルの出荷権利株を1株2.11ドルで販売し，1,200名の生産者から900万株の応募，計2,000万ドルの出資がなされた．1983年に完成したマーシャル工場は84年から操業開始したが，それ以降1990年代前半までは一貫した，かつ急速な拡大の歴史であった．

　まず1986-87年には州政府のコーンエタノール工場建設促進政策を背景に，マーシャル工場内にエタノール工場を新設した．91年にはネブラスカ州に

進出してコロンバスに工場を新設し，マーシャル工場も拡張する．93年には念願のHFCS生産進出プロジェクトに着手し，ネブラスカ工場にHFCSプラントを新設し，さらにエタノール生産能力も増強した．さらに95年にはマーシャル工場にHFCSプラントを新設すると同時に，ネブラスカ工場のHFCSプラントも増強した．これらの拡張によって年間トウモロコシ処理能力は合計1.3億ブッシェルとなり，発行済み出荷権利株総数も1億3,700万株となった．またこの過程で合計5.3億ドルが投資されたが，うち3億1,600万ドルは借入金であった．

現在の組合員約5,300名の構成は，ミネソタ州4,150名，ネブラスカ州1,000名，南ダコタ州100名，アイオワ州50名となっている．組合員の主作目はトウモロコシと大豆だが，その他として甜菜，食用豆，食用スウィートコーン，小麦，牧草などがある．平均的な農場規模は500エーカー程度，家族および雇用者で合計4名前後の農業従事者を持つが，耕種農場で専業農民になるためには800〜1,000エーカーが必要なため，農外就業を組み合わせている者が多い．組合員の7〜8割はトウモロコシ・大豆を主とする耕種のみ農場であり，2〜3割が肉豚ないし肉牛の有畜経営であるという．

1999年度の実績は，ほぼ能力どおりのトウモロコシ1.3億ブッシェルを加工し，販売額は各種化工製品4.8億ドル（うち副産物1.1億ドル），物流子会社が外部から仕入れて販売する砂糖等が1.2億ドル，合計5億9,900万ドルであった．4年ぶりの純利益583万ドルを計上し，うち414万ドル，トウモロコシ1ブッシェル＝1株当たり4.5セントを配当した．

コーンプロセサーズは上述のように1990年代半ばまで急速に事業規模拡大を進めたのだが，そのことが同農協の経営と所有構造に重大な影響をもたらした．そのひとつは大増強プロジェクトが実施された直後に，トウモロコシ化工製品（特にHFCS）の価格暴落と原料トウモロコシの需給逼迫・暴騰に襲われて経営危機におちいったこと，もうひとつが原料調達における出荷権利株の空洞化である．

1990年代，とくに94年から96年にかけて，NAFTA発効後のメキシコ

市場開拓等による北米 HFCS 需要の拡大をあてこんで，ADM，カーギル，およびコーンプロセサーズを含む新世代農協など，主要メーカーがこぞって大幅な能力増強を行なった．しかし過大な需要見込みによって業界全体の生産能力が過剰におちいり，「HFCS 取引価格はほとんどのメーカーにとって流動費すらまかなえない水準へ暴落した」のである[44]．

　こうした製品販売の困難・価格暴落とならんで，経営危機の原因となったのが原料トウモロコシの不足と暴騰であった．この場合に注目すべきは，本来は原料基盤を保障するはずの出荷権利株方式が現実には空洞化していた点である．すなわち上述のような拡張を進める上で，自己資本調達と原料基盤は出荷権利株の分割と追加発行で賄おうとしてきた．しかしその過程で出荷権利株は漸次空洞化していき，現在では組合員からのトウモロコシ納品は調達量全体の 15% 程度にまで縮小し，85% は単協や穀物企業からの実質的な買入になっていた．組合員が出荷義務を履行することが困難となり，実際にしなくなり，したがってまた農協もこれを義務づけることが出来なくなっている．その背景としては，(1)ミネソタ州南部やましてネブラスカ州では加工企業も立地するなど産地市場での買付競争が強く組合員にとっての販路機会が多いこと，(2)1 組合員平均出荷権利株保有数は約 2.6 万株＝ブッシェル（総株数 1.37 億÷5,300 名）に達し，トウモロコシ作付面積では 190 エーカー程度に相当する（ミネソタ州の実績から単収 135 ブッシェルと仮定して概算）．平均農場面積が 500 エーカー程度だとすれば，農業経営者は(1)のような条件がある中でそれだけのトウモロコシを単一の販路に固定するのを好まないであろうこと，が考えられる．

　ともあれ出荷権利株方式の空洞化が原料の需給逼迫という局面で経営危機の要因の一環となったことは，一般的原料農産物における同方式のメリットは市場変動をつらぬく中長期的なタームでこそ発揮されうる点を，反面的に示すものといえよう．

　こうした原因から 1996-98 年度の 3 カ年連続で損失を出し，それまでの工場増強投資による借入金償還があるため経営危機に直面したのである．緊急

な追加資本の必要に対して組合員からの増資の合意は得られず，ハーベスト・ステイツ農協へも出資要請したが当時の同農協にその体力はなく，結局1998年度（1997年4月から）に，最大のトウモロコシ化工企業であるADMから1.2億ドルの出資を受けることになった．その内容はADM向けに投票権のない出資株5,870万株を発行し，既存組合員保有の出荷権利株との合計1億9,556万株の総自己資本のうち30％をADMが所有する．ただしADMは理事を出さない，マネージメントスタッフも送り込まない，出資株に対する原料トウモロコシ供給は行なわない，利益の30％を取得するというもので，この限りでは控えめな資本参加といえる．

　この部分出資の帰趨を予断することはできない[45]．しかし一般的製品で寡占的市場構造を有する分野での新世代農協として出発した事業体が，一方ではその寡占構造の下でそれに照応すべくプレゼンスを高めようと急速な拡大を追求し，他方でその過程で出荷権利株方式を相当程度空洞化させたこと，それが要因の1つにもなっておちいった経営危機の克服策としてやはり出荷義務をともなわない出資を外部企業に仰いだことは，ミネソタ・コーンプロセサーズが純粋の新世代農協から，農業生産者とアグリフードビジネスとの共同出資による株式会社的な性格に移行していることを示している（もちろんその移行はなお部分的であり，また不可逆的な移行と結論することもできないが）．

第5節　要約と展望

　アメリカにおける穀物農協共販の事業と組織は，19世紀末に確立した集散市場型流通体系の構造に照応する形で成立していった．すなわち産地集荷段階における単協と集散市場における中継卸売段階での地域農協という垂直的な階層構造としてである．後者（中継卸売段階への進出）が形を整えたのはようやく両大戦間期をへてのことであった．

　穀物流通体系自体は第2次大戦後になるとその変容の過程をあらわしてく

る．すなわち輸出および加工という需要段階での集中化が進むにつれ，またそれに照応的な輸送・物流体系の再編が本格化することによって，集散市場の地位は長期傾向的に低下しそこでの中継卸売機能は喪失されていったのである．

これは穀物農協システムのうちでも，とくに地域農協の従来のレーゾンデートルを掘り崩すものであった．1960年代に着手された地域農協の対応は基本的に輸出段階への進出であり，集散市場体系がほぼ終焉した70年代には輸出ブームの下でそれへの偏重を強め，かつ急激に推進された．しかしそれがゆえに1980年代の輸出低落によって地域農協はもっとも大きな打撃を被ることになったのである．

すでにグローバルなネットワークを構築した多国籍企業が席巻する輸出部門の壁は，集散市場への進出の際以上に厚かったという点は無視しえない．しかし地域農協各組織の独往的展開，加工部門を含む販路多様化についての遅れ，それを含めた流通段階間の垂直的組織の脆弱性（ないし系統共販の欠如）といった内的特性が，輸出ブームの終焉によって大きな弱点として露呈されたことを重視する必要がある．

実際に，前章までで明らかにしてきたように，1980年代の穀物市場構造はそのような方向に移行しはじめていた．すなわち穀物セクターにおいて少数大規模企業による流通と加工の諸分野にまたがる多角的な垂直統合体の形成が進展し，それとともに穀物流通諸段階間の整合形態も統合化されたり，より強く組織化される一般的傾向が生じていた（これらはいわゆる「農業・食料セクターの工業化」と称される事態の，穀物セクターにおける具体的形態と言える）．輸出・加工諸部門からなる需要分野を横断的に掌握するそれら「穀物複合体」が最終的に販売する商品は，より高次に加工された穀物・油糧種子・畜産物系食品であり，あるいはますます途上国向けの比重を増す貿易財としての穀物である．したがって穀物複合体をつうじて形成される付加価値は相対的に増大していくが，その第1次原料に過ぎない穀物に付与される価値部分はそれと反比例的に縮小していくことになる．そして穀物の集

出荷過程は，それら複合体にとっての原料調達過程として，後方垂直的に統合ないし組織化される対象となっているのであった．

このことはまず穀物生産者にとっては，ますます第1次原料化する穀物を大量，均質，そしていっそう安価に生産する原料供給者の役割が要請されることを意味する．しかし彼らが属する穀物セクター全体が生み出す「穀物系食品」の商品価値のうち，穀物生産のみによって入手可能な部分は相対的にますます縮小しているわけである．

またそれら生産者の農協にしても，穀物流通過程が段階収縮を遂げるにしたがって集出荷や中継・分荷の持つ付加価値取得上の意義は相対的に小さくなったり消滅しているので，流通過程だけに関与していても収益性を維持・向上させることが困難になっている．

かくして穀物生産者とその協同的事業体が，穀物セクター全体の中でより多くの価値形成と取得にコミットして経済的地位を維持・強化するためには，加工分野への進出と流通諸段階の垂直的整合の強化が不可避的に要請されるに至っている．セネックス・ハーベストやアグ・プロセシングの例は，この課題に対して，地域農協自体が投資家指向企業である多国籍アグリフードビジネスと正面から競合しつつ，それらと類似した多角的垂直統合体化するという方向からのアプローチ，と位置づけることができる．

具体的にはひとつが小麦や大豆など穀物加工事業への進出とそこでの上位シェアの形成，それら加工諸部門を主軸にすえた高位・安定的収益性体質の構築であった．もうひとつの穀物流通の垂直的整合の強化については，加工や輸出という最終販路段階と中継段階との農協内統合（両農協），中継段階と産地集荷段階との完全統合（セネックス・ハーベストのラインエレベーターシステム），中継段階と産地集荷段階（単協）との所有・経営統合化とそれによる生産者の直接組合員化（セネックス・ハーベストの一定部分）ないし両段階の経営合同化（アグ・プロセシングの一部），であった．

こうしたアプローチの意義を考察すると，まず穀物複合体化したアグリフードビジネスとそれに形態的に類似の多角的垂直統合体化した大規模地域農

第4章　流通体系の歴史的推転と穀物農協の展開

協との間で，生産者に提供されるサービスの優劣，穀物市場に即していえば穀物買付価格の高低が問われることになろう．ここでは検証できなかったが，両者が正面から競争しているという広範な状況を勘案すると農協側が一般的に買付価格で上回ることは想定しにくい．次には利用高配当の有無や水準が問題になるが，配当と買付価格を総合した組合員生産者への総合的支払いメリットが存在する可能性はある．とはいえ配当源泉である農協利益と買付価格とは，農協事業の生産性や収益性がアグリフードビジネスのそれを上回るのでない限りトレードオフの関係におかれることに留意しなければならない．今日にいたるまで両者の穀物事業の基軸となってきた輸出や加工事業は主として一般的商品の寡占的市場分野であったから，基本的には規模の経済や規模を背景としたマーケットパワーが収益性の基礎要因になるだろう．その点で最大級アグリフードビジネスは最大級地域農協を上回っているし，また第1章第3節2でADM，コナグラ，セネックス・ハーベスト，ファームランド・インダストリーズ等を事例的に検討したように，これまでのところ収益の水準と安定性で前者が優位に立っていた．

　いっぽう上述の課題に対する，産地レベルでの農業生産者によるより直接的なアプローチとして新世代農協を位置づけた．本章の事例分析から次の点を指摘することができる．

　すなわち，市場遠隔地で従前には穀物加工産業の立地にも乏しかった地域は，穀物セクターの「工業化」過程でますます大量・安価な第1次原料産地たることを要請され，農場レベルでのいっそうの分解と数の減少，地域レベルで見れば原料生産モノカルチャー的経済の進展と基幹産業たる農業の人口扶養力低下による地域経済社会の弱体化に見まわれていた．そうした状況における新世代農協型の穀物付加価値事業の展開は，穀物セクターにおける経済的価値形成のより多くの部分を地域内に留保し，一部は配当をつうじて組合員生産者へ，一部は雇用の創出と賃金支払いをつうじて周辺地域経済へ還流させる役割を果たしていた．特に当該地域における特産品的商品やニッチ的性格の強い商品の場合には，そうした意味で相対的に限られた原料農産物

を出荷権利株方式によって安定的・専属的に確保することが，新世代農協に中小規模ではあっても強い競争力（したがってまた収益力）を与える基盤となりえていた．逆にまた新世代農協が中規模ないし小規模であれば，原料集荷範囲は相対的に限定されるので出荷権利株方式（それにもとづく原料農産物調達）が純粋に実現しやすいのでもある．

いっぽう一般的商品で寡占的市場構造を持つ分野の場合も，抽象的には同様に付加価値の地域内留保と生産者への還流の可能性を有するだろう．しかし新世代農協たるゆえんである出荷権利株方式（による原料調達）の強みが発揮されるとすれば，それは原料農産物の不足や高騰という局面を含む中長期的なタームにおいてであって，少なくとも短期的には発揮されにくいであろう．逆にこうした分野では規模の経済が強く作用するから，事業規模は不可避的に大きくせざるを得ず，したがって出荷権利株方式を純粋に保持するのは簡単ではなくなる．加えて寡占的市場構造でもあるから，農協という枠組みを保持するとしても新世代農協型アプローチよりはむしろ上述の大規模地域農協型アプローチに近い性格にもなりえよう．

流通と加工諸部門にまたがる寡占的垂直統合体の形成とそのもとでの垂直的組織化型流通体系への移行という穀物セクターの歴史的・一般的趨勢の中で，穀物生産者とその農協が価値形成のより多くの部分を取り込んで経済的地位を維持・強化するための方途として，農協自らが穀物複合体化して多国籍アグリフードビジネスと競争せんとする大規模地域農協型アプローチと出荷権利株による原料調達方式を競争優位の基盤にしようとする新世代農協型アプローチの2つを位置づけ，それぞれの意義についてもある程度検討した．しかし両アプローチのいずれがより普遍性を持ちうるのかの結論をここで下すことはできない．現実的にも，例えばセネックス・ハーベスト・ステイツが小麦製粉事業と大豆搾油事業の所有権の一部について出荷権利株方式を導入したというように，両者の融合現象も見られる．またそれぞれが穀物生産者に対して持つ階層的，あるいは分解論的意義についても，組合員生産者の構造的性格の検討をつうじて今後解明していく必要がある．

第4章　流通体系の歴史的推転と穀物農協の展開　　　　　255

注
1) 小澤 (1990), 17頁.
2) Ballow (1947), pp. 78-80.
3) FTC Report Vol. I, pp. 83-86.
4) 先発のグレンジによる農協エレベーターがほとんどの場合短命に終わったのは, 1873年恐慌から回復して農民の経済状態が改善されたことのほかに, こうした既存業者からの攻勢に耐えられなかったためでもある. Knapp (1969), pp. 73-77.
5) FTC Report Vol. I, pp. 87-91.
6) FTC Report Vol. I, pp. 336-338.
7) FTC Report Vol. II, pp. 79-86, Vol. III, pp. 143-144, など. 主要市場での主力商品の買付に占めるターミナルエレベーター企業の比重は, 1913-1917年平均で, シカゴのオーツ麦77%, トウモロコシ79%, 小麦87%, ミネアポリスの小麦22%, 大麦・ライ麦計46%, オーツ麦47%, カンザスシティの小麦53%, トウモロコシ58%, オーツ麦60%, であった (FTC Report Vol. III, p. 311, より算出).
8) 保管容量集中度の数値は, FTC Report Vol. III, pp. 292-303, のエレベーターリストより算出.
9) 農民運動組織の各系譜とその共同販売代理組織設立の過程については, Knapp (1969), pp. 180-193. またその販売方式の性格については, Ballow (1947), pp. 83-85 および McVey (1965), pp. 162-164, より.
10) カリフォルニア州におけるレーズンやプルーン等の特産品共販の経験を中西部穀物生産者, 南部綿花生産者をはじめとする全国に普及するのに指導的役割を果たした法律家 Aaron Sapiro にちなんで, このタイプの共販運動は「サピロ型」とも呼ばれた.
11) 前注のサピロがプール型小麦共販農協の組織化を呼びかける場合に, その枢要点を次のように論じている. すなわち, 第1に共販農協と組合員生産者との間で, 期間5年程度, 生産者は全量を組合へ出荷する義務を負う無条件・委託販売契約を結ぶ. 5年間とするのは, 短期間の契約では需要家に対するマーケットパワーや中間商人に対する対抗力を形成しえないからである. 第2に農協として利益をあげて配当するのではなく, 販売価格を最大化した上で純粋にコストを差し引いた支払い価格で完全に組合員に還元すること. 第3に品種別・等級別の完全共同計算 (プール) とする. 第4に産地別の組織にすること. 穀物の場合なら基本的にまず主要産地州域での組織化を図り, そこで当該産地において販売量の50%以上を掌握すること. 第5に農協は契約をした組合員の生産物しか取り扱わないこと. つまり契約にもとづく一種の制限的 (閉鎖的) 組合員資格方式である. そして第6に, 以上を前提に, 当該品目市場における支配的シェア掌握にもとづいて需要者との契約取引, あるいは自治統制的販売によって, 価格決定権を掌握する. この場合の「支配的」とは需要者側が否応なく当該農協との取引をせざるを

得なくなるだけのシェアであり，したがって農協側が価格形成においてイニシアティブを握れるシェアを意味する．Sapiro (1920), pp. 13-26.

　また小麦などの穀物の場合，ナッツ等の特産品と異なって産地は幾州にもまたがる非常に広域なものであるから，こうした共販組織も論理的に広域的全国的な組織化に進む必要がある．サピロ自身，主要産地州毎の組織化が達成されたら全国共販組織を結成し，各州組織はそのメンバーになること，その全国組織に加盟州単位農協のほか連邦取引委員会（FTC），連邦準備理事会（FRB），各州知事などが推薦する理事会を設けることによって，公共的な性格を持たせた全国自治統制販売機構にするという構想も描いている（同，pp. 28-29）．そしてさらには，国家による介入ではなくこうした自治統制的共販（それによるマーケットパワーの達成）によってこそ，生産者にとっての正常な農産物価格が実現できるし，するべきであると主張している（同，p. 36）．本文後述の，1929年農産物販売法に沿って連邦農務委員会の下で穀物の全国中央販売組織FNGCが設立され運営されるというプロセスは，こうしたサピロシェーマを一定程度反映していることがうかがえる．しかしこれまた本文で述べるように，大恐慌下の膨大な生産物過剰と価格暴落は，供給と価格の統制手段としての農協共販の限界を（その意味においてはサピロシェーマの限界をも）実践的に示すことになった．

12) 小麦プールが1924年をピークに縮小に転じた背景には，それ自体の財政的脆弱性，いったんは集中共販型を方針にかかげたファーム・ビューローが1923年にそれを放棄したこと，穀物業界・財界からの激しい反発と攻撃などがある．これらの根底には，長引く価格低迷と，その中で指導部が「集中共販の強化こそが救済策である」として，マクナリー・ハーゲン理念として提示された政府の市場介入をつうじた救済策の主張に強固に反対し続けたことがあげられる．Knapp (1973), pp. 62, 67-69.

13) マクナリー・ハーゲン法案運動の展開とその終焉，それらとフーヴァー新大統領政権下の1929年農産物販売法成立の関連については，馬場宏二 (1969), 323-369頁，に詳しい．

14) Federal Farm Board (1932), pp. 8-11.

15) Ballow (1947), pp. 86, およびMcVey (1965), p. 165.

16) 結果的なシェアの変動は小さかったとはいえ単協段階での再編は決して無視しえるものではないので，別の機会により具体的に検討したい．

17) Thurston and Meyer (1972), p. 32 and p. 39, より．

18) 穀物農協の輸出事業の特質については多くの論者が種々の指摘をしているが，ここでは主としてThurston et al. (1976), およびCummins et al. (1984) を参考に，重要と思われる点を整理した．

19) Thurston et al. (1976), p. 66.

20) PECの顛末については，Reynolds (1980), を参照した．

21) FECの拡張とリストラの過程については，磯田 (1996), 6頁，および本書第

第4章　流通体系の歴史的推転と穀物農協の展開　　　　257

2章第1節1も参照．
22)　地域農協の組織再編過程については，各種文献と業界紙の記事，および若干の該当農協聞き取り調査にもとづいてまとめた．これまでにあげた以外の主な文献として，National Federation of Grain Cooperatives (1968), Dahl (1989), Dahl (1991b), および Warman (1991). 業界紙では Sosland Publishing, *Milling and Baking News*, および The Miller Publishing, *Feedstuffs*.
23)　1994年8月にルイジアナ州ミルトルのポートエレベーターを，ヨーロッパ最大級の多国籍アグリフードビジネスであるフェラッツィから買収した．
24)　セネックス・ハーベスト・ステイツ農協本部での聞き取り調査（1999年9月）および同資料より．
25)　1997年での製粉能力は，Sosland Publishing, *Grain and Milling Annual 1998*, による数値．セネックス・ハーベストの1999年度10-K報告書（連邦証券取引委員会提出）p. 14 によれば，58,500cwt であった．またその後のペンシルベニア，フロリダ両製粉所の能力については同報告書による．
26)　ハーベスト・ステイツ農協（当時）での聞き取り調査（1996年8月）より．
27)　これは3農協の事業合同にあたって，とくに形式的な存続企業となった Boone Valley の持ち込んだ負債によるところが大きい．
28)　磯田（1996），6-7頁．
29)　詳しくは本書第2章第2節1で論じた．
30)　原語は Regionalization であるが，その内容からこのような訳語をあてた．
31)　1996年8月のハーベスト・ステイツ（当時）本部訪問聞き取り調査時は6地区であったが，1999年度版同農協ホームページによると17地区になっているので，この間にもかなり増加している．
32)　セネックス・ハーベスト・ステイツ本部聞き取り調査（1999年9月）より．
33)　この事例については，Harvest States (1996), pp. 6-7, を参照した．
34)　1998年のアメリカ穀物等総輸出量（米を含まない）35.5億ブッシェル (USDA Agricultural Marketing Service, *Grain and Feed Weekly Summary and Statistics*, Vol. 47, No. 5, January 29, 1999)，およびセネックス・ハーベストの穀物輸出シェア13.2%（同農協本部聞き取り調査）から推算した．
35)　「農業（ないし農業・食料）セクターの工業化」とは，農業・食料の生産・流通システムにおける企業集中と，生産・流通諸段階間の結合様式の変化（大方の見方としてはオープンスポット市場から交渉契約型ないし統合型への変化）を指して使われている概念である．Boehlje (1998), p. 3 を参照．
36)　Cook (1997), pp. 114-115.
37)　これらの説明については，Cook (1995), pp. 1156-1157, Cook (1997), p. 115, Harris et al. (1996), pp. 18-19, を参照した．
38)　原語は Horizen Problem であるが，その内容から「受益期間問題」と仮訳した．

39) Harris et al. (1996), pp. 19-23, も参照. またわが国でアメリカ新世代農協に関説した研究論文としては, 磯田 (1997), p. 185, 大江 (1998), および磯田 (2000) がある.
40) 以下の叙述は, Patrie (1998), Zeuli et al. (1998), U.S. Securities and Exchange Commission Edgar Database, *10-K405 Report of Dakota Growers Pasta Co. (1996, 1997, and 1998 Fiscal Years)*, および同農協ホームページにもとづく.
41) デュラム小麦の単収については, USDA, *Agricultural Statistics* による北ダコタ州の 1996-98 年の 3 カ年平均から. また組合員平均農場規模については, キャリントン市から 60 マイル程北のリーズ市で創設された, パスタ加工品を製造する別の新世代農協的な事業体ファーマーズチョイス・スペシャルティフーズ社 (Farmers Choice Specialty Foods, L.L.C.) の出資者に関する同社聞き取り調査から. また Cobia (1997) における, グロワーズパスタを含む北ダコタ州の 4 つの新世代農協組合員生産者のうち 553 名についての調査によれば, その平均農場規模は 2,349 エーカーであった.
42) 以下の叙述は, Chippewa Valley Agrafuels Cooperative, *Disclosure Statement*, 1994, Chippewa Valley Agrafuels, *1998 Annual Report*, Chippewa Valley Ethanol Company, *News Letter*, Vol. 6, No. 4, August 20, 1999, 同農協本部聞き取り調査 (1999 年 9 月), およびチッペワバレー・エタノール社ホームページにもとづく.
43) 以下の叙述は, ミネソタ・コーンプロセサーズ本部聞き取り調査 (1999 年 9 月), および Minnesota Corn Processors, Inc., *1999 Annual Report*, にもとづく.
44) *Milling and Baking News*, March 21, 1995, and, *do*., February 25, 1997, より.
45) ADM 側の意図は確認できないが, 今後コーンプロセサーズがいっそうの外部資本注入を必要とする事態になれば ADM が経営支配に乗り出す可能性もあるし, 逆に 1999 年度以降もさらに収益が良好となって, 内部留保なり組合員追加出資を基礎にコーンプロセサーズが希望するように ADM からの買い戻しが実現できる可能性もあろう.

終章　穀物セクターの構造再編と20世紀末農政転換
　—穀物複合体の台頭と1996年米国農業法—

　本書では，1980年代以来のアメリカ穀物流通・加工セクターの構造変化について，その方向と形態，歴史的意義，および穀物農協に与える作用・反作用を，基本的に市場構造論的視角から検討してきた．

　アメリカ穀物流通・加工セクターは，1980年代農業不況下で本格化したM&Aをテコとする構造再編過程をたどった．その動向を整理すると，大規模・多角的アグリフードビジネスの一方の部分が，川上に位置する各部門で従来の専業的企業等を買収して自らの地位を強化した．同時に他方の部分は，相対的に収益性や成長率の低い分野，あるいは当該部門で主導的地位を確保することが困難な分野からはむしろ積極的に撤退し，そのかわりにより川下の高次食品加工分野に事業をシフトさせてきている．これらをつうじて，結果的により少数の，しかしより多角化した大規模アグリフードビジネスが穀物関連産業の各部門，とくに川上・川中分野における集中度を高めたのである．

　こうした再編過程をつうじてとりわけ強力な位置を占めるに至ったのは，穀物の流通と輸出において最上位企業であり，同時に穀物産業系列のそれぞれにおいて，主要な第1次加工部門にほぼ全面的に展開し，かつ飼料－畜産系列では主な家畜生産・処理にも展開し，いずれも当該部門で最上位クラスを占めるという企業群であった．これらの多角的・寡占的垂直統合体をもって，穀物複合体と呼ぶこともできる．

　穀物セクターにおけるこのような集積形態の台頭は，市場構造の視点からすると，穀物流通の垂直的諸段階が所有権および提携的関係をつうじて統合

ないし組織化されることを意味した．こうした統合・組織化が進展するにつれて，アメリカの穀物流通体系は自立的に分化した流通諸段階の収縮をとげながら垂直的組織化型の体系に変化していく，そのような移行期におかれているのである．また以上のような穀物流通・加工セクターの構造変化は，「農業・食料セクターの工業化」の穀物関連部面での具体的形態とも言える．

この移行以前に存在したのは，19世紀末に確立，1910-20年代に最盛期をむかえ，そして第2次大戦後に長期的衰退過程をたどって1970年代までで終焉したところの，集散市場型流通体系であった．シカゴとミネアポリスを商物一体型中継卸売市場の二大基軸とする同体系は，基本的には穀物需要段階の集中化傾向を背景として衰退し，流通過程全体が輸出や加工諸部門にとっての収集過程に変容していったのである．そして80年代以降に進展する「垂直的組織化型流通体系への移行」とは，全体として収集過程化した流通諸段階を，今度はその末端＝需要段階を拠点とする穀物複合体等の大規模多角的穀物関連企業が，後方に向かって統合あるいは組織化する過程として位置づけられる．

歴史的に集散市場型流通体系に照応する形で成立してきた穀物農協の事業と組織は，同体系の衰退と新体系への移行に直面して，地域農協を中心にドラスチックな変化を余儀なくされた．1980年代以来の変化は全体としては縮小再編であったが，穀物セクターの工業化過程の下で要請される加工分野への進出と垂直的整合の強化という課題に対して，①農協自らが穀物複合体化して多国籍アグリフードビジネスと競争せんとする大規模地域農協型アプローチと，②出荷権利株による原料調達方式を競争優位の基盤にしようとする新世代農協型アプローチが存在している．穀物生産者と産地の主体性という点からは新世代農協型に期待がかかり，特に市場遠隔地における特産品・ニッチ商品的分野では農場と地域経済への付加価値留保という点で一定の成果をあげていた．

以上がここまでの検討のきわめて簡潔な要約であるが，序章第1節で触れたように研究対象設定の一般的背景は次のようなものであった．20世紀末

終章　穀物セクターの構造再編と 20 世紀末農政転換　　　261

の国際的な農政転換，すなわち先進各国における農業保護的政策の縮小・解体と自由貿易原理の農業通商部面への貫徹という方向への転換を，アメリカに即して考える場合，同国穀物セクターの構造やそこを重要事業拠点とするアグリフードビジネスの蓄積形態の検討が不可欠になるという点である．そこで本書での限られた分析結果から論及できる範囲ではあるが，そうした関連について展望を与えるために試論的な提起をして，最後の締めくくりにかえたい．

　アメリカ自身の農政転換を具現したのは言うまでもなく 1996 年 3 月に成立した 1996 年農業法（The Federal Agricultural Improvement and Reform Act of 1996）であるが，その主な内容は次の諸点である．すなわち，①7 年間の価格・所得支持プログラムおよび輸出拡大プログラムの支出を，従前農業法体系の延長線上で予測される額から約 15％・86 億ドル削減する．②不足払いと生産調整政策を廃止し，かわって 7 年間の移行措置としてデカップリング型の対農場定額直接支払いを行なう．その対象になる農場面積についての作付けは基本的に完全自由化する．③返還義務のない農産物融資制度（いわゆるローンレート制度）は残す．ただしその単価は需給逼迫時はもちろん，平年時でも価格支持効果はほとんど持たない水準（すなわち暴落に対する安全ネット機能のみ）に限定する．なお市場価格が融資単価を下回った場合の融資不足払いは残す．④米と綿花のマーケティングローンは継続し，またその他の輸出補助金は WTO 協定の範囲内に抑制しつつ存続する．

　以上を総じて，ニューディール以来の価格・所得支持と生産調整を軸とする農政体系から，市場指向型・デカップリング型の体系でかつ増産と輸出強化型の農政に移行する姿勢を鮮明に打ち出したのであった．これは議会で多数派を形成した共和党の提案「農場自由化法案」（The Freedom to Farm Act, 1995 年 8 月提案）の骨子をベースとし[1]，それに若干の譲歩的修正を施したものと言えるが，ここで注目したいのはこれまでの価格・所得支持や輸出補助金プログラムの主対象であった穀物・油糧種子関連の流通・加工業界における次のような動きである．

すなわち新農業法の議会での提案・審議が始まろうとする1994年末に，これら業界は「競争的な食料・農業システムのための連合」(Coalition for a Competitive Food and Agricultural System) と称する政策提言および圧力団体を結成した．その特徴は以下の3点である．

第1に，穀物の流通，第1次加工，および第2次加工にかかわるほとんどすべてと言えるほど広範な個別業界団体を，構成員として一同に集結した組織である（表5-1）．

第2に，さらにそれをリードする部隊としてカーギル，コナグラ，バンギをはじめとする穀物関連の多角的・寡占的垂直統合体企業が，個別企業会員として名を連ねている．

第3に，それが新農業法作成にあたって要求した基本原則を見ると，(1)農業政策は農業・食品関連産業全体の利益と要求を反映すべきこと，(2)農業政策における政府の役割（特に価格・所得支持政策）を抜本的に縮小して市場メカニズム主導にすること，(3)貿易自由化による利益獲得に努力すること，(4)環境や安全性にかかわる規制や制度は「科学的な費用便益分析」にもとづいて行なわれるべきであり，世界的な競争を阻害してはならない，というものであった（1994年12月結成時の会見より)[2]．

また具体的な政策については，①生産調整政策の廃止と作付け自由化，②不足払いの廃止とデカップリング型支払いへの転換，③市場価格を基準にした融資単価設定，④輸出拡大政策の継続，⑤農業者と食品企業に対する環境・安全上の規制緩和，が要求の柱であった（1995年5月発表の「農業法への勧告」)[3]．「連合」はこれらを実現すべく，議員へのロビー活動，議会委員会での証言，マスメディアを使った社会的宣伝などを系統的に展開したのである．

「連合」が掲げた基本原則と政策要求がまず共和党「農場自由化法案」に具現され，それがベースとなって新農業法が構成されていることはすでに明らかだろう．このことと本書で検討してきた穀物流通・加工セクターの構造再編とを関連づけようとすれば，次のような推論が成り立つ．

終章 穀物セクターの構造再編と20世紀末農政転換

表5-1　「競争的な食料・農業システムのための連合」の穀物関連業界メンバー

業界団体/取引所等	個別企業
全米製パン業者協会	アメリカン・コマーシャルバージ
全米トウモロコシ加工業者連盟	ボーデン
全米飼料産業協会	バンギ
全米冷凍食品協会	バーリントン・ノーザン鉄道
全米オーツ麦協会	カーギル
全米内陸水運協会	セントラル・ソイヤ
全米鉄道協会	コナグラ
ビスケット・クラッカー製造業者協会	CGB（全農グレイン子会社）
チョコレート製造業者協会	CPCインターナショナル
アメリカ食品雑貨製造業者協会	CSXトランスポーテーション
独立系製パン業者協会	デブルース・グレイン
カンザス州穀物・飼料業者協会	ガーナック・グレイン
製粉業者全国連盟	ジェネラル・ミルズ
全米食品雑貨業者業界	グレートウェスタン・モルティング
全国食品加工業者協会	イリノイ・セントラル鉄道
全国穀物・飼料業者協会	インダストリアル・ファミガント
全国穀物取引業者会議	イングラム・バージ
全国油糧種子加工業者協会	クラフト・フーズ
全国パスタ協会	ルイ・ドレフアス
北米輸出穀物協会	ミッドウェスト・フィード
スナックフード協会	ミラー・ミリング
甘味料需要者協会	ピューリーナ・ミルズ
ターミナルエレベーター穀物業者協会	ラボバンク・ネーダーランド
シカゴ商品取引所	クェーカーオーツ
エニード商品取引所	シーボード
インディアナ州港湾委員会	タイソン・フーズ
カンザスシティ商品取引所	ユニオン・パシフィック鉄道
ミネアポリス穀物取引所	UGC（三井物産子会社）
テキサス・コーパスクリスティ港湾	ウォルコット・リンカーン

注：「連合」の会員数は119で，うち表記の穀物関連会員が58をなす。
資料：*Milling and Baking News*, May 9, 1995, p. 8.

まずこのような政策提言・圧力団体としての組織基盤の面から見て，種々の穀物関連産業において集中度が高まり，大規模企業がその主導権を制圧したことで「政治力」が強化されただろうと考えられる．加えて各部門の最上位クラスにあって寡占的シェアを支配するのが少数同一のアグリフードビジネスになったことで，それらを核とした業界横断的な結集が容易になったは

ずである.

　いっぽう政策要求の基礎としての経済的利害の面から見よう．穀物輸出部門については従前から「穀物メジャー」による寡占状態があり，実際それらは国内的・対外的な農業政策形成に影響力を行使してきた．しかし当該企業が輸出ビジネスに専念あるいは重点を置いている限りにおいては，国内市場での農産物価格支持政策があっても輸出補助金とパッケージされていれば自らの経済的利害にむしろ適合的でさえあろう．しかし輸出だけでなく国内での加工諸部門に広範に展開し，それら部門での収益が重要になった段階では，その経済的利害は原料農産物についての国内市場価格の引き下げと自由な増産をきわめて強く求めることになるのが必然であろう．その反面で輸出補助金に対する優先度は相対的に下がりうる．1985年農業法以来の輸出促進計画型輸出補助金は，穀物輸出にかかわる価格や世界中の需要者情報へのアクセスを開放し，結果的に大規模多国籍企業の持つ相対優位性を部分的にせよ弱めた側面があったとの指摘もあり[4]，その面からも輸出補助金への政策要求が弱まると考えられるのである．

　このように推論するなら，1980年代以来の穀物流通・加工セクターにおける構造変化がアメリカにおける20世紀末農政転換の重要な政治経済的背景の一環をなしていたと考えることができる.

　しかしながら穀物セクターのうちアメリカ国内の穀物生産＝農場段階の分析を欠き，また穀物関連アグリフードビジネスについてもその今日的蓄積様式の重大な一環となっている多国籍化の局面についてカバーしていない本書の研究結果から，そうした問題に十全なアプローチをすることはできない．これら二つの大きな領域の研究は，今後に残された課題である[5]．

　注
1)　共和党「農場自由化法案」の骨子は，①価格・所得支持および輸出拡大関連計画の支出を7年間で134億ドル削減，②不足払いと生産調整を廃止，③定額で毎年削減されていく直接支払を導入，④返済義務のない融資制度は存続し，単価は1995年度水準を上限とする，⑤輸出促進計画は7年間で33億ドルを許容限度と

して存続, などであった. *Feedstuffs*, August 14, 1995, p. 3 より.
2) *Milling and Baking News*, December 20, 1994, p. 22.
3) *do.*, May 9, 1995, pp. 15-18.
4) Wilson and Dahl (1999), pp. 42-43.
5) このうち多国籍化の局面について, きわめて初歩的なステップであるが, 磯田 (2001) において米系アグリフードビジネスの海外直接投資の基本的性格を検討している.

文献一覧

Ash, Mark, William Lin and Mae Dean Johnson (1988), *The U.S. Feed Manufacturing Industries, 1984*, USDA ERS Statistical Bulletin No. 768.
馬場宏二 (1969),『アメリカ農業問題の発生』東京大学出版会.
Bakken, H.H. ed. (1968), *Marketing Grain : Proceedings of the NCM-30 Grain Marketing Symposium*, North Central Regional Research Publication No. 176.
Ballow, Edward (1947), "Grain," Ward Fetrow and R. H. Elsworth eds., *Agricultural Cooperation in the United States*, USDA Farm Credit Administration Bulletin 54, pp. 78-88.
Bitting, Wayne and Ralph Freund, Jr. (1966), *Organization and Competition in the Milling and Baking Industries*, National Commission on Food Marketing Technical Study No. 5.
Boehlje, Michael and Lee Schrader, "The Industrialization of Agriculture : Questions of Coordination," Jeffrey Royer and Richard Rogers eds., *The Industrialization of Agriculture : Vertical Coordination in the U.S. Food System*, Ashgate Publishing Ltd., pp. 3-26.
Campbell, Dan (1995a), "Temperature Rising : Co-op Fever is Still Sizzling Across North Dakota," USDA RBCS, *Farmer Cooperatives*, Vol. 62, No. 5, pp. 10-16.
Campbell, Dan (1995b), "The Carrot and Stick : A Conversation with Bill Patrie, the Man Who Helped Spark Co-op Fever," USDA RBCS, *Farmer Cooperatives*, Vol. 62, No. 5, pp. 17-21.
Campbell, Dan (1995c), "The Golden Egg ? : Minnesota Co-ops Help Producers Adapt to Industrialized Agriculture," USDA RBCS, *Farmer Cooperatives*, Vol. 62, No. 7, pp. 12-15.
Campbell, Dan (1995d), "Wavemaker : A Conversation with Mark Hanson, a Key Player in Minnesota's New Wave Co-op Fever," USDA RBCS, *Farmer Cooperatives*, Vol. 62, No. 7, pp. 18-21.
Clark, Fred and L.D. Weld (1932), *Marketing Agricultural Products in the United States*, The MacMillan Company.
Cobia, David (1997), "New Generation Cooperatives : External Environment and Investor Characteristics," Michael Cook et al. eds., *Cooperatives : Their Importance in the Future Food and Agricultural System*, National Council of Farmer

Cooperatives, pp. 91-97.

Cobia, David ed. (1989), *Cooperatives in Agriculture*, Prentice Hall/邦訳：上野和俊・木村勝紀共訳『アメリカに見る農協のあり方』オールインワン出版部, 1994年.

Connor, John (1986), "The Organization and Performance of the Food Manufacturing Industries," Bruce Marion and NC 117 Committee eds., *The Organization and Performance of the U.S. Food System*, Lexington Books, pp. 201-292.

Connor, John (1988), *Food Processing : An Industrial Powerhouse in Transition*, Lexington Books.

Connor, John (1990), "Empirical Challenges in Analyzing Market Performance in the U. S. Food System," *American Journal of Agricultural Economics*, Vol. 72, No. 5, pp. 1119-1226.

Connor, John (1998), "The Global Citric Acid Conspiracy: Legal-Economic Lessons," *Agribusiness : An International Journal*, Vol. 14, No. 6, pp. 435-452.

Connor, John and Robert Wills (1988), "Marketing and Market Structure of the U. S. Food Processing Industries," Chester McCorkle, Jr. ed., *Economics of Food Processing in the United States*, Academic Press, Inc., pp. 117-166.

Connor, John, and Frederick Geithman (1988), "Mergers in the Food Industries: Trends, Motives, and Policies," *Agribusiness : An International Journal*, Vol. 4, No. 4, pp. 331-346.

Connor, John, Richard Rogers, Bruce Marion, and Willard Mueller (1985), *The Food Manufacturing Industries : Structure, Strategies, Performance, and Policies*, Lexington Books.

Cook, Michael (1993), "Cooperatives and Group Action," Daniel Padberg ed., *Food and Agricultural Marketing Issues for the 21st Century*, Texas A & M University, pp. 154-169.

Cook, Michael (1994), "Structural Changes in the U.S. Grain and Oilseed Sector," Lyle Schertz and Lynn Daft eds., *Food and Agricultural Markets : The Quiet Revolution*, National Planning Association, pp. 118-125.

Cook, Michael (1995), "The Futures of U.S. Agricultural Cooperatives: A Neo-Institutional Approach," *American Journal of Agricultural Economics*, Vol. 77, pp. 1153-1159.

Cook, Michael (1997), "Organizational Structure and Globalization: The Case of User Oriented Firms," Jerker Nilsson and Gert van Dijk eds., *Strategies and Structures in the Agro-food Industries*, Van Gorcum, pp. 77-93.

Cook, Michael and Leland Tong (1997), "Definitional and Classification Issues in Analyzing Cooperative Organization Forms," Michael Cook et al. eds., *Cooperatives : Their Importance in the Future Food and Agricultural System*,

National Council of Farmer Cooperatives, 1997, p. iii and pp. 113-118.
Cummins, David et al. (1984), *Cooperative Involvement in Grain Marketing*, USDA ACS Research Report 38.
Dahl, Reynold (1989), "Changes in Grain Marketing, Market Structure, and Performance in the 1980's," The 1989 Proceedings of North Central Regional Project NC-186, *The Changing U.S. Grain Marketing System*, University of Arkansas Department of Agricultural Economics and Rural Sociology, pp. 111-141.
Dahl, Reynold (1991a), *Structural Changes in the United States Grain Marketing System*, University of Minnesota Department of Agricultural and Applied Economics Staff Paper P 91-35.
Dahl, Reynold (1991b), "Structural Change and Performance of Grain Marketing Cooperatives," *Journal of Agricultural Cooperatives*, Vol. 6 (in American Cooperation 1991 Yearbook), National Council of Farmer Cooperatives, pp. 66-81.
Dahl, Reynold (1992), *The Changing Structure of the United States Grain Marketing System*, University of Minnesota Department of Agricultural and Applied Economics Staff Paper P 92-23.
Derdak, Thomas ed. (1988), *International Directory of Company Histories Vol. 2*, St.James Press.
Egerstrom, Lee (1994), "The New Wave: New Co-ops Help Growers Gain Larger Share of Food Dollars," USDA ACS, *Farmer Cooperatives*, Vol. 61, No. 7, pp. 6-9.
Elsworth, R.H. et al. (1932), *Statistics of Farmers' Selling and Buying Associations, United States, 1863-1931*, Federal Farm Board Bulletin No. 9.
Farm Progress Co., Inc. (1995), *The Farmer*, Vo. 113, No. 14 (featuring Coop Investments).
Farris, Paul (1984), "Economics and Future of the Starch Industry," Roy Whistler et al., *Starch : Chemistry and Technology*, Academic Press, Inc., pp. 11-24.
Farris, Paul et al. (1988), "Economics of Grain and Soybean Processing in the United States," Chester McCorkle, Jr. ed., *Economics of Food Processing in the United States*, Academic Press, Inc., pp. 315-348.
Federal Farm Board (1932), *Cooperative Marketing Makes Steady Growth*, Federal Farm Board Bulletin No. 8.
Federal Trade Commission (1920), *Report of The Federal Trade Commission on The Grain Trade Vol. I : Country Grain Marketing* (FTC Report Vol. I).
Federal Trade Commission (1920), *Report of The Federal Trade Commission on The Grain Trade Vol. II : Terminal Grain Markets and Exchanges* (FTC Report Vol. II).
Federal Trade Commission (1922), *Report of The Federal Trade Commission on*

The Grain Trade Vol. III : Terminal Grain Marketing (FTC Report Vol. III).
Federal Trade Commission (1924), *Report of The Federal Trade Commission on The Grain Trade Vol. IV : Middlemen's Profits and Margins* (FTC Report Vol. IV).
Friedland, William (1984), "Commodity Systems Analysis : An Approach to the Sociology of Agriculture," Harry Schwarzweller ed., *Research in Rural Sociology and Development Vol. 1*, JAI Press, Inc., pp. 221-235.
Friedland, William (1994), "The New Globalization : The Case of Fresh Produce," Alessandro Bonnano, Lawrence Busch, William Friedland, Lourdes Gouveia, and Enzo Mingione eds., *From Columbus to ConAgra : The Globalization of Agriculture and Food*, University Press of Kansas, pp. 210-231.
Friedmann, Harriet (1991), "Changes in the International Division of Labor : Agri-food Complexes and Export Agriculture," William Friedland, Lawrence Busch, Frederick Buttel, and Alan Rudy eds., *Towards a New Political Economy of Agriculture*, Westview Press, pp. 65-93.
Friedmann, Harriet (1994), "Distance and Durability : Shaky Foundations of the World Food Economy," Philip McMichael ed., *The Global Restructuring of Agro-food Systems*, Cornell University Press, pp. 258-276.
Friedmann, Harriet and Philip McMichael (1989), "Agriculture and the State System : The Rise and Decline of National Agricultures, 1870 to the Present," *Sociologia Ruralis* (Journal of the European Society for Rural Sociology), Vol. 29, No. 2, pp. 93-117.
権藤幸憲 (1997),「アメリカの穀物輸出と流通構造の再編—80年代日本資本の動向—」, 九州大学大学院『経済論究』第98号, 59-75頁.
Hardwood, Joy, Mack Leath, and Walter Heid, Jr. (1989), *The U. S. Milling and Baking Industries*, USDA ERS Agricultural Economic Report No. 611.
Harris, Andrea, Brenda Stefanson, and Murray Fulton (1996), "New Generation Cooperatives and Cooperative Theory," *Journal of Cooperatives*, Vol. 11 (in American Cooperation 1996 Yearbook), National Council of Farmer Cooperatives, pp. 15-28.
Harvest States (1996), *Agri-Vision*, June/July issue.
服部信司 (1988),「穀物メジャーの世界食糧戦略」, 宮崎宏・服部信司ほか『穀物メジャー : 食糧戦略と日本侵攻』家の光協会, 10-112頁.
服部信司 (1997),『大転換するアメリカ農業政策 : 1996年農業法と国際需給, 経営・農業構造』農林統計協会.
Heffernan, William (1999), *Consolidation in the Food and Agriculture System*, Report to the National Farmers Union.
Heffernan, William and Douglas Constance (1994), "Transnational Corporations

and the Globalization of the Food System," Alessandro Bonnano, Lawrence Busch, William Friedland, Lourdes Gouveia, and Enzo Mingione eds., *From Columbus to ConAgra : The Globalization of Agriculture and Food*, University Press of Kansas, pp. 29-51.

Heid, Walter, Jr. (1961), *Changing Grain Market Channels*, USDA ERS-39.

Hill, Lowell (1990), *Grain Grades and Standards : Historical Issues Shaping the Future*, University of Illinois Press.

Hirsch, Donald (1979), *Agricultural Exports by Cooperatives*, USDA ESCS Farmer Cooperative Research Report 5.

堀口健治 (1984), 「米国の穀物流通構造に関する研究：穀物流通チャンネルと日本の資本進出」, 東京農業大学『農学集報』第28巻第4号, 414-431頁.

Hunley, Charles (1985), *Marketing and Transportation of Grain by Local Cooperatives (1982/83)*, USDA ACS Research Report 47.

Hunley, Charles (1988), *Marketing and Transportation of Grain by Local Cooperatives (1985/86)*, USDA ACS Research Report 70.

Hunley, Charles and David Cummins (1993), *Marketing and Transportation of Grain by Local Cooperatives (1990/91)*, USDA ACS Research Report 115.

Industrial Commission (1900), *Report of the Industrial Commission on Transportation*, Volume IV of the Commission's Report (IC Report Vol. IV).

Industrial Commission (1901), *Report of the Industrial Commission on the Distribution of Farm Products*, Volume VI of the Commission's Report (IC Report Vol. VI).

Ingalsbe, Gene (1992), "Making Waves in Grain : Ag Processing, Inc.," USDA ACS, *Farmer Cooperatives*, Vol. 59, No. 2, pp. 4-9.

磯田宏 (1996), 「アメリカ穀物流通・加工セクターの構造変化―1980年代以降を中心に―」, 『土地制度史学』第153号（第39巻第1号）, 1-16頁.

磯田宏 (1997), 「アメリカにおける穀物市場の構造的再編と穀物農協」, 全国農協中央会編『協同組合奨励研究報告』第23輯, 155-189頁.

磯田宏 (1998), 「書評：ブルースター・ニーン著/中野一新監訳『カーギル：アグリビジネスの世界戦略』」, 『農業・農協問題研究』第19号, 99-104頁.

磯田宏 (1998・1999), 「アメリカにおける穀物の集散市場型流通体系」(上)(下), 『佐賀大学経済論集』第31巻第3・4合併号, 1-31頁, および第31巻第5号, 1-47頁.

磯田宏 (1999), 「アグリフードビジネスによる現代アメリカ穀物産業の再編」(上)(下), 『佐賀大学経済論集』第32巻第1号, 1-42頁, および第32巻第2号, 1-35頁.

磯田宏 (2000), 「アメリカにおける新世代農協の展開」, 『農業市場研究』第9巻第1号, 71-80頁.

磯田宏 (2001), 「現代アグリフードビジネスの集積形態と市場把握」, 中野一新・杉山道雄編『グローバリゼーションと国際農業市場』筑波書房.
Johnson, Dennis (1995), "Surfing the New-Wave Cooperatives," USDA RBCS, *Farmer Cooperatives*, Vol. 62, No. 7, pp. 10-11.
Kennedy, Tracy (1982), *Agricultural Exports by Cooperatives, 1980*, USDA ACS Research Report 26.
Kennedy, Tracy and Arvin Bunker (1987), *Agricultural Exports by Cooperatives, 1985*, USDA ACS Research Report 66.
Kimle, Kelvin and Marvin Hayenga (1993), "Structural Change among Agricultural Input Industries," *Agribusiness : An International Journal*, Vol. 9, No. 4, pp. 15-27.
Knapp, Joseph (1969), *The Rise of American Cooperative Enterprise : 1620-1920*, The Interstate Printers & Publishers, Inc.
Knapp, Joseph (1973), *The Advance of American Cooperative Enterprise : 1920-1945*, The Interstate Printers & Publishers, Inc.
Koenig, Jeanine (1995), "Contracting for Quality," USDA RBCS, *Farmer Cooperatives*, Vol. 62, No. 5, pp. 4-7.
小西唯雄編 (1994), 『産業組織論の新潮流と競争政策』晃洋書房.
Kraenzle, Charles and Celestine Adams (1993), *Cooperative Historical Statistics*, USDA ACS Cooperative Information Report 1 Section 26.
Kraenzle, Charles and Francis Yager (1975), *Grain Marketing Patterns of Local Cooperative (1970/71)*, USDA FCS Research Report No. 31.
Larson, Henrietta (1926), *The Wheat Market and The Farmer in Minnesota : 1858-1900*, Columbia University.
Leath, Mack, Lowell Hill, and Bruce Marion (1986), "A Comparison of Agricultural Subsectors : Wheat, Corn, and Soybean Sectors," Bruce Marion and NC 117 Committee eds., *The Organization and Performance of the U.S. Food System*, Lexington Books, pp. 146-161.
Lin, William, George Allen, and Mark Ash (1990), "Livestock Feeds," Joseph Barse ed., *Seven Farm Input Industries*, USDA ERS Agricultural Economic Report No. 635, pp. 66-78.
MacDonald, James (1989), *Effects of Railroad Deregulation on Grain Transportation*, USDA ERS Technical Bulletin No. 1759.
Malott, Deane and Boyce Martin (1939), *The Agricultural Industry*, McGraw-Hill Book Co.
Marion, Bruce (1988), "Changes in the Structure of the Meat Packing Industries : Implications for Farmers and Consumers," *Mergers and Concentration : The Food Industries* (Hearing before the Subcommittee on Monopolies and Com-

mercial Law of the Committee on the Judiciary, House of Representatives, 100th Congress 2nd Session, Serial No. 67), U.S. GPO, pp. 60-73.

Marion, Bruce and Donghwan Kim (1990), *Concentration Change in the Selected Food Manufacturing Industries : The Influence of Mergers vs. Internal Growth*, Food System Organization, Performance and Public Policies Working Paper 95, University of Wisconsin-Madison Department of Agricultural Economics.

McMichael, Philip (1991), "Food, the State, and the World Economy," *International Journal of Sociology of Agriculture and Food*, Vol. 1, pp. 71-85.

McVey, Daniel (1965), "Grain Cooperatives," USDA Farmer Cooperative Service, *Farmer Cooperatives in the United States*, FCS Bulletin 1, pp. 155-174.

Mighell, Ronald and Lawrence Jones (1963), *Vertical Coordination in Agriculture*, USDA ERS Agricultural Economic Report No. 19.

Milner, Arthur (1970), *Grain Marketing : Pricing, Transporting*, West-Camp Press Inc.

森下二次也 (1977), 『現代商業経済論 (改訂版)』有斐閣.

Mueller, Willard (1983), "Market Power and Its Control in the Food System," *American Journal of Agricultural Economics*, Vol. 65, No. 5, pp. 855-863.

Mueller, Willard (1986), *The New Attack on Antitrust*, North Central Project 117 : Studies of the Organization and Control of the U.S. Food System Working Paper Series 90, University of Wisconsin-Madison.

Mueller, Willard (1988), "An Overview of the Competitive Organization and Performance of the Food Manufacturing Industries," *Mergers and Concentration : The Food Industries* (Hearing before the Subcommittee on Monopolies and Commercial Law of the Committee on the Judiciary, House of Representatives, 100th Congress 2nd Session, Serial No. 67), U.S. GPO, pp. 34-56.

Nakamura, Hiroshi (1965), *Structure of the Soybean Processing Industry*, University of Illinois Agricultural Experiment Station Bulletin 706.

中西弘次 (1972), 「『国内市場』の形成」, 鈴木圭介編『アメリカ経済史 I』東京大学出版会, 260-302 頁.

中西弘次 (1974), 「19世紀後半における農業生産=流通の展開」, 都留重人・本田創造・宮野啓二編『アメリカ資本主義の成立と展開』岩波書店, 299-337 頁.

中西弘次 (1988), 「産業資本の確立と独占への道」, 鈴木圭介編『アメリカ経済史 II』東京大学出版会, 42-80 頁.

中野一新 (1998a), 「食糧調達体制の世界的統合と多国籍アグリビジネス」, 中野編『アグリビジネス論』有斐閣, 1-11 頁.

中野一新 (1998b), 「アメリカ農業の構造変化と多国籍アグリビジネスによる世界食糧支配」, 中野編『アグリビジネス論』有斐閣, 33-52 頁.

National Federation of Grain Cooperatives (1968), *Co-op Grain Quarterly*, Vol. 25,

No. 4.

North Dakota Commissioner of Agriculture (1999), *Resource Directory : Economic Development Ideas and Resources for North Dakotans 1999-2000*.

大江徹男 (1998), 「90年代におけるアメリカの農協の新たな展開」, 『農林金融』第51巻第6号, 52-65頁.

小澤健二 (1990), 「穀物取引, 流通機構の形成・発展と鉄道業の動向」, 小澤『アメリカ農業の形成と農民運動』日本経済評論社, 279-328頁.

Parsons, Carol (1995), "Making Dust: New Alliances Explore the Frontiers of Cooperation," USDA RBCS, *Farmer Cooperatives*, Vol. 62, No. 2, pp. 4-7.

Patrie, William (1998), *Creating 'Co-op Fever' : A Rural Developer's Guide to Forming Cooperatives*, USDA Rural Business-Cooperative Service, Service Report 54.

Refsell, Oscar (1914), "The Farmers' Elevator Movement," *The Journal of Political Economy*, Vol. 22, pp. 873-895 and pp. 969-991.

Reynolds, Bruce (1980), *Producers Export Company : The Beginnings of Cooperative Grain Exporting*, USDA ESCS Farmer Cooperative Research Report 15.

Sapiro, Aaron (1920), *Co-operative Grain Marketing : Address Given before Co-operative Grain Marketing Conference of All Farm Organizations, Chicago, July 23 and 24, 1920*, Illinois Agricultural Association.

Schrader, Lee, Marvin Hayenga, Dennis Henderson, Ray Leuthold, and Mark Newman (1986), "Pricing and Vertical Coordination in the Food System," Bruce Marion and NC 117 Committee eds., *The Organization and Performance of the U.S. Food System*, Lexington Books, pp. 59-110.

関下稔 (1987), 『日米貿易摩擦と食糧問題』同文舘.

Spatz, Karen (1992), *Agricultural Exports by Cooperatives, 1990*, USDA ACS Research Report 107.

Stefanson, Brenda and Murray Fulton (1997), *New Generation Cooperatives : Responding to Changes in Agriculture*, Center for the Study of Cooperatives, University of Saskatchewan.

Thurston, Stanley (1976), *Regional Grain Cooperatives 1974 and 1975*, USDA FCS Service Report 150.

Thurston, Stanley (1979), *Regional Grain Cooperatives 1976 and 1977*, USDA ESCS Farmer Cooperative Research Report 6.

Thurston, Stanley and Charles Meyer (1972), *33rd Annual Report of the Regional Grain Cooperatives*, USDA FCS Service Report 34.

Thurston, Stanley and David Cummins (1983), *Regional Grain Cooperatives 1980 and 1981*, USDA ACS Research Report 27.

Thurston, Stanley et al. (1976), *Improving the Export Capability of Grain Coopera-*

tives, USDA FCS Research Report 34.

Torgerson, Randall (1994), "Co-op Fever : Cooperative Renaissance Blooming on Northern Plains, " USDA ACS, *Farmer Cooperatives*, Vol. 61, No. 6, pp. 12-14.

Torgerson, Randall, Bruce Reynolds and Thomas Gray (1997), "Evolution of Cooperative Thought,Theory and Purpose," Michael Cook et al. eds., *Cooperatives : Their Importance in the Future Food and Agricultural System*, National Council of Farmer Cooperatives, 1997, pp. 3-20.

U.S. General Accounting Office (1982), *An Economic Analysis of the Pricing Efficiency and Market Organization of the U.S. Grain Export System*.

USDA (1996), *Concentration in Agriculture : A Report of the USDA Advisory Committee on Agricultural Concentration*.

USDA Rural Business-Cooperative Service (1995), *Farmer Cooperative Statistics, 1994*.

Van Dijk, Gert (1997), "Implementing the Sixth Reason for Cooperation : New Generation Cooperatives in Agribusiness," Jerker Nilsson and Gert van Dijk eds., *Strategies and Structures in the Agro-food Industries*, Van Gorcum, pp. 94-110.

Warman, Marc (1991), *Cooperative Grain Marketing*, USDA ACS Cooperative Marketing Division Working Paper 92-W1.

Whistler, Roy (1984), "History and Future Expectation of Starch Use," Roy Whistler et al., *Starch : Chemistry and Technology*, Academic Press, Inc., pp. 1-9.

Wilson, William and Bruce Dahl (1999), *Transnational Grain Firms : Evolution and Strategies in North America*, Agricultural Economics Report No. 412, North Dakota State University Department of Agricultural Economics.

Wineholt, David (1990), *Grain Cooperatives,* USDA ACS Information Report 1 Section 15.

Wright, Bruce (1959), *Pricing and Trading for Grain in the North Central Region* (unpublished master thesis), University of Illinois at Urbana-Champaign.

Yager, Francis and Charles Hunley (1984), *Marketing and Transportation of Grain by Local Cooperatives (1979/80)*, USDA ACS Research Report 35.

Zeuli, Kim, Gary Gorehamn, Robert King, and Evert van der Sluis (1998), *Dakota Growers Pasta Company and The City of Carrington, North Dakota : A Case Study*, A Report for the U.S. Department of Agriculture Fund for Rural America.

あ と が き

　多国籍穀物商社を指す「穀物メジャー」とは，周知のように国際石油資本メジャーズになぞらえた，その穀物版という含意だった．本家本元である石油メジャーは顔ぶれがかなり変わっているが，世界最大の穀物輸出国アメリカに即して見ると，穀物についても同様に顔ぶれが大きく変わっている．すなわちかつて穀物メジャーとよばれた企業のうちコンチネンタル・グレインをも含むいくつもの企業が撤退し，ADMやコナグラという新興巨大企業が台頭した．そして今日同国穀物輸出部門を寡占的に支配するカーギル等の最上位企業群は，産地での集荷から輸出・貿易にいたる穀物流通諸段階にだけでなく，各種の穀物加工や食肉産業にも広く深く多角化しており，本書ではこうした多角的な寡占的垂直統合体企業を「穀物複合体」と呼んだ．

　穀物セクター全体がこのように穀物複合体が席巻する構造に再編されたことが，穀物流通体系を歴史的に新しい体系に移行させ，その移行がまた穀物農協システムに大がかりな縮小再編と革新を迫ってきた．そしてさらに20世紀末アメリカ農政転換にも，穀物複合体の政治経済的利害が色濃く反映されているというのが筆者の推論であった．このような意味で，本書のモチーフを「穀物メジャーから穀物複合体へ」と表現することもできる．

　このような本書の内容をなす研究を進める過程で，実に多くの方々の指導と援助をいただいた．ここではそのごく限られたお名前をあげるにとどめざるを得ないが，まず筆者が研究の道を歩むについては，大学院で花田仁伍先生（元九州大学教授，佐賀大学名誉教授）の指導を受けたことにもっとも多くを負っている．先生から受けた学恩に到底報いることのできる成果ではないが，この場で深く感謝申し上げたい．また梅木利巳先生（現九州国際大学教授），田代洋一先生（横浜国立大学教授），安部淳先生（現岐阜大学教授）にも

大学院時代以来，絶大な指導・援助をいただいている．

　筆者の在職中にアメリカ穀物流通の実態研究に接近するチャンスを下さった(財)九州経済調査協会の藤山和夫氏（前理事長），またこの分野に本格的に取り組む契機になった1年半にわたるアメリカ在外研究をお許しいただいた佐賀大学経済学部の先輩・同僚の方々にも，深くお礼申し上げたい．

　本書は学位請求論文「現代アメリカ穀物流通・加工セクターの再編に関する市場構造論的研究」（九州大学）に若干の補正を加えたものである．学位論文の指導・審査の労を取って下さった九州大学大学院農学研究院の村田武教授，甲斐諭教授，鈴木宣弘助教授の各先生に厚くお礼申し上げる．

　本書のベースになった既発表論文を記せば以下のとおりである．

　　序章　書き下ろし
　　第1章・第2章　「アメリカ穀物流通・加工セクターの構造変化」『土地制度史学』第153号，1996年，「アグリフードビジネスによる現代アメリカ穀物産業の再編」（上）（下），『佐賀大学経済論集』第32巻第1号および第32巻第2号，1999年．
　　第3章　「アメリカにおける穀物の集散市場型流通体系」（上）（下），『佐賀大学経済論集』第31巻第3・4合併号および第31巻第5号，1998・1999年．
　　第4章　「アメリカにおける穀物市場の構造的再編と穀物農協」，『協同組合奨励研究報告』第23輯，1997年，「アメリカにおける新世代農協の展開」，『農業市場研究』第9巻第1号，2000年．
　　終章　書き下ろし

　これらの研究については，1992年度文部省在外研究（若手研究者），1996年度文部省科学研究費補助金（奨励研究A），1996年度全国農業協同組合中央会協同組合奨励研究助成，および1999・2000年度文部省科学研究費補助金（基盤研究C）によるサポートを受けた．

　最後になるが本書刊行について，日本経済評論社と清達二氏に大変お世話になったことを記して感謝申し上げる．

　　　　　　　　　　　　　　　　　　　　2001年3月　　磯　田　　宏

The U.S. Grain Industry and Agri-food Businesses

Hiroshi Isoda (Saga University, Japan)

Summary

This book examines the structural changes in the U.S. grain marketing and processing sector from the 1980's, with special emphasis on their direction, forms, historical meanings, and impacts on the agricultural cooperatives.

The U.S. grain sector has been under the process of structural reorganization since the 1980's agricultural depression. A part of the large diversified agri-food businesses have enhanced their presence within the upper reaches of the sector, i. e. the marketing and primary processing industries, mainly through mergers and acquisitions, while the other part have actively relinquished from the business areas where they could not occupy the oligopolistic status, and shifted themselves into the lower reaches, i. e. the secondary or higher processing industries.

As a result, a limited number of larger and more diversified agri-food businesses have established much more oligopolistic shares within each of the marketing and processing industries. The most typical of these firms are named hereby *the grain complexes*, which horizontally diversify their business over the multiple kinds of grains and oilseeds, as well as vertically integrate themselves from grain procurement and origination to export and several processing stages such as wheat milling, corn processing, oilseed crushing, feed manufacturing, and even animal feeding and meat packing.

The development and prevailing presence of these grain complexes in the grain sector has been transforming the grain marketing system toward a much more vertically integrated or organized one. Historically, the U.S. grain marketing system had been established as a collecting-distributing market system in the 1890's, where a limited number of large terminal cash markets, topped by Chicago and Minneapolis, were functioning as the nationwide collecting-distributing, or intermediate wholesale, grain centers. This system, however, began to decline right after the W.W.II and finally disappeared in the 1970's. The structural reorganization of the grain sector since the 1980's ushered in the transition process toward a new grain marketing system as well.

The grain cooperatives, which had historically formed themselves corresponding to the development of the collecting-distributing market system, have been challenged by the transition of the system. While the basic trend of the changes in grain cooperatives are restructuring and certain decline of their presence in the grain marketing industry, there are more positive and aggressive movements as well. One of them is by the large regional grain cooperatives which intend to compete directly with the grain complexes by transforming themselves to the diversified and integrated grain businesses, similar to their rivals. Another is by the new generation cooperatives which engage in various types of value-adding activities with the very unique system of delivery right shares as a competitive edge. The new generation cooperatives are already showing certain achievements in adding value to the producers' grain and retaining it in the producers' hands and the rural areas.

These structural changes, especially the development of the grain complexes, can be considered as one of the important backgrounds of the U.S. 1996 Farm Bill.

I heavily owe a number of people, organizations, and institutions related to the U.S. agriculture and grain sector a great deal to attain the results of this study. To name a very few, I am sincerely grateful to Dr. Lowell Hill, a professor emeritus of University of Illinois at Urbana-Champaign, Dr. William Lin with the Economic Research Service of USDA, Mr. David Cummins and Mr. Mack Warman with the Rural Business-Cooperative Service of USDA, and Mr. William Patrie with the North Dakota Association of Rural Electric Cooperatives. My research in the U.S. could never have been conducted successfully without the invaluable help and advice given by them.

著者紹介

磯田　宏
いそだ　ひろし

1960年埼玉県生まれ．1987年九州大学大学院農学研究科博士課程単位取得退学，(財)九州経済調査協会研究員をへて，1988年佐賀大学経済学部講師，1990年より同助教授．博士（農学）．

著書（分担執筆）

『現代農業と地代の存在構造』（花田仁伍編，九州大学出版会，1990年），『日本資本主義と農業保護政策』（暉峻衆三編，御茶の水書房，1990年），『現代中国農業の構造変貌』（宮島昭二郎編，九州大学出版会，1993年），『問われるガット農産物自由貿易』（村田武編，筑波書房，1995年），『グローバリゼーションと国際農業市場』（中野一新・杉山道雄編，筑波書房，2001年刊行予定）

アメリカのアグリフードビジネス
現代穀物産業の構造分析

2001年4月5日　第1刷発行

定価（本体4500円＋税）

著　者　磯　田　　　宏

発行者　栗　原　哲　也

発行所　株式会社　日本経済評論社
〒101-0051　東京都千代田区神田神保町3-2
電話 03-3230-1661　FAX 03-3265-2993
振替 00130-3-157198

装丁・渡辺美知子　　　　　中央印刷・小泉企画

落丁本・乱丁本はお取替えいたします　Printed in Japan
© ISODA Hiroshi 2001
ISBN4-8188-1341-9

R〈日本複写権センター委託出版物〉

本書の全部または一部を無断で複写複製（コピー）することは，著作権法上での例外を除き，禁じられています．本書からの複写を希望される場合は，日本複写権センター（03-3401-2382）にご連絡ください．